DAG FROMMHOLD
DANIEL PELLER

DIE WEISHEIT DER FÜCHSE

DAG FROMMHOLD
DANIEL PELLER

DIE WEISHEIT DER FÜCHSE

Schlau, verspielt und fürsorglich –
was wir von den gewitzten
Überlebenskünstlern lernen können

LUDWIG

Aus Gründen der besseren Lesbarkeit wird auf die gleichzeitige Verwendung
der Sprachformen männlich, weiblich und divers verzichtet.
Sämtliche Personenbezeichnungen gelten gleichermaßen für alle Geschlechter.

FSC MIX Papier aus verantwortungsvollen Quellen FSC® C014496 www.fsc.org

Klimaneutral* Druckprodukt ClimatePartner.com/14044-1912-1001

Penguin Random House Verlagsgruppe FSC® N001967

2. Auflage
Originalausgabe 09/2022

Redaktion: Dr. Ulrike Strerath-Bolz
Umschlaggestaltung: wilhelm typo grafisch, unter Verwendung von Shutterstock.
com/Michele Aldeghi
Satz: Leingärtner, Nabburg
Druck und Bindung: GGP Media GmbH, Pößneck
Printed in Germany
ISBN: 978-3-453-28134-9

www.Ludwig-Verlag.de

Für Karoline und Tessa
sowie meine Eltern.

Dag

Für meine Familie.

Daniel

Und für alle,
die sich für Füchse einsetzen.

Inhalt

Vorwort von Dr. Sophia Kimmig

Als vor etwa einem Jahr mein Buch *Von Füchsen und Menschen* erschien, wartete ich ungeduldig auf die ersten Rezensionen. Nach sechs Jahren Forschung zu diesen spannenden Tieren im Rahmen meiner Doktorarbeit hatte ich mir ein Herz gefasst und all die anrührenden, faszinierenden, aber auch witzigen Dinge aus der Feldarbeit als Biologin und der Zeit mit meinen Füchsen in einen Text gegossen.

Dann erschien eine Rezension, die so schön und anrührend geschrieben war, dass ich das Gefühl hatte, nur für diesen einen Leser hätte sich das Schreiben bereits gelohnt.

Auf den ersten Blick war es einfach eine schöne Rückmeldung, dann stutzte ich jedoch, denn die Rezension kam ausgerechnet von Daniel Peller.

Daniel Peller und Dag Frommhold kannte ich zu diesem Zeitpunkt noch nicht persönlich; als Biologin, die sich dem Fuchs verschrieben hat, waren mir ihre Namen jedoch sehr wohl ein Begriff. Kaum jemand setzt sich in unserem Land mit so viel Herzblut, Leidenschaft und Expertise für die kleinen Rotröcke ein.

Als junge Doktorandin hatte ich bereits das von ihnen mitgegründete Aktionsbündnis Fuchs und die Website fuechse.info entdeckt, die ich jedem Leser und jeder Leserin nur ans Herz legen kann. Nun haben Dag und Daniel das gesammelte Fuchswissen aus Jahren an persönlichen Erfahrungen und Beobachtungen sowie intensivem Austausch mit anderen Fuchs-Interessierten genutzt, um ein sehr unterhaltsames, lesenswertes Buch zu schreiben. Endlich ist es da, und ich hatte die Ehre und das Vergnügen, es als eine der Ersten lesen zu dürfen.

Eine Frage, die mich schon beim Schreiben meines Buches umtrieb, war: Braucht es ein weiteres Fuchsbuch da draußen? Die Antwort ist Ja. Es braucht solche Bücher, und es braucht *dieses* Fuchsbuch, vielleicht mehr denn je! Denn nach wie vor werden in Deutschland Hunderttausende von Füchsen grundlos getötet, nach wie vor entfremden sich Menschen von der Natur und unseren Mitgeschöpfen, und nach wie vor wissen wir viel zu wenig über unsere schönen, schlauen, wilden Nachbarn.

All das können wir nur ändern, indem wir unseren Horizont erweitern. Wir brauchen einen neuen Blick auf die Welt und unsere eigene Rolle in ihr.

Die Weisheit der Füchse ist nicht nur eine Beschreibung unserer vielleicht schönsten einheimischen Tierart – obwohl Sie beim Lesen natürlich einiges über den Fuchs erfahren werden, was Sie möglicherweise noch nicht wussten. Dieses Buch geht weit über die bloße Funktion eines Sachbuchs hinaus. Es zeigt uns Menschen, wo wir uns selbst in den Füchsen wiederfinden, wie ähnlich und wie verschieden wir sein können, wie wichtig Respekt und Verständnis füreinander sind und was wir selbst für unser Leben von den Füchsen lernen können.

Füchse sind schlaue, sensible und neugierige Zeitgenossen. Sie sind liebevolle Mütter, Väter und Geschwister. Sie sind soziale Wesen, die innige Beziehungen eingehen, Freundschaften pflegen, sich aber auch mit anderen streiten. In einer Welt voller Herausforderungen und Rückschläge finden sie ihren Weg, auch wenn dieser manchmal nicht ganz leicht ist. Sie trotzen Widerständen und überstehen schwere Zeiten, ohne dabei zu vergessen, von Zeit zu Zeit eine vernünftige Portion Albernheit an den Tag zu legen.

Haben Sie sich in diesen Zeilen vielleicht wiedererkannt? Daniel Peller und Dag Frommhold zeigen uns eindrücklich, dass wir alle eines gemeinsam haben: Wir müssen das Leben meistern, mit all seinen Höhen und Tiefen.

Dabei können wir viel von unseren wilden Nachbarn lernen, wenn wir nur richtig hinsehen. Genau dabei hilft dieses Buch. Es zeigt Licht und Schatten einer Welt, die Fuchs und Menschen gemeinsam bewohnen, und schärft dabei den Blick für die Chancen, die in diesem Miteinander liegen.

Ich wünsche Ihnen viel Freude bei der Lektüre dieses Buchs. Mich persönlich hat es bisweilen nachdenklich, manchmal traurig, aber sehr oft auch fröhlich, optimistisch und dankbar gestimmt. Was mehr kann man von einem Buch verlangen?

Möglicherweise wird die Weisheit der Füchse auch Ihre Welt bereichern. Lernen Sie also von den Füchsen! Ganz nebenbei erfahren Sie, was Fußballfans mit Revierverhalten zu tun haben, wieso Füchse gleichermaßen gehasst und verehrt werden oder was der Fuchs *tatsächlich* sagt. Sie lernen, wieso Füchse so leichtfüßig sind, ob sie so schlau sind, wie ihr Ruf besagt, und dass Spielen nicht nur etwas für Kinder ist.

Klug, einfühlsam, voller Witz und Charme entführen Daniel Peller und Dag Frommhold Sie in die Welt der Füchse – um Sie am Ende erkennen zu lassen, dass es auch die Ihre ist.

Lassen Sie sich mitnehmen und genießen Sie die Reise!

Faszinosum Fuchs

Wie Füchse uns seit Menschengedenken beschäftigen

(Dag Frommhold)

»Das Schönste, was wir erleben können, ist das Geheimnisvolle.«

Albert Einstein

Im Oktober 1994 besuchte der deutsche Archäologe Klaus Schmidt den Göbekli Tepe (»bauchiger Hügel«), ein Hochplateau im Südosten der Türkei nahe der Grenze zu Syrien. Eigentlich galt die Stätte als hinreichend erforscht – Schmidts Vorgänger hatten den Berg in den 1960er-Jahren untersucht und dort lediglich einen muslimischen Friedhof entdeckt, der aus archäologischer Sicht eher uninteressant war. Schmidt jedoch sah genauer hin und fand dabei Bruchstücke steinerner Bauwerke. Als er diese datieren ließ, verschlug das Ergebnis ihm die Sprache. Sie stammten nämlich aus prähistorischen Zeiten, über sechstausend Jahre vor dem Bau der Pyramiden. Einige Ausgrabungen später stand fest, dass Schmidts Fund die vielleicht größte archäologische Sensation des 20. Jahrhunderts darstellte, geeignet, die Menschheitsgeschichte umzuschreiben.

Schmidt übernahm in den Folgejahren die Leitung der Arbeiten am Göbekli Tepe. Sein Team förderte eine riesige Tempelanlage zutage. Über mehrere Hektar Fläche verteilten sich Dutzende kreisförmige Maueranlagen mit Durchmessern von bis zu dreißig Metern. Darin und dazwischen standen massige Pfeiler, zum

Teil mehr als fünf Meter hoch und zwanzig Tonnen schwer, die zur Stabilisierung in eigens dafür behauene Sockel im Felsboden eingepasst waren.

Derartige Baukünste hatte man den Menschen der Altsteinzeit bis dahin nicht annähernd zugetraut. Doch damit nicht genug: Die steinzeitlichen Bauherren waren nicht nur Freunde monumentaler Architektur, sondern besaßen auch einen künstlerischen Anspruch, wie er andernorts erst Tausende Jahre später aufkommen sollte. Detaillierte Reliefs und selbst nahezu vollplastische Darstellungen verschiedener Tiere finden sich überall in der Anlage. Viele davon zeigen besonders große oder wehrhafte Arten, darunter Löwen, Schlangen, Wildschweine und Stiere. Das häufigste Säugetiermotiv ist jedoch ein zumindest auf den ersten Blick eher unscheinbarer Geselle. Realistisch dargestellt, mit spitzen Zähnen und buschigem Schwanz, begegneten den Ausgrabungsteams zahlreiche Darstellungen von Füchsen.[1] Der Fuchs, so vermuteten die Archäologen, musste im Glauben der altsteinzeitlichen Bewohner des »bauchigen Hügels« also eine wichtige Rolle gespielt haben.

Eine von vielen Fuchsdarstellungen in Göbekli Tepe

Göbekli Tepe gilt heute als die mit Abstand älteste bekannte Kultstätte der Menschheit und ist der wohl früheste Hinweis darauf, dass Füchse uns Menschen in besonderem Maß beschäftigen und inspirieren. Sie ist aber bei Weitem nicht der einzige solche Hinweis. Ganz im Gegenteil: Schaut man sich Kunst, Religion und Mythologie der verschiedensten Kulturen rund um den Erdball etwas genauer an, so trifft man allerorten auf Füchse.

In Japan etwa wurde der Fuchs als Gesandter des Fruchtbarkeitsgottes Inari verehrt. Tempelanlagen und Schreine, die Inari gewidmet sind, werden daher oft von eindrucksvollen Fuchsstatuen bewacht. In ländlichen Gegenden boten die Bauern wild lebenden Füchsen einst Opfergaben in Form von Reis und gebratenem Tofu an. Letzterer erfreut sich nämlich nicht nur unter Menschen großer Beliebtheit, sondern wird auch von Füchsen sehr gerne verspeist.

Eine wichtige Rolle in der fernöstlichen Mythologie spielen Füchse auch als magische Wesen und Gestaltwandler. Dazu zählen etwa die japanischen Kitsunes (»Kitsune« ist das japanische Wort für »Fuchs«), die ihr Dasein als ganz gewöhnliche Füchse beginnen. Allerdings gewinnen sie im japanischen Volksglauben mit zunehmendem Alter an Intelligenz und magischen Fertigkeiten, bis sie sich schließlich in alle erdenklichen Lebewesen und Objekte verwandeln können. Diese Fähigkeit nutzen Kitsunes wiederum, um Einfluss auf die Menschenwelt zu nehmen. Ein besonders beliebtes Thema ist dabei die Verwandlung von Füchsen in schöne Frauen, die Männer verführen und bisweilen sogar Kinder mit ihnen zeugen.

In einer Geschichte aus dem 9. Jahrhundert pilgert der Höfling Abe no Yasuna gerade zu einem Inari-Schrein in der Nähe des heutigen Osaka, als vor ihm plötzlich ein weißer Fuchs auf den Weg springt. Flehend sieht das Tier Yasuna an. Es wird von Jägern verfolgt; seine Häscher kommen immer näher, und nur

Yasuna kann es noch retten. Dem Höfling ist natürlich bewusst, dass weiße Füchse dem Gott Inari heilig sind, und so stellt er sich den Jägern in den Weg. Es kommt erst zum Streit, dann zu einem Kampf auf Leben und Tod. Während dem Fuchs die Flucht gelingt, wird Abe no Yasuna schwer verletzt.

Zu seinem Glück findet ihn eine bezaubernde junge Frau namens Kuzunoha, die ihn nach Hause bringt und gesund pflegt. Die beiden verlieben sich, heiraten und bekommen einen Sohn. Fünf Jahre lang lebt die junge Familie glücklich und in Harmonie zusammen. Doch dann macht der Junge eine sonderbare Entdeckung: Unter dem Kleid seiner Mutter erspäht er einen weißen Fuchsschwanz. So genügt ein kurzer Augenblick der Unachtsamkeit, um Kuzunohas wahre Gestalt zu offenbaren. Sie ist niemand anderes als der weiße Fuchs, den Abe no Yasuna einst gerettet hat. Die Gestaltwandlerin beschließt, dass sie nicht länger bei der Familie bleiben kann. Traurig besucht sie noch einmal ihren Sohn, hinterlässt ihrer Familie ein Abschiedsgedicht und kehrt in Fuchsgestalt in den Wald zurück. Abe no Seimei, das gemeinsame Kind von Kuzunoha und Abe no Yasuna, wächst indes zu einem der berühmtesten Gelehrten seiner Zeit heran.

Während die japanischen Kitsunes neben ihren Verführungs- und Manipulationskünsten oft auch positive Eigenschaften wie Selbstlosigkeit und Dankbarkeit zeigen, sind die Geisterfüchse der chinesischen oder koreanischen Mythologie meist durch und durch bösartig. Ihre Opfer reichen dabei den Legenden nach bis hinauf zu Chu Hsin, dem letzten Kaiser der Shang-Dynastie. Er brachte die aufreizend schöne Konkubine Daiji als Kriegsbeute von einem Feldzug mit, ohne zu wissen, dass ein uralter Fuchsgeist sich ihres Körpers bemächtigt hatte. Nach und nach verfiel Chu Hsin Daijis Einfluss, vernachlässigte die Staatsgeschäfte und ließ sich von ihr zu dekadenten Exzessen und grausamen Verbrechen anstiften. Chu Hsins Tyrannei und Despotismus beschworen schließlich eine Revolte herauf, die in den Niedergang der Dynastie mündete. Die Figur der fuchsbesessenen Konkubine Daiji ist noch heute eine gängige Antagonistin in fernöstlichen Filmen, Comics und Videospielen.

Um derartige Fuchsgeister und andere Dämonen auszutreiben, führte man im alten China einst grausame Rituale durch. Exorzismen waren aber bekanntlich auch im europäischen Mittelalter verbreitet, wo man als Grund für Besessenheit oft Hexerei vermutete. Genau dort begegnet uns abermals der Fuchs. So haben Hexen in Volksmärchen zumeist einen tierischen Begleiter, mit dem sie auf besondere Weise verbunden sind und der sie beim Ausüben ihrer Magie unterstützt. Neben Katzen, Raben oder Kröten treten auch Füchse oft als derartige Hexenvertraute in Erscheinung.

Andere Geschichten gehen bei der Assoziation von Füchsen mit Hexenzauber noch einen Schritt weiter. So erzählt eine Schweizer Volkssage davon, wie eine Gruppe von Jägern einem Fuchs nachstellt. Es gelingt ihnen, den Fuchs mit einer Kugel zu verletzen; das Tier entkommt jedoch mit blutendem Hinterlauf. Sie folgen der Spur des Fuchses, bis sie zu ihrer Verwunderung vor der Tür eines Hauses stehen. Als sie es betreten, finden die Jäger darin eine Frau mit einer frischen Schussverletzung am Bein vor, und sie begreifen, dass es sich bei dem von ihnen gejagten Fuchs um eine Hexe in Tiergestalt gehandelt hat. Während in der japanischen Mythologie Füchse die Gestalt eines Menschen annehmen, ist es bei abendländischen Hexen also andersherum: Sie sind Frauen, die sich in Füchse verwandeln können. Solche Hexenfüchse entkommen ihren Jägern oft durch List oder stellen sich sogar als unverwundbar heraus – Schüsse prallen von ihnen ab oder gehen durch sie hindurch, ohne Schaden anzurichten. Es ist durchaus wahrscheinlich, dass solche Geschichten einen realen Kern in Form von Jagderlebnissen besitzen, denen im Nachhinein mit übernatürlichen Ausschmückungen mehr Würze verliehen wurde.

Der Brandmarkung als Hexen- oder Dämonentier zum Trotz avancierte der Fuchs zu einem wahren Star der mittelalterlichen Literatur: Die Geschichte von Reineke Fuchs ist das älteste und bekannteste europäische Tierepos. Ursprünglich geht es auf mittel- und westeuropäische Dichtungen aus dem 12. Jahrhundert zurück, in denen der Fuchs als Reinardus, Reinhart oder Reynaert auftrat. Diese Wortkompositionen setzen sich aus den Begriffen »regin« (Rat) und »hart« (stark, kühn) zusammen, und man könnte sie sinngemäß als »Der an Listen Reiche« übersetzen. Der heute verbreiteten Form »Reineke« verhalf schließlich kein Geringerer als Johann Wolfgang von Goethe zum Durchbruch. Mit seiner in Versen verfassten Version des Reineke-Epos setzte der Dichterfürst dem Fuchs ein literarisches Denkmal.

Auch hier tritt der Fuchs keineswegs als makelloser Held auf – ganz im Gegenteil. Er ist vielmehr ein ebenso boshaftes wie geniales Schlitzohr, das die Schwächen seiner körperlich meist überlegenen Widersacher erbarmungslos ausnutzt und nicht zögert, andere über die Klinge springen zu lassen, um den eigenen Pelz zu retten. Mit List, Tücke und einer nicht zu verachtenden Portion Gemeinheit gelingt es ihm, am Ende zum Kanzler des Reichs unter dem Löwen Nobel aufzusteigen. Einer verbreiteten Deutung zufolge steht Reineke dabei sinnbildlich für einen rebellischen Adligen, der die Grenzen von Traditionen, Recht und Moral am Hof auslotet, den König überlistet und die bestehenden politischen Strukturen aufbricht.

Nicht nur in der Literatur, sondern auch in der klassischen Musik sind Füchse prominent vertreten. So erzählt der tschechische Komponist Leoš Janáček in seiner Oper *Das schlaue Füchslein* die Geschichte der jungen Füchsin Schlaukopf. Im Gegensatz etwa zu den mythischen Fuchsgestalten asiatischer Legenden und den meist stark vermenschlichenden Geschichten um Reineke Fuchs ist Janáčeks Füchsin ein gewöhnliches Tier, das sich mit den Herausforderungen des realen füchsischen Lebens

Illustration Wilhelm von Kaulbach: »Reineke Fuchs als Sieger«

auseinandersetzen muss. Ihre Geschichte beginnt damit, dass sie von einem Förster gefangen wird und auf dessen Hof aufwächst. Von Kindern geärgert und vom Hofhund bedrängt, gelingt ihr schließlich unter dramatischen Umständen die Flucht. Für einige Zeit kann sie ihr Leben in Freiheit genießen: Ein galanter Fuchsrüde macht ihr den Hof, die beiden gründen eine Familie, und sie lehrt ihre Welpen, was ein Fuchs zum Überleben in freier Wildbahn wissen muss. Doch es dauert nicht lange, bis Menschen – allen voran der gewiefte Landstreicher und Wilderer Háraschta –

ihr und den Ihren auch dort nach dem Leben trachten. Janáček selbst bezeichnete das Stück einst als sein bestes Werk,[2] und bis heute ist es auch eines seiner am häufigsten gespielten. Opernhäuser in aller Welt zeigen regelmäßig Aufführungen der Lebensgeschichte von Füchsin Schlaukopf.

Auch jenseits des Atlantiks stand der Fuchs vor der Eroberung des Kontinents durch die Europäer in hohem Ansehen. In den Legenden nordamerikanischer Ureinwohner wie den Achomawi, den Atsugewi oder den Ute besaß er sogar eine geradezu erhabene Stellung. Verschiedenen Überlieferungen zufolge erschafft er in diesen Geschichten gemeinsam mit Wolf und Kojote die Welt. Durch die Kraft ihrer Gedanken können die Tiere nämlich aus Stöcken oder Holzspänen lebende Wesen formen. Der Fuchs wird dabei meist als kluger und weiser Schöpfer dargestellt, der das Wohl der Menschen im Sinn hat, während der Kojote immer wieder versucht, die Pläne seines kleineren Verwandten zu sabotieren. Allerdings gibt es auch Varianten solcher Schöpfungsmythen, in denen Fuchs und Wolf oder Fuchs und Kojote einträchtig bei der Erschaffung des Menschen zusammenarbeiten.

Zwar gehört Südamerika nicht zum Verbreitungsgebiet des bei uns heimischen Rotfuchses; der Kontinent ist jedoch von einigen seiner Verwandten besiedelt. Dazu gehört etwa der Andenfuchs oder auch Culpeo, der vor dem Aufstieg der Inkas als Symboltier des Gottes Pachacámac und als Fruchtbarkeitsbringer hohes Ansehen genoss. In Tempelanlagen nahe Lima fand man die goldene Statue eines Andenfuchses, an der die Ureinwohner des heutigen Peru einst Pachacámac und seinen Boten huldigten. Als jedoch zunächst die Inkas und später die spanischen Eroberer die Macht übernahmen, ließen diese viele Zeugnisse früherer Kulturen zerstören. Auf Geheiß der christlichen Kirche wurden dabei systematisch Kultstätten und -objekte vernichtet, die mit der Verehrung von Tieren im Zusammenhang standen.

Besondere Verachtung scheint indes sowohl bei den Inkas als auch bei den christlichen Eroberern dem Fuchs gegolten zu haben. Idole wurden zerstört, Legenden umgeschrieben; aus einem heiligen Beschützer und Fruchtbarkeitsspender wurde so nach und nach ein dämonisches und egoistisches Wesen, das die Menschen verführte und ins Unheil stürzte.[3] Ein wesentlicher Grund dafür, dass die christlichen Eroberer gerade die Verehrung des Fuchses derart bekämpften, war vermutlich dessen Assoziation mit Hexerei. Aufgrund seines roten Fells galt er den Christen dieser Zeit sogar als Symbol für den Teufel selbst.[4]

Das war auch in Europa so. Ein altes norddeutsches Volksmärchen erzählt etwa davon, wie ein Jäger einen Fuchs verfolgt. Als er diesen schließlich stellt, wendet das Tier sich um und gibt unter höllischem Gelächter seine wahre Gestalt preis. Es ist niemand anderes als der Leibhaftige, der im nächsten Moment verschwindet und nur den Gestank von Schwefel hinterlässt. In der Bibel bezeichnet Jesus höchstselbst zudem den grausamen König Herodes als »Fuchs«.[5] Auch das ist ein Hinweis darauf, mit welchen Augen man Füchse zu dieser Zeit wohl betrachtete.

Auch wenn viele alte Ressentiments gegenüber dem Fuchs noch bis heute nachwirken, haben sie seiner Popularität keinen Abbruch getan – sie endete weder mit den Feldzügen christlicher Eroberer noch mit dem Anbruch der Moderne. Im Gegenteil: Heute sind Füchse als Protagonisten von aufwendig produzierten Filmen und Videospielen, als liebenswürdige Helden von Kinderbüchern und nicht zuletzt als Firmenmaskottchen und Werbeträger weitverbreitet. Schaut man sich in den Shops diverser Online-Händler um, findet man kaum einen Artikel, den man nicht mit Fuchs-Aufdruck erwerben kann. Beim Einkleiden unserer neugeborenen Tochter waren meine Frau und ich erstaunt, wie viele Hosen, Jäckchen, Lätzchen und Bodys auf die eine oder andere Weise mit niedlichen Füchslein verziert waren – offensichtlich hat die Kinderbekleidungsindustrie den

Fuchs zur unangefochtenen Nummer eins der Wildtiermotive auserkoren.

Weit weniger eindeutig ist, was genau das »Faszinosum Fuchs« eigentlich ausmacht. Warum hat, unter all den vielen Wildtieren Asiens, Europas und Amerikas, gerade Reineke uns so in seinen Bann gezogen?

Ein Teil der Antwort liegt vielleicht darin, dass Füchse wie eine elegante Mischung aus Hund und Katze wirken, unseren beliebtesten Haustieren. Während Füchse biologisch zu den Hundeartigen zählen und auch äußerlich auf den ersten Blick einem kleinen bis mittelgroßen Hund ähneln, lassen ihre geschmeidigen Bewegungen und ihr Jagdverhalten mit dem typischen Mäusesprung eher an eine Katze denken. Ganz im Gegensatz zu unseren Stubentigern und Sofawölfen wirken Füchse aber stets unnahbar, pflegen eine heimliche Lebensweise und sind in ihren angestammten Lebensräumen in Wald und Flur überaus scheu. Diese Mischung aus vordergründiger Vertrautheit und distanzierter, geradezu geheimnisvoller Fremdartigkeit ist womöglich einer der Aspekte, die den Fuchs so faszinierend machen.

Hinzu kommt, dass der Fuchs ein besonders attraktives Tier ist, vor allem in seinem dichten Winterpelz. Das auffällige, leuchtend rote Fell, der buschige Schwanz und die charakteristischen schwarzen Pfoten machen ihn seiner geringen Körpergröße zum Trotz zu einem wahren Hingucker. Gemeinsam mit der Schläue, die ihm zugeschrieben wird, drängt er sich dadurch geradezu auf, wenn es um die Besetzung bestimmter Rollen in (Tier-)Geschichten geht: Wo immer sich ein gut aussehender, schlitzohriger Held mit körperlich überlegenen Gegnern messen muss, war der Fuchs schon im Mittelalter schlicht die Idealbesetzung.

Die sprichwörtliche Schläue des Fuchses spielt auch überall dort eine Rolle, wo die Interessen von Mensch und Fuchs unmittelbar kollidieren. Jahrhundertelang war Reineke ein gefürchteter

Hühnerdieb, dessen Einfallsreichtum und Hartnäckigkeit so manchem Federvieh zum Verhängnis wurden. Für Familien, die von der Geflügelzucht lebten, konnte das einst durchaus eine existenzielle Gefahr darstellen.

Auf der anderen Seite hatten auch die Füchse wenig Anlass, sich eine positive Meinung über den Menschen zu bilden. Kaum ein anderes Tier wurde über die Jahrhunderte hinweg so erbarmungslos verfolgt wie der Fuchs, ob zu Pferd, mit Hundemeuten, Schusswaffen, Fallen oder sogar Giftgas. Gleich, welches Motiv seine Jäger dazu brachte, Reineke nachzustellen, stets nötigte er ihnen dabei eine gehörige Portion Respekt ab. »Kein anderes Wild«, so war einst im Editorial einer großen deutschen Jagdzeitschrift zu lesen, »fordert uns so ebenbürtig heraus. [...] allein der Fuchs steht mit allen Sinnen und Listen so hoch, dass es ungewiss bleibt, wie die Begegnung ausgeht, wenn wir uns aktiv mit ihm messen.«[6]

Nicht zuletzt diesen Listen und Sinnen des Fuchses dürfte es neben seiner enormen Anpassungsfähigkeit zu verdanken sein, dass er sich allen Verfolgungen zum Trotz bis heute behauptet hat. Mehr noch: Während manch andere Tierart unter dem Druck menschlicher Nachstellungen drastisch dezimiert oder gar ausgerottet wurde, konnte der Fuchs sein Verbreitungsgebiet mit Hilfe des Menschen sogar noch weiter ausdehnen. In Australien etwa setzten britische Siedler Mitte des 19. Jahrhunderts Füchse aus, weil sie auch in ihrer neuen Heimat nicht auf die traditionelle Fuchsjagd hoch zu Ross mit Hundemeuten verzichten wollten. Innerhalb von einhundert Jahren hatten Füchse 75 Prozent des australischen Festlands besiedelt. Heute ist der Rotfuchs als der Landbeutegreifer mit der weltweit größten Verbreitung auf fast allen Kontinenten vertreten.

All das führt dazu, dass die Wege von Mensch und Fuchs sich häufig kreuzen; es macht den Fuchs im kollektiven Bewusstsein der Menschen präsent und liefert reichlich Material für

Geschichten. Davon abgesehen faszinieren die einzigartige Überlebenskunst des Fuchses und seine Fähigkeit, ähnlich wie Reineke in den Tierepen des Mittelalters als Rebell gegen einen oft despotischen Herrscher zu bestehen. Vor allem aber macht all dies deutlich, wie enorm ambivalent die Beziehung des Menschen zum Fuchs war und ist. Diese Ambivalenz spiegelt sich in der Bandbreite an Rollen wider, die der Fuchs in unseren Geschichten einnimmt: Er ist schlauer Rebell und sinnlicher Verführer, weiser Schöpfungsgott und böser Dämon, Fruchtbarkeitsbringer und hinterlistiger Schurke.

Insofern tritt der Fuchs in unseren Mythen, Legenden und Sagen also nicht nur besonders häufig auf, sondern wird darin auch auffallend gegensätzlich charakterisiert. Der Fuchs hat schon im Mittelalter polarisiert, und das hat sich bis heute nicht geändert – der Widerständler, dessen Standhaftigkeit und Überlebenskunst den einen fasziniert und begeistert, ist der ewige Dorn im Auge des anderen.

So bleibt die Frage, ob die Rollen und Eigenschaften, mit denen Füchse in Verbindung gebracht werden, eine reale biologische Grundlage besitzen. Finden sich im Verhalten wild lebender Füchse Anhaltspunkte für solche Zuschreibungen oder handelt es sich dabei um reine Projektionen, die letztlich mehr über uns Menschen verraten als über den Fuchs? Und wenn es Projektionen sind – welche Besonderheiten des Fuchses veranlassen uns dazu, sie vorzunehmen? Schließlich werden ihm über die verschiedensten Zeitalter und Kulturkreise hinweg bestimmte Eigenschaften wie etwa Schläue oder Fruchtbarkeit zugeschrieben. Wie ich in all den Jahren meiner Beschäftigung mit den biologischen und kulturellen Aspekten des Fuchses erfahren habe, lernt man bei dem Versuch, solche Fragen zu beantworten, nicht nur eine Menge über Füchse, sondern auch über Menschen.

Mich persönlich haben Füchse schon als Kind fasziniert, und jede Begegnung mit ihnen bereichert mein Leben – gleich, ob es der Anblick spielender Fuchswelpen am elterlichen Bau oder der stattliche Fuchsrüde ist, der im dichten Winterpelz auf einer raureifbedeckten Wiese nach Mäusen jagt. Je intensiver man sich mit dem Fuchs befasst, desto mehr zieht er einen in seinen Bann. Er ist ein äußerst anpassungsfähiger, vielseitiger und intelligenter Geselle – das macht es oft schwierig, allgemeingültige Aussagen über Füchse zu treffen. Biologen können ein Lied davon singen, denn nur allzu oft haben Arbeitshypothesen über Fuchsverhalten eine sehr kurze Halbwertszeit. Genau das macht aber auch einen wichtigen Teil des Reizes aus, sich mit Meister Reineke zu beschäftigen. Und wie wir im Rahmen der folgenden Kapitel sehen werden, hat der Fuchs abseits verbreiteter Geschichten, Klischees und Rollenzuschreibungen noch eine Menge Überraschungen auf Lager.

Immer mit Köpfchen

Warum auch Schlauberger lebenslang lernen müssen

(Dag Frommhold)

»Mir scheinet List und Klugheit nicht den Mann zu schänden, der sich kühnen Taten weiht.«

Johann Wolfgang von Goethe, *Iphigenie auf Tauris*

Lucy war nur ein paar Wochen alt, als sie ihre Mutter durch einen Verkehrsunfall verlor. Unterkühlt und durchnässt wurde sie von Spaziergängern gefunden, ein kläglich fiependendes Fellbündel, mehr tot als lebendig. Ihre Geschwister hatten den Kampf gegen Hunger und Kälte bereits verloren, doch für diese kleine Füchsin gab es noch Hoffnung.

Ihre Finder brachten Lucy zu Jörg Kaifel, einem erfahrenen Wildtierkenner, der im Laufe der Jahrzehnte Aberdutzende verwaiste oder verletzte Tiere aufgezogen und wieder ausgewildert hat. In seiner Obhut wuchs Lucy von einem hilflosen Fellknäuel zu einer ebenso verspielten wie frechen jungen Füchsin heran, die Jörg wieder und wieder mit ihrem Einfallsreichtum überraschte. Auch als Lucy bereits ausgewildert war, ließ sie sich noch regelmäßig in der Nähe von Jörgs Wohnhaus blicken – und gab ihm dabei Gelegenheit zu einer bemerkenswerten Beobachtung.

Eines Tages sah Jörg von seinem Garten aus, dass Lucy reglos auf der benachbarten Wiese lag. Eigentlich war das kein typischer Schlafplatz für die Füchsin – wie die meisten ihrer Artgenossen bevorzugte sie dafür ansonsten geschützte, schlecht einsehbare Orte. Dieses Mal aber lag sie weithin sichtbar im prallen Sonnenschein, obwohl sich keine hundert Meter weiter ein großer, schattenspendender Nussbaum befand, auf dem es sich bereits eine Krähenkolonie gemütlich gemacht hatte. Vielleicht, mutmaßte Jörg, war ihr das lautstarke Krakeelen der Rabenvögel zu viel Trubel, und sie wollte einfach ihre Ruhe haben.

Nach einer kurzen Weile wurden die Krähen jedoch ihrerseits auf Lucy aufmerksam. Zunächst blieben sie noch auf ihren Ästen sitzen und beobachteten die Füchsin aus luftiger Höhe, dann flogen zwei oder drei von ihnen bis auf wenige Meter an sie heran. Sie krächzten dabei so lautstark, dass Lucy spätestens davon eigentlich hätte aufwachen müssen. Jörg begann allmählich, sich Sorgen um seinen ehemaligen Schützling zu machen – immerhin waren Krähen Aasfresser, und es war ganz und gar kein gutes Zeichen, dass sie sich für Lucy interessierten. Dann sprang eine der Krähen plötzlich zu der Füchsin hinüber und pickte ihr heftig in die Flanke.

Lucy jedoch zeigte keine Reaktion. Jörgs Herz sank. Sofort machte er sich auf den Weg zu ihr, doch er hatte kaum seinen Garten verlassen, als die Krähe einen Satz nach vorne machte, geradewegs neben Lucys Kopf. Jörg wollte gerade aufschreien und die Arme in die Luft reißen in der Hoffnung, die Krähe so verscheuchen zu können. Doch bevor der Vogel sich über Lucys Augen hermachen konnte, sprang die Füchsin quicklebendig auf und schnappte blitzschnell zu. Statt eine Mahlzeit für sich zu ergattern, war die Krähe selbst auf dem Teller gelandet.

Dass ein Fuchs sich totstellt, um Aasfresser zu erbeuten, ist keineswegs ein Einzelfall. Die wohl früheste Erwähnung dieses Verhaltens findet sich im *Physiologus*, einem Werk zur Naturlehre aus dem 2. Jahrhundert nach Christus. Im Jahr 1961 wurde die raffinierte Jagdtechnik in Russland erstmals auf Film dokumentiert,[1] und im Laufe der Jahrzehnte berichteten Wildtierfreunde, Förster oder Jäger immer wieder über das Sich-tot-Stellen von Füchsen.

Vermutlich sind Füchse also in der Lage, Beutetiere gezielt zu täuschen. Mancher entspannt im Gras liegende Fuchs macht vielleicht die Erfahrung, dass Krähen auf ihn aufmerksam werden und näher kommen, dann aber bei seiner kleinsten Bewegung auffliegen. Dadurch lernt er womöglich, die Annäherung der Rabenvögel bewusst zu provozieren, um dann im richtigen Moment zuzuschlagen. Wenn das so ist, liegt dieser Jagdstrategie eine beachtliche kognitive Leistung zugrunde, die Reinekes Ruf als Schlauberger alle Ehre macht. Haben all die Mythen, Märchen und Fabeln also recht, wenn sie den Fuchs als besonders schlaues Tier porträtieren?

Um diese Frage zu beantworten, müsste man in der Lage sein, die Intelligenz von Füchsen objektiv mit der anderer Arten zu vergleichen. Nun könnte man auf die Idee kommen, dafür einfach das Gewicht des Gehirns oder die Anzahl an Nervenzellen darin zu messen. Das Resultat dieser Übung ist jedoch grob irreführend: Die Denkorgane des Kleinen Schwertwals oder des Afrikanischen Elefanten sind etwa drei- bis viermal so schwer wie das des Menschen und weisen eine ähnliche Neuronenzahl auf. Trotzdem dürften wir ihnen geistig weit überlegen sein. Intelligenz wird nämlich von einer ganzen Reihe an Faktoren beeinflusst, die vom Hirngewicht weitgehend oder vollständig unabhängig sind, wie etwa der Nervenleitgeschwindigkeit, der Dichte an Neuronen[2] oder der Anzahl an Verknüpfungen zwischen ihnen.[3] Die genaue Rolle dieser (und weiterer) Faktoren ist Gegenstand reger Forschungsarbeit.

Ein vergleichsweise unkompliziertes und einfach zu erhebendes Maß ist dagegen der sogenannte Enzephalisationsquotient (EQ). Um ihn zu berechnen, bestimmt man zunächst das Verhältnis von Gehirn- zu Körpermasse bei den Tieren einer Art und setzt das Ergebnis dann zu den Werten einer Vergleichsspezies in Relation. Ein EQ größer als eins weist darauf hin, dass das Gehirn eines Tieres schwerer ist, als man anhand seiner Körpermasse im Vergleich mit der Referenzspezies erwarten würde. Dies gilt wiederum als Hinweis darauf, dass die betreffenden Tiere über erhöhte kognitive Fähigkeiten verfügen.

Die deutschen Hirnforscher Gerhard Roth und Ursula Dicke errechneten den EQ für eine Reihe verschiedener Arten und wählten als Vergleichsspezies die Hauskatze (der dadurch ein Wert von 1,0 zugewiesen wird). Es verwundert nicht, dass der Mensch diese Tabelle mit einem EQ von 7,8 klar anführt und dass Affen deutlich höhere Werte erreichen als etwa Nagetiere. Kaninchen liegen in der Auflistung von Roth und Dicke bei 0,4, Löwen bei 0,6, Pferde bei 0,9 und Hunde bei einem EQ von 1,2. Füchse kommen immerhin auf einen Wert von 1,6, womit sie in ähnliche Größenordnungen vorstoßen wie manche Affenarten (Gorillas besitzen beispielsweise einen EQ zwischen 1,5 und 1,8).[4]

Der EQ deutet also darauf hin, dass es sich bei Füchsen um besonders schlaue Tiere handeln könnte. Ein Beweis ist das allerdings noch nicht – dafür müsste man nämlich zeigen, dass der vergleichsweise hohe EQ sich auch im Verhalten der Tiere niederschlägt.

Wirklich schlau?

Bei Menschen wird der Intelligenzbegriff in der Alltagssprache verwendet, um die geistige Leistungsfähigkeit einer Person auszudrücken. Dabei gibt es keine einheitliche Definition von Intelligenz – vielmehr schlagen verschiedene Theorien unterschiedliche Kriterien dafür vor, was Intelligenz letztlich ausmacht. All diesen Theorien ist jedoch zu eigen, dass verschiedene Formen des Problemlösens eine wichtige Rolle spielen. Wer etwa logische, sprachliche oder mathematische Fragestellungen schnell erfasst und Aufgaben rasch lösen kann, weist eine höhere Intelligenz auf als jemand, dem das nicht so gut gelingt. Doch nicht nur für Menschen, sondern auch für Tiere gilt es tagtäglich, Probleme zu lösen: Wo habe ich die besten Chancen, Beute zu machen, und welche Jagdtaktik wende ich dabei an? Wie erkenne und umgehe ich Fallen? Wie stibitze ich meinen Geschwistern das Essen und komme (im Idealfall unbemerkt) damit davon? Solche Aufgaben, bei deren Bewältigung kognitive Fähigkeiten gefragt sind, gelten nicht nur als Gradmesser für tierische Intelligenz – wer hier besonders gut abschneidet, hat auch handfeste Überlebensvorteile.

Es gibt nur relativ wenige systematische Untersuchungen zu den Problemlösefähigkeiten von Wildtieren, und Einzelbeobachtungen werden oft als interessante, aber wissenschaftlich wertlose Anekdoten abgetan. Auf der anderen Seite lassen sich Tiere in künstlichen Laborsituationen zwar gut beobachten, diese sind für scheue und freiheitsliebende Wildtiere wie Füchse aber oft mit erheblichem Stress verbunden. In der Praxis sind Laborstudien zu diesem Thema daher nur sehr schwer so durchzuführen, dass ihre Ergebnisse aussagekräftig wären.

In einer der wenigen Studien zu diesem Thema untersuchten die New Yorker Biologen Abigail Reid und Alan Tousignant das Problemlöse- und Explorationsverhalten von Wölfen, Füchsen und Mähnenwölfen. Die dafür verwendete Testapparatur bestand aus einem Quader mit abnehmbarem Deckel, an dem ein Seil befestigt war. Durch Zug an diesem Seil konnte die Box geöffnet werden. Innerhalb des Quaders wiederum befanden sich zwei ineinandergesteckte Metallröhren mit unterschiedlichem Durchmesser und Öffnungen von etwa zehn mal vier Zentimetern. Die äußere Röhre war dabei gegen die innere drehbar. Aufgabe der vierbeinigen Probanden war es nun, die Box zu öffnen und die Röhren so gegeneinander zu verdrehen, dass die Öffnungen übereinanderlagen. Dadurch konnten sie an den Leckerbissen gelangen, der sich in der inneren Röhre befand.

Tatsächlich konnten Füchse diese Aufgabe deutlich besser lösen als ihre größeren Verwandten. Relativierend muss man dazu sagen, dass die Füchse die Aufgabe auch deutlich forscher und explorativer in Angriff nahmen als die anderen vierbeinigen Probanden.[5] Auf der anderen Seite decken sich die Feststellungen von Reid und Tousignant aber mit Beobachtungen aus Wildtierstationen: Werden Füchse dort mit Intelligenzspielzeug für Hunde konfrontiert, durchschauen sie den Mechanismus in allerkürzester Zeit, sind dann davon gelangweilt und beginnen, das Spielzeug zu zerlegen.

Testapparatur aus dem Versuch von Reid und Tousignant

Ein vergleichsweise gut untersuchtes Thema ist die Fähigkeit von Tieren, menschliche Gesten zu verstehen. Die Kommunikation mit Menschen gilt dabei allgemein als Paradedisziplin des Haushunds. Über Zehntausende von Jahren sind Hunde durch gezielte Zuchtauswahl darauf optimiert worden, dem Menschen zu dienen und seine Befehle zu verstehen. Im Interpretieren menschlicher Zeigegesten sind Hunde selbst Schimpansen – immerhin nahe Verwandte des *Homo sapiens* – haushoch überlegen.[6] Füchse, so sollte man meinen, dürften im direkten Vergleich ebenso chancenlos sein wie andere wild lebende Hundeartige. Schließlich gehört es nicht unbedingt zum Alltag eines Fuchses, von freundlichen Menschen per Fingerzeig auf das nächste Mäusebistro hingewiesen zu werden.

Umso faszinierender ist, dass selbst Wildfüchse mitunter in der Lage sind, einen menschlichen Fingerzeig korrekt zu interpretieren.[7] Noch viel besser gelingt das Füchsen, die seit Generationen gezielt auf Zahmheit selektiert werden, wie es etwa in einem bekannten (aber ethisch fragwürdigen) russischen Langzeitexperiment der Fall ist. Nach gut sechzig Jahren Zuchtauswahl können die heute dort geborenen Fuchswelpen Zeigegesten ebenso gut deuten wie junge Hunde.[8] Manche Biologen sind daher überzeugt, dass Füchse die intelligenteren Hunde geworden wären, hätte man sie anstelle des Wolfs domestiziert.[9]

Tricks und Täuschung

Wie andere Hundeartige auch, sind Füchse ziemlich verspielt – und zwar so sehr, dass wir diesem Thema ein eigenes Kapitel gewidmet haben. Spiele sind aber auch großartige Gelegenheiten, die eigenen geistigen Fähigkeiten zu erproben und zu trainieren. Die Autorin Lucy Jones beschreibt beispielsweise, wie Fuchs Henry und Hund Maddy gemeinsam aufwachsen. Henry gelingt es dabei immer wieder, seinem Kameraden Spielzeuge abzuluchsen. Er demonstriert Desinteresse, streunt im Raum umher und schaut mal hierhin, mal dorthin. Das begehrte Objekt würdigt er dabei keines Blickes. Unbemerkt von Maddy, nähert der Fuchs sich dem Spielzeug dabei jedoch Stück für Stück an – und schnappt es dem verdutzten Hund schließlich blitzschnell vor der Nase weg.[10]

Dass Füchse äußerst geschickt ablenken und täuschen können, habe ich schon am eigenen Leib erfahren. Als ich vor Jahren gemeinsam mit meiner heutigen Ehefrau sowie einem befreundeten Paar eine Wildtierstation im Saarland besuchte, überreichte der Betreiber zu Anfang jedem von uns ein Exemplar eines neuen Flugblatts über Füchse, das er gerade aus der Druckerei geholt hatte. Jeder von uns verstaute den Flyer dort, wo gerade Platz war – meine Frau in ihrer Handtasche, ich steckte meinen in die Gesäßtasche meiner Jeans, unsere Freunde deponierten ihre Flugblätter in ihren Jackentaschen. Wenig später besuchten wir einen der in der Station untergebrachten Füchse in seinem Gehege. Snoopy war von klein auf an Menschen gewöhnt, und obwohl er uns Neuankömmlingen zunächst eine gehörige Portion fuchstypisches Misstrauen entgegenbrachte, fasste er rasch Mut. Es dauerte keine Viertelstunde, bis er sich auf Schrittweite an uns herantraute und uns, mit federndem Gang durch das Gehege laufend, in mal weiterem, mal etwas engerem Bogen umkreiste. An uns selbst schien er dabei kein großartiges Interesse zu haben, und selbst die Leckerlis, die wir ihm hinwarfen, ließen Snoopy erstaunlicherweise ziemlich kalt. Vielleicht hätte uns das eine Warnung sein müssen.

Als Snoopy wieder einmal hinter mir vorbeilief – ich war in die Hocke gegangen, um ihm etwas näher zu sein –, spürte ich plötzlich eine Fuchsschnauze unter meiner Strickjacke. Verdutzt stellte ich fest, dass er sich das Flugblatt aus meiner Gesäßtasche geschnappt hatte. Das Ganze war so schnell gegangen, dass ich nicht die geringste Chance zum Eingreifen gehabt hatte. Snoopy hatte nicht einmal seinen Lauf merklich verlangsamt. Nur wenig später, nachdem der Fuchs seine Beute in einer Ecke des Geheges abgelegt hatte, war dann die Handtasche meiner Frau an der Reihe. Der Deckel war nur lose über die Tasche geworfen, und so verschwand – abermals ganz beiläufig und im Vorbeihuschen – zielsicher eine Fuchsschnauze darin, nur um Sekundenbruchteile später mit dem erbeuteten Flyer wieder herausgezogen zu werden. Ein paar Minuten später folgten dann die Flugblätter unserer Freunde – die inzwischen natürlich wussten, was kommen würde, das Spiel Snoopy zuliebe aber mitspielten.

So, wie Henrys scheinbares Desinteresse Maddy in die Irre führte, gelang es Snoopy, unsere Aufmerksamkeit spielerisch von den eigenen Absichten abzulenken. Solche Verhaltensweisen sind letztlich nichts anderes als raffinierte Täuschungsmanöver. Während ein Frontalangriff eine direkte Abwehrreaktion oder die Flucht des Opfers zur Folge hätte, wiegt man es stattdessen in Sicherheit und schlägt dann zu, wenn das Gegenüber es am wenigsten erwartet.

Auf ganz ähnlichen Mechanismen beruht auch das sogenannte »Charming«, eine besondere Jagdtechnik, die Füchsen nachgesagt wird. Schnelle und wendige Beutetiere sind für Füchse nur zu erwischen, wenn das betreffende Tier entweder geschwächt ist oder der Fuchs es überraschen kann. Beim Charming setzt der Fuchs daher gezielt auf Täuschung, um sich einem Kaninchen zu nähern, ohne dessen Flucht zu provozieren. Er springt in die Luft und schnappt dabei nach seinem eigenen Schwanz oder läuft mit abgewandtem Blick hin und her. Mit seinem scheinbar ziellosen Verhalten wiegt der Fuchs das Kaninchen in Sicherheit, während er ihm dabei ganz beiläufig immer näher kommt. Ist er schließlich in Sprungweite, packt er blitzartig zu und erbeutet sein Opfer. Auch wenn ich das Charming noch nicht persönlich beobachten konnte, erscheint es mir angesichts meiner Erlebnisse mit anderen füchsischen Verhaltensweisen durchaus plausibel. Immerhin ist es den Ablenkungsmanövern, mit denen Henry und Snoopy an ihre »Beute« gelangten, ziemlich ähnlich.

Nicht minder interessant ist eine andere (Täuschungs-)Leistung, mit der mein Freund Thorsten von seinem langjährigen vierbeinigen Dauergast Lucky hereingelegt wurde. Thorsten betreibt eine vorbildliche Fuchsauffangstation in Süddeutschland. Dort nimmt er Jahr für Jahr verwaiste Fuchswelpen auf, um sie großzuziehen und im Spätsommer wieder auszuwildern. Die Haltungsbedingungen sind optimal, mit riesigem Waldgehege und reichlich Freiraum für die Tiere, um die Mäusejagd zu üben und ausreichend Distanz zu Menschen zu halten. Lucky gehörte zu den wenigen Füchsen in Thorstens Station, die nicht mehr ausgewildert werden konnten, weil sie zu lange unter Menschen gelebt hatten. Hätte man versucht, Lucky die Freiheit zu schenken, wäre er wohl unter Protest in sein Gehege zurückgekehrt – das Leben in menschlicher Obhut fand er schlichtweg viel zu bequem. Fast jeder Fuchs, den ich kenne, hätte sofort Reißaus genommen, hätte man ihn im Garten frei herumlaufen lassen – nicht so Lucky. Er genoss daher Sonderrechte, und er war in jeder Hinsicht eine wirklich besondere Fuchspersönlichkeit.

Thorsten lernte Lucky kennen, als dieser noch in einem Tierpark lebte. Als Hobby-Tierfotograf und Dauerkarteninhaber mit ausgezeichneten Wildtierkenntnissen durfte Thorsten das Fuchsgehege betreten und Lucky hier und da auch einmal Leckerlis geben. Eines Tages bewahrte Thorsten die Leckerlis für Lucky in seiner Kameratasche auf. Der Fuchs erschnüffelte sie sofort, doch sie blieben unerreichbar für ihn, weil Thorsten als unüberwindbares Hindernis zwischen Fuchs und Tasche kniete. Als Thorsten eine dringende Textnachricht auf seinem Handy beantworten musste, versuchte Lucky, sich heimlich an ihm vorbeizuschleichen, doch sein zweibeiniger Freund bemerkte das und blockierte den Zugang zur begehrten Futterquelle erneut mit seinem Körper. Lucky hatte aber wohl begriffen, dass das seltsame Objekt, das Thorsten da in der Hand hielt, irgendwie für seinen Freund interessant sein musste.

Plötzlich schnappte Lucky zu, entriss Thorsten das Telefon und lief damit davon. Thorsten sprang sofort auf und lief Lucky nach, befürchtend, dass der Fuchs das Handy irgendwo in den Tiefen seines Baus verstecken könnte. Lucky war davon jedoch wenig beeindruckt. Er wirkte nicht erschrocken, so wie Thorsten es von Hunden und auch anderen Füchsen kannte, die etwas stibitzt hatten und dann entweder Fersengeld gaben oder die Beute fallen ließen. Stattdessen blieb Lucky cool, hielt in einiger Entfernung inne und blickte sich zu Thorsten um. Als dieser sich ein Stück genähert hatte, lief Lucky ohne sonderliche Eile bis zum Gehegezaun und ließ das Handy dort fallen. Während Thorsten noch damit beschäftigt war, das Gerät auf Beschädigungen zu überprüfen, hatte der Fuchs die Tasche mit den Leckerlis längst geplündert.

Es sieht ganz so aus, als hätte Lucky sich gezielt überlegt, wie er seinen menschlichen Freund von dem begehrten Futter weglocken könnte, und dabei treffsicher vorhergesehen, wie Thorsten auf den Diebstahl seines Handys reagieren würde. Solche Pläne zu schmieden erfordert die Fähigkeit, nicht nur mehrere Schritte des eigenen Handelns zu planen, sondern auch komplexe Reaktionen des Gegenübers vorauszusagen. Das ist Problemlösen auf ziemlich hohem Niveau.

Fuchs Lucky und die Mobilfunktechnik

Füchsische Gedächtnisleistung

Füchse verfügen jedoch nicht nur über ausgeprägte Problemlösefähigkeiten, sondern haben zudem ein ziemlich gutes Gedächtnis. Bei den Versuchen von Reid und Tousignant fiel auf, dass Füchse sich im Vergleich zu Wölfen und Mähnenwölfen wesentlich stärker auf ihre Erinnerung verließen. Präsentierte man ihnen in mehreren aufeinanderfolgenden Experimenten gleichzeitig mehrere Boxen, von denen nur eine die begehrten Leckerlis enthielt, schnüffelten sie nicht wie ihre Verwandten einfach nur nacheinander an den Behältnissen, bis sie das richtige gefunden hatten. Stattdessen begaben sie sich erst einmal zu demjenigen, bei dem sie im vorherigen Durchlauf fündig geworden waren.[11]

In freier Wildbahn hilft das Gedächtnis Füchsen zum Beispiel beim Wiederfinden verbuddelter Nahrung. Im Gegensatz zu manchem Menschen sind Füchse nämlich ganz und gar keine Freunde von Essensverschwendung. Haben sie mehr Beute gemacht, als sie verzehren können, verstecken sie den Rest für später, indem sie ihn vergraben und sorgsam mit Erde, Steinchen, Laub oder Gräsern bedecken. Diese Vorratshaltung wird unter Biologen »Caching« genannt. Manche Füchse gehen dabei mit großer Akribie zu Werk, damit potenzielle Futterneider nicht auf das Versteck aufmerksam werden.

Ein derart gründlich getarntes Futterdepot kann man natürlich nur dann wieder auffinden, wenn man sich genau gemerkt hat, wo es sich befindet. Füchse haben zwar eine ziemlich gute Nase, aber je nach Art der vergrabenen Nahrung hilft diese allenfalls bei der Feinortung im Zentimeterbereich: Als der angesehene Säugetierbiologe und Fuchsexperte David Macdonald die Futterverstecke eines Fuchses in dessen Abwesenheit ausgrub und weniger als einen Meter daneben wieder sorgsam verbuddelte, gelang es dem Fuchs nicht mehr, die Nahrung wiederzufinden.[12] Grundsätzlich ist das natürlich erwünscht, denn sonst wäre es ja auch eventuellen Konkurrenten ein Leichtes, die Verstecke zu finden und zu plündern. Füchse müssen sich hier also auf ihr Gedächtnis verlassen – und das klappt beeindruckend gut. Der Hamburger Zoologe Vitus B. Dröscher berichtet etwa, wie ein Fuchs vierundvierzig von fünfundvierzig Nahrungsdepots wiederfand.[13] Wer seinen Kindern jemals zu Ostern Schokolade im Garten versteckt hat, nur um noch im Hochsommer bei der Gartenarbeit deformierte Häschen zu entdecken, weiß, wie schwierig so eine Quote zu erreichen ist.

Supersinne

Im täglichen Überlebenskampf eines Fuchses kommt es aber auf mehr an als auf Intelligenz und ein gutes Gedächtnis. Was nützt die tollste List, wenn man den Jäger hinter seiner Tarnung nicht erspähen, den Hund auf der anderen Seite des Gartenzauns nicht erschnuppern und das Rascheln einer Maus im Herbstlaub nicht orten kann? Tatsächlich stehen die Sinnesleistungen eines Fuchses seiner sprichwörtlichen Schläue aber nicht im Geringsten nach.

Einen ersten Eindruck davon bekommt man, wenn man einem Fuchs bei der Mäusejagd in schneebedeckter Landschaft zusieht. Eben noch lautlos durch die weiße Pracht streifend, hält er unvermittelt inne. Die Muskeln gespannt und einen Vorderlauf angehoben, richtet der Fuchs Augen und Ohren auf den unberührten Schnee wenige Meter vor ihm. Absolut nichts deutet für einen Menschen darauf hin, dass sich hier ein Beutetier befinden könnte. Der Fuchs wendet den Kopf mal ein wenig nach links, mal nach rechts; wieder und wieder bewegen sich dabei die spitzen Ohren. Schließlich setzt er unendlich vorsichtig die Pfote ab und macht im Zeitlupentempo noch einen halben

Schritt nach vorne. Dann, urplötzlich, katapultiert er sich in einem eleganten Bogen in die Luft und stößt mit Vorderpfoten und Schnauze zugleich in den Schnee. Als er den Kopf wieder hebt, hält er eine erbeutete Maus in den Fängen.

Das füchsische Erfolgsgeheimnis bei der Mäusejagd im Schnee ist der extrem gute Hörsinn. Fuchsohren sind deutlich empfindlicher als die eines Menschen und nehmen hochfrequente Töne von bis zu 65 Kilohertz wahr, während der menschliche Hörbereich schon bei etwa 20 Kilohertz endet. Zudem können Füchse ihre Ohren sehr exakt ausrichten. Dadurch sind sie in der Lage, die Geräusche einer Maus noch unter einer dreißig Zentimeter dicken Schneedecke punktgenau zu orten.

Neben dem Hörsinn spielt auch der Geruchssinn im Leben eines Fuchses eine große Rolle. Ob bei der innerartlichen Kommunikation mit Duftmarken, dem Wittern verdächtiger menschlicher Gerüche oder beim Verfolgen der Spur eines Beutetiers, überall kommt es auf die Nase an. Und die hat es beim Fuchs im wahrsten Sinne des Wortes in sich: Feine Knochenstrukturen in ihrem Innern sorgen dafür, dass in der vergleichsweise kleinen füchsischen Nasenhöhle eine Riechschleimhaut mit riesiger Oberfläche Platz findet. Da Füchse zudem über ein Vielfaches der Riechzellen eines Menschen verfügen, dürften sie durch ihre Nase ungleich mehr über ihre Umwelt erfahren als wir.

Auch das Sehvermögen von Füchsen ist optimal an ihre Lebensbedingungen angepasst. Schaut man einem Fuchs in die Augen, fallen sofort die vertikal geschlitzten Pupillen auf, die eher an eine Katze als an einen engen Verwandten von Wolf und Hund erinnern. Der größte Vorteil dieser Pupillenform ist, dass sie im Nahbereich eine sehr akkurate Tiefenwahrnehmung ermöglicht.[14] Bodennahen Kleintierjägern wie Fuchs und Katze hilft diese einerseits bei der exakten Ortung von Beutetieren.

Andererseits ist sie aber auch auf der Flucht von großem Nutzen. Wer einmal beobachtet hat, wie ein Fuchs in vollem Lauf durch Unterholz und Gebüsch navigiert oder millimetergenau unter Zäunen hindurchtaucht, bekommt einen Eindruck davon, wie gut das funktioniert.

Die vertikalen Schlitzpupillen führen allerdings auch dazu, dass Füchse auf größere Distanzen weniger scharf sehen als wir Menschen. Zudem haben sie vermutlich nur eine stark eingeschränkte Farbwahrnehmung. Dafür sind ihre Augen aber wie bei vielen anderen Tieren mit einer reflektierenden Schicht im Augenhintergrund versehen, dem sogenannten *Tapetum lucidum.* Es ist auch dafür verantwortlich, dass Fuchsaugen im Scheinwerferlicht regelrecht aufleuchten, weil es einfallendes Licht zurückwirft. Da das Licht die Netzhaut dabei ein zweites Mal passiert, fungiert das *Tapetum lucidum* letztlich als Restlichtverstärker, mit dessen Hilfe dämmerungs- und nachtaktive Tiere bei Dunkelheit deutlich besser sehen können als wir Menschen.

Es ist aber nicht nur so, dass die Sinne von Füchsen in vielerlei Hinsicht besser ausgeprägt sind als die unseren. Wie ein Team aus tschechischen und deutschen Forschern feststellte, scheinen sie sogar über Sinneswahrnehmungen zu verfügen, für die es bei uns Menschen schlichtweg keine Entsprechung gibt. Als die Wissenschaftler Füchse bei der Mäusejagd beobachteten, stellten sie verwundert fest, dass die Tiere Sprünge in nordöstlicher Richtung stark bevorzugten. Mäusesprünge in dieser Richtung waren nicht nur häufiger, sondern hatten auch eine viel höhere Erfolgsquote als Sprünge in andere Himmelsrichtungen. Der Effekt zeigte sich unabhängig von Tages- und Jahreszeit, Windrichtung, Witterung und Bewölkung des Himmels oder Alter und Geschlecht des Fuchses und war umso ausgeprägter, je schlechter die Sicht des Fuchses auf sein Beutetier war.

Die Forscher schlossen daraus, dass Füchse die Fähigkeit haben, das Erdmagnetfeld wahrzunehmen und es sich bei der Mäusejagd zunutze zu machen. Wenn wir zum Beispiel einen Laserpointer in einer bestimmten Höhe halten und in einem konstanten Winkel gegen den Boden richten, hat der Leuchtpunkt immer die gleiche Entfernung zu uns, wenn wir damit umherlaufen. Analog dazu könnte ein Fuchs, der ein Beutetier zwar hört, aber nicht sieht, sich beispielsweise so lange auf die Beute zubewegen, bis die Richtung zur Geräuschquelle in einem bestimmten Verhältnis zur Ausrichtung des Erdmagnetfelds steht. Daraus ergibt sich die Distanz zum Zielpunkt des Beutesprungs ebenso exakt wie in unserem Laserpointer-Beispiel. Der Fuchs könnte bei Sprüngen in Richtung des Erdmagnetfelds also eine hochgradig spezialisierte und tausendfach eingeübte Bewegungsfolge abspulen, während bei anderen Orientierungen Sprungrichtung, -weite und -winkel jedes Mal variieren.[15]

Wie genau Füchse das Erdmagnetfeld wahrnehmen, ist noch nicht erforscht. Manche nachtaktiven Zugvogelarten verfügen zum Beispiel über sogenannte Cryptochrome in bestimmten Zelltypen der Netzhaut. Dabei handelt es sich um Proteine, die es den Tieren wohl ermöglichen, das Erdmagnetfeld visuell wahrzunehmen. Bestätigen weitere Forschungsarbeiten die These des tschechisch-deutschen Teams, dürften Füchse jedoch die ersten bekannten Tiere sein, die das Erdmagnetfeld zur Jagd nutzen.

Survival of the smartest

Wie wir gesehen haben, sind Füchse durchaus in der Lage, auch Menschen auszutricksen – und für viele von ihnen ist das im wahrsten Sinne des Wortes (über)lebensnotwendig. Menschen haben nämlich schon immer viel Zeit und Erfindergeist investiert, um Füchsen nachzustellen. Nur ein Fuchs, der alle seine Sinne nutzt, der aus jeder Erfahrung lernt, der Veränderungen an seiner Umgebung nicht nur bemerkt, sondern auch richtig deutet und der Feinden immer den einen sprichwörtlichen Schritt voraus ist, kann in einer so feindseligen Umgebung überleben. Es verwundert daher nicht, dass gerade Jagdberichte reich an Anekdoten über die Überlebenskünste von Füchsen sind.

Insbesondere gilt das für die traditionelle Parforcejagd hoch zu Ross, die in Großbritannien erst im Jahr 2005 verboten wurde. Die Füchse wurden dabei bis zur Erschöpfung von Hundemeuten gehetzt. Am Tag vor der Jagd verschloss man alle bekannten Fuchsbaue, damit die Füchse sich nicht einfach unter die Erde zurückziehen konnten. Gelang es einem Fuchs dennoch, in einen gut versteckten Bau zu fliehen, grub man diesen kurzerhand auf, zog den Fuchs heraus und ließ ihn von den geifernden Jagdhunden zerreißen. Aller Grausamkeit zum Trotz klingt durch die Schilderungen der Jäger nicht selten eine gewisse Bewunderung, wenn sie davon erzählen, wie besonders gewiefte Füchse mit dem Leben davonkamen. So durchqueren Füchse zum Beispiel einen Fluss oder legen ein Stück in einem Bachlauf zurück, um ihre Fährte zu verwischen. Andere laufen ein ganzes Stück auf einer Mauer entlang, um ihre Verfolger in die Irre zu führen, oder verstecken sich in einer Schlucht, an einem Abhang oder in dichtem Gestrüpp. Sind Hundemeute und Reiter dann in vollem Lauf an ihnen vorbeigezogen, verlassen sie ihr Versteck, um sich in entgegengesetzter Richtung davonzustehlen. Wie viel davon Jägerlatein ist und wie viel sich tatsächlich so zugetragen hat, lässt sich natürlich kaum beurteilen.

Des Jägerlateins eher unverdächtig dürfte dagegen der Biologe Felix Labhardt sein. Er berichtet in seinem Buch *Der Rotfuchs* von den Versuchen eines Kollegen, einen Fuchs in einer Kastenfalle zu fangen. Von diesem Fallentyp gibt es zwei Varianten: Die eine verfügt über ein Wippbrett in der Fallenmitte, das auf Belastung reagiert; die andere wird durch eine Zugschnur ausgelöst, an der ein Köder befestigt werden kann. Beide haben gemeinsam, dass das Tier von zwei Falltüren eingeschlossen wird, sobald es den Mechanismus auslöst.

Zuerst beköderte der Biologe die Falle mit einem toten Huhn, das er auf dem Wippbrett platzierte, doch am nächsten Tag war lediglich der Köder verschwunden, ohne dass die Falle ausgelöst worden war. Er wechselte daher zu einer Falle mit Zugschnur, an der er ein weiteres Huhn mit den Beinen festband. Bei der Kontrolle der Falle stellte er jedoch fest, dass der Fuchs die Schnur kurzerhand durchgebissen und auch dieses Huhn mitgenommen hatte. In einem dritten Anlauf versuchte der wackere Forscher es mit zwei Truthahnköpfen, durch deren Atemlöcher im Schnabel er die Zugschnur hindurchfädelte. Am folgenden Tag fand er nur noch die Schnäbel vor; die Köpfe waren sorgfältig an der Schnabelwurzel abgetrennt und davongetragen worden. Der Fuchs konnte nie gefangen werden. »Ohne Zweifel hat der Fuchs an der Falle menschliche Duftspuren wahrgenommen und war sich der Gefahr bewusst«, schließt Labhardt, »und es scheint so, als ob er Einsicht in die Funktionsweise der Falle hatte, wahrscheinlich ohne eine solche je in Betrieb erlebt zu haben, und das alles in der Dunkelheit der Nacht.«[16]

In einer Welt, in der Menschen Füchsen seit Jahrhunderten intensiv nachstellen, bedeuten besondere Fähigkeiten bei der Feindvermeidung einen klaren Überlebensvorteil. Evolutionärer Druck, so fasst es die britische Biologieprofessorin Dawn Scott zusammen, hat den Fuchs gut darin werden lassen, Probleme zu lösen.[17] Und genau diese Fähigkeit ist es ja letztendlich, was Intelligenz ausmacht.

Immer mit Köpfchen

Offensichtlich hat der Fuchs seinen Ruf als Schlauberger also durchaus zu Recht. Angesichts all der in diesem Kapitel beschriebenen Täuschungsmanöver von Füchsen könnte man nun den Eindruck gewinnen, dass auch die boshafte Hinterlistigkeit eines Reineke Fuchs von realem Fuchsverhalten inspiriert ist. Eine solche moralische Wertung wäre aber fehl am Platz. Füchse setzen ihre Fähigkeiten letztlich ein, um zu überleben, etwa um Feinden zu entkommen oder um sich und ihre Familie zu ernähren. Was andere Tiere mit besonderer Schnelligkeit, Ausdauer oder Körperkraft bewerkstelligen, gelingt Füchsen eben vornehmlich mit Köpfchen. Einen Vorwurf kann man ihnen daraus kaum machen – schließlich haben wir selbst vor Hunderttausenden von Jahren einen ähnlichen Weg eingeschlagen. Auch der Mensch stach im Gefüge der Säugetierarten auf unserem Planeten niemals durch eindrucksvolle Stärke, besonders scharfe Zähne oder außergewöhnliche Laufgeschwindigkeit hervor. Dennoch haben wir die Erde geprägt und uns auf ihren Kontinenten verbreitet wie keine Art vor uns.

Nun kann man anführen, dass Füchse bisweilen auch ziemlich »dummes« Verhalten an den Tag legen. Kurz vor einem herannahenden Auto die Straße zu überqueren oder am Köder einer Totschlagfalle zu zerren ist schließlich nicht sehr schlau. Hier gilt allerdings, dass Erfahrung durch nichts zu ersetzen ist, außer durch mehr Erfahrung. Ein Jungfuchs, der noch keinerlei Gründe dafür hat, den einer Falle anhaftenden Menschengeruch mit besonderer Gefahr zu assoziieren, wird ihr mit viel größerer Wahrscheinlichkeit zum Opfer fallen als ein versierter Altfuchs. Wer als Jungfuchs auf der herbstlichen Reviersuche zum ersten Mal auf eine Schnellstraße stößt, kann die Gefahr viel schlechter einschätzen als ein älteres Tier, das schon viele Straßen überquert hat. Daneben entscheidet eine große Bandbreite weiterer Unterschiede zwischen Individuen darüber, wie gut sie das Leben meistern. Füchse sind in puncto Temperament, Neugier, Scheu oder auch persönlichen Gewohnheiten sehr verschieden.

Bei uns Menschen ist das letztlich ganz genauso. Wer zum Beispiel mit übertriebenem Selbstbewusstsein an eine Aufgabe herangeht, neigt dazu, sie zu unterschätzen. Infolgedessen bringt er seine Fähigkeiten womöglich nicht voll zum Einsatz und handelt voreilig. So scheitert er letztendlich an Aufgaben, denen er gewachsen gewesen wäre, hätte er nur überlegter gehandelt.

Intelligenz hilft uns dabei, Zusammenhänge zu verstehen. Damit diese Fähigkeit aber zur Geltung kommen kann, benötigen wir zusätzlichen Kontext in Form eigener oder übernommener Erfahrungen. Wer wenig Neugier zeigt und stattdessen immer wieder dieselben alten Wege beschreitet, verpasst wertvolle Gelegenheiten, Neues zu lernen. Wer dagegen kontinuierlich den eigenen Horizont erweitert, ist zukünftigen Herausforderungen besser gewachsen. Bei uns Menschen findet sich dieser Gedanke etwa im Konzept des lebenslangen Lernens wieder: Menschen, die auch in der zweiten Lebenshälfte wissbegierig bleiben, sind glücklicher, haben bessere Karrierechancen und bleiben im Alter länger geistig fit.[18]

Grundsätzlich gilt daher: Wer kontinuierlich lernt, mit wachen Sinnen durch die Welt geht, aber auch eine gesunde Portion Vorsicht walten lässt, hat bessere Karten, die Widrigkeiten des Lebens zu meistern – egal, ob er Mensch oder Fuchs ist.

Zu Hause bei Familie Fuchs

Wie Füchse füreinander da sind

(Daniel Peller)

»Je kaputter die Welt draußen,
desto heiler muss sie zu Hause sein.«

Reinhard Mey

Es ist Februar. Ganz in der Nähe beginnt in diesen Tagen für eine neue Fuchsgeneration das Wunder des Lebens. Nach einer Tragzeit von 53 Tagen hat die Füchsin im Schutz ihres Baus fünf handtellergroße Fellknäuel geboren und trockengeleckt. Nur etwa 100 Gramm[1] – gerade so viel wie eine Tafel Schokolade – wiegen die Kleinen, die sich jetzt wackelig eine Zitze erobern und zum ersten Mal die gehaltvolle Muttermilch trinken. Mit ihren kurzen rosa Schnauzen, den kleinen Schlappohren und dem dunkelgrauen Welpenfell haben sie kaum Ähnlichkeit mit ihrer Mutter. Nur ihre weißen Schwanzspitzen erinnern schon jetzt an das Aussehen eines erwachsenen Fuchses.

Noch sind sie blind und taub. Nicht einmal ihre Körpertemperatur können sie selbstständig aufrechterhalten; so hängt ihr Überleben von der Pflege und Wärme ihrer Mutter ab. Doch auch sie braucht natürlich Nahrung, um sich von den Strapazen der Geburt zu erholen und ausreichend Milch für die hungrigen Welpen zu produzieren. Wenn sie den Bau verlassen muss, suchen die Welpen die Nähe zueinander. Sie kuscheln sich wimmernd zu einem Fellball zusammen, aus dem hier ein Beinchen, da eine Schwanzspitze und dort eine Nase hervorlugt. Die Füchsin muss sich beeilen, denn mit jeder Minute ihrer Abwesenheit wächst die Gefahr für ihre Kinder, in der eisigen Winterkälte zu erfrieren, zu verhungern oder von Feinden entdeckt zu werden.

Doch sie ist nicht allein: Ihr Partner, der Fuchsrüde, unterstützt sie tatkräftig und scheint dabei dem alten Sprichwort »Liebe geht durch den Magen« zu folgen. Unentwegt bringt er Futter zum Bau, und das, obwohl die Füchsin sich nicht besonders dankbar zeigt. Das Futter nimmt sie zwar, den Rüden wehrt sie ansonsten aber recht barsch ab und hält ihn von den Welpen fern. Die Launen seiner Angebeteten können den Rüden allerdings nicht von seinen väterlichen Pflichten abbringen. Kommt sie nicht aus der Höhle, um das Futter entgegenzunehmen, legt er es davor ab und stupst es vorsichtig mit der Schnauze ein Stück weit in den Eingang hinein. Dann macht er sich erneut auf die Suche nach Essbarem.[2, 3]

Im Alter von etwa zwei Wochen öffnen die Welpen ihre anfangs noch stahlblauen Augen. Es ist ein ebenso herzerwärmender wie amüsanter Anblick, wie die Welpen nun mit ihrem übergroß wirkenden Kopf und den nach außen schielenden Augen auf ihrer Mutter herumklettern. Bei genauerer Betrachtung fällt auf, dass sie unterschiedlich aussehen. Manche haben einen helleren Streifen im Gesicht, andere lassen sich anhand von weißen Flecken an den Pfoten oder der Größe ihrer weißen Schwanzspitze auseinanderhalten. Auch sonst variieren Fellfarbe und -zeichnung leicht. Dass jeder Fuchs ein echtes Individuum ist, deutet sich bald zusätzlich am Verhalten an. Während ein Welpe müde und kränklich wirkt, sind seine Geschwister verspielte Energiebündel, mutige Entdecker, forsche Kämpfer oder zeigen sich geradezu naiv freundlich.

Schon eine Woche später wagen die kleinen Füchse ihre ersten Schritte aus dem Bau heraus und beginnen damit, die nähere Umgebung zu erkunden. Nach wie vor werden sie rührend umsorgt, auch wenn ihre ersten spitzen Milchzähnchen das Säugen für ihre Mutter zunehmend unangenehm machen. Mit den Zähnen wächst bei den Welpen allerdings auch das Interesse an fester Nahrung, und so ist es an der Zeit, mit der Entwöhnung zu beginnen.

Das Futter, das der Rüde weiterhin zum Bau bringt, landet von nun an direkt bei den Welpen, denn inzwischen gewährt die Füchsin ihm Zugang zu seinen Kindern. Beide Eltern kümmern sich jetzt um Beschäftigung, Pflege und Schutz der Welpen. Und beide gehen für die Welpen auf Nahrungssuche, damit es den Kleinen an nichts fehlt. Füchse würgen für ihren Nachwuchs übrigens keinen vorverdauten Nahrungsbrei hervor, wie Wölfe es tun.[4] Stattdessen bekommen Fuchswelpen von Anfang an ganze Beutetiere oder Teile davon vorgesetzt. Zunächst lutschen sie allenfalls daran oder spielen damit, während die Muttermilch noch für einige Wochen ihre Hauptnahrungsquelle bleibt. Doch bald können sie auch feste Nahrung vertragen. So werden sie an die für ihre Region typische Beute herangeführt.

Wenn der stolze Vater Zeit mit den Welpen verbringt, scheint er dabei manchmal selbst wieder zum Kind zu werden: Ausgelassen tobt und spielt er mit ihnen, und alle haben sichtlich Freude daran. Wenn der Füchsin das Spiel zu wild erscheint, greift sie ein und weist ihren Partner zurecht. Das Engagement des Rüden ermöglicht es ihr aber auch, sich nach den anstrengenden Wochen mal eine Auszeit zu gönnen. Sie entzieht sich den Ansprüchen ihrer hungrigen und verspielten Sprösslinge, indem sie sich einen Ruheplatz in einiger Entfernung zum Bau sucht.

Lange aus den Augen lassen kann sie die Welpen jedoch noch nicht. Wer selbst Kinder hat, weiß, wie sehr sie einen auf Trab halten, sobald sie mobiler werden. Auch bei Füchsen ist das nicht anders. Mit Begeisterung stürzen sich die tapsigen Welpen auf Käfer und anderes Getier, das ihnen in der Umgebung des Baus begegnet. Alles, was sich bewegt, muss genau untersucht werden. Wenn ihre Neugier sie zu weit vom Bau wegführt, greifen die Eltern ein, indem sie die Kleinen immer wieder zurück zum Bau tragen. Bei fünf Fuchswelpen, die über scheinbar unbegrenzte Energie verfügen, ist das eine Sisyphusarbeit. Doch gemeinsam bewältigen die Altfüchse auch diese Herausforderung. Mit der Zeit gewähren sie ihren Kindern mehr und mehr Freiraum, gestatten ihnen weitere Ausflüge und lassen sie auch über längere Zeit hinweg alleine.

Umso größer ist dann die Freude, wenn Papa oder Mama zurückkommt. In wildem Getümmel stürmen die Kinder auf ihre Eltern zu, stupsen oder belecken zur Begrüßung deren Lefzen oder werfen sich winselnd und schwanzwedelnd auf den Rücken. Manchmal versenken die Eltern daraufhin ihre Schnauzen im weichen Bauchfell der Welpen, die dann große Augen machen und alle viere von sich strecken – ein Anblick, der mich immer daran erinnert, wie manche menschlichen Eltern auf den nackten Bauch ihres Babys prusten.

Haben die Fuchseltern Beute oder Spielzeug mitgebracht, entbrennt zwischen den Welpen oft ein Streit. Wer sich durchsetzt und etwas ergattern kann, muss aufpassen, dass ein anderes Geschwisterchen es ihm nicht wieder abnimmt. Sind nach dem ganzen Hin und Her noch Reste der Beute übrig, üben die futterneidischen Welpen das Caching, indem sie die Nahrung voreinander verstecken.

Einige Zeit später, im Alter von sechs Wochen, sind die Kleinen so gut wie entwöhnt und zweifelsfrei als Füchse zu identifizieren. Ihr Fell bekommt langsam die typische Färbung, ihre Schnauzen sind länger und aus den winzigen Schlappohren sind aufrechte, dreieckige Fuchsohren geworden. Ausgewachsen und selbstständig sind die Jungfüchse aber noch lange nicht. Um alleine überleben und sich vor Gefahren und Feinden schützen zu können, fehlt es ihnen vor allem noch an Erfahrung und Geschick.

Jungfuchs, ca. 6 Wochen alt

Eine wichtige Veränderung zeigt sich nun bald in ihrem Verhalten: Gerade noch ließen sich die arglosen Welpen beim Spielen am Bau beobachten. Vielleicht waren sie sogar so zutraulich, dass sie Menschen neugierig entgegengelaufen sind. Doch im

Alter von etwa acht Wochen weicht diese Unbedarftheit zunehmender Vorsicht. Mit einem Mal sind die Welpen scheu geworden. Nun fürchten sie sich vor Unbekanntem und ziehen sich sofort zurück, wenn sie einen Menschen sehen.

Jungfuchs, ca. 10 Wochen alt

Der letzte Schritt zur Selbstständigkeit ist es, sich selbst versorgen zu können. Vieles schauen sich die Jungfüchse von ihren Eltern ab; durch Wiederholen, Erfolg und Misserfolg perfektionieren sie spielerisch ihre Fähigkeiten. Bei gemeinsamen Streifzügen mit den Eltern durch das Familienrevier lernen sie, was ein Fuchs so alles tun muss. Zum Unterrichtsstoff gehören die Grenzen des Reviers, das Markieren, das Verhalten fremden Füchsen, Tieren und Menschen gegenüber sowie das Wissen über die besten Verstecke und Jagdgründe. Die Jungfüchse beobachten auch genau, mit welchen Techniken ihre Eltern erfolgreich Beute machen. Zum Teil sind die Jagdstrategien angeboren – wie etwa der Mäusesprung – und müssen lediglich geübt werden. Wie man jedoch Regenwürmer erfolgreich jagt, will von Grund auf erlernt werden.[5,6]

Regenwürmer zählen mancherorts zu den wichtigsten Nahrungsquellen für Füchse. Doch wenn die schlüpfrige Beute auf feuchten Wiesen an die Oberfläche kommt, muss ein Fuchs schnell sein. Bevor der Wurm wieder komplett im Erdboden verschwinden kann, hat der Fuchs nur einen kurzen Moment, um ihn mit den Schneidezähnen zu greifen. Manchmal hat der Fuchs Glück und kann den Wurm mit einer kurzen Kopfbewegung aus dem Erdreich ziehen. Oft hält dieser sich jedoch mit aller Kraft im Boden fest. Würde der Fuchs nun zubeißen oder versuchen, sein Opfer aus der Erde zu reißen, hätte er nur ein kleines Stück als Beute. Statt Gewalt ist hier also Gefühl gefragt. Wie mit einer Pinzette hält der Fuchs das eine Ende des Wurms vorsichtig mit den Schneidezähnen fest. Dann zieht er ihn stramm und »kitzelt« ihn mit einer Pfote so lange, bis er ihn Stück für Stück aus seinem Loch ziehen und komplett verspeisen kann.

Alles in allem hat es sechs Monate gedauert, bis die jungen Füchse genug gelernt haben, um allein überleben zu können. Äußerlich sind sie am ehesten noch durch ihre schlaksige Statur von älteren Füchsen zu unterscheiden. Zeit also, nun ihrer eigenen Wege zu gehen?

Der Fuchs als Einzelgänger?

Füchse beweisen zumindest während der Welpenaufzucht durchaus Familiensinn. Umso mehr verwundert es, dass sie noch zu Beginn der 1970er-Jahre allgemein als unsoziale Vagabunden angesehen wurden. Anstelle von Füchsen waren und sind Wölfe für viele Menschen *das* tierische Vorbild, wenn es um das Familienleben geht. Schließlich sind Wölfe als Rudeltiere bekannt; sie ziehen gemeinsam umher, jagen im Team und pflegen enge soziale Beziehungen. Die deutsche Wolfsexpertin und Autorin Elli Radinger schildert in ihrem Buch *Die Weisheit der Wölfe* ausführlich, wie liebevoll und fürsorglich die Mitglieder einer Wolfsfamilie unabhängig von Geschlecht und Alter miteinander umgehen. So wie Wölfe untereinander stabile und harmonische Rudel bilden können, fügen sich ihre gezähmten Verwandten, die Hunde, in menschliche Familien ein. Es ist diese Familientreue, die wir an ihnen tagtäglich erleben können und schätzen.

Das Sozialleben der Füchse wird uns hingegen nicht so deutlich vor Augen geführt, sondern spielt sich meist im Verborgenen ab. Bis vor wenigen Jahrzehnten konnten Füchse sich aufgrund ihrer geringen Körpergröße und ihrer heimlichen Lebensweise sogar der wissenschaftlichen Untersuchung ihres Verhaltens weitgehend entziehen. Begegnungen mit ihnen in freier Natur waren flüchtig und zufällig. Und wenn man einen Fuchs etwas länger beobachten konnte, dann am ehesten bei der Mäusejagd auf einem Feld oder beim Fressen an einer Futterstelle – Tätigkeiten, bei denen Reineke tatsächlich lieber allein ist. Für Füchse hätte es nämlich schlichtweg keine Vorteile, gemeinsam zu jagen. Während Wölfe zum Überwältigen großer, wehrhafter Beutetiere nur mit vereinten Kräften ans Ziel kommen, würden sich zwei Rotpelze beim gleichzeitigen Beutesprung auf eine Maus allenfalls die Köpfe stoßen. Trotzdem mag man Beobachtern verzeihen, denen ein einsam mausender Fuchsrüde auf den ersten Blick wie ein Einzelgänger vorkam. Dass dieser seine Beute kurz darauf bei seiner Familie abliefern und sich als fürsorglicher und treuer Familienvater erweisen würde, ist schließlich nicht offensichtlich. Und so porträtierte man den Fuchs lange Zeit als »Gegenbild zum augenscheinlich sozialen Wolf«[7].

Ende Juli 1973 machte ein junger Zoologiestudent namens David Macdonald allerdings eine Beobachtung, die ihn an der damaligen Lehrmeinung zweifeln ließ: Innerhalb von nur einer Stunde konnte er elf Füchse beim friedlichen Miteinander beobachten. Damit war sein Forscherdrang geweckt. Ein Stipendium zur Promotion gab ihm schließlich die Möglichkeit, sich diesem Thema eingehender zu widmen, und er setzte sich das ehrgeizige Ziel, das Sozialleben der Füchse zu entschlüsseln.

Ein wichtiges Hilfsmittel seiner Freilandforschung waren die damals neuen Funkhalsbänder – batteriebetriebene, an einem Halsband befestigte Sender, die es ermöglichten, die Träger zu orten und zu verfolgen. Er begann also damit, wilde Füchse zu fangen, mit solchen Funkhalsbändern auszustatten und wieder freizulassen. Nun konnte er die Füchse jederzeit wiederfinden und ihre Bewegungsmuster sogar im Dunkel der Nacht oder in unübersichtlichen Lebensräumen studieren. Anhand der gewonnenen Daten konnte er zunächst belegen, dass seine Füchse standorttreu waren. Interessanterweise wurden selbst kleine Reviere von mehreren Füchsen gemeinsam besetzt, und diese Füchse verbrachten auch Zeit miteinander. Zusätzlich gab es zum Teil längere Begegnungen zwischen Füchsen angrenzender Reviere. Die entscheidende Frage war nun, wie diese Begegnungen abliefen, in welcher Beziehung die Füchse zueinander standen und ob, wie und warum sie miteinander interagierten.

Macdonald und sein Team leisteten damals echte Pionierarbeit. Der Aufwand, den sie Nacht für Nacht betreiben mussten, um den Füchsen und ihrem Verhalten auf die Spur zu kommen, war enorm. Fast fünfzehn Jahre lang beschäftigte sich das Forscherteam intensiv mit dieser Aufgabe und untersuchte unter anderem das füchsische Familienleben systematisch – sowohl an wild lebenden Rotfüchsen in unterschiedlichen Ländern und Lebensräumen, als auch an Gehegefüchsen. Belohnt wurde der Einsatz mit bahnbrechenden Erkenntnissen zur Revier- und Sozialstruktur von Füchsen, die Macdonald zu einem der renommiertesten Fuchsexperten der Welt machten. Viele der Aussagen zum füchsischen Familienleben in diesem Kapitel gehen auf seine Arbeit zurück.

In den letzten Jahren hat die moderne Technik – wie etwa Halsbandsender mit GPS-Ortung und Datenübertragung via Mobilfunk, Fotofallen oder Drohnen – Forschern und Tierfilmern immer tiefere Einblicke in das Sozialleben der Füchse ermöglicht. Was durch Macdonald und seine Nachfolger aufgedeckt worden ist, hat die ursprünglichen Erwartungen weit übertroffen.

Füchsische Familienbande

Was passiert nun also, wenn die Welpen eines Tages selbstständig sind? Endet dann das Familienleben der Füchse? Gehen sie außerhalb der Paarungs- und Welpensaison ihrer eigenen Wege und kehren Eltern, Partnern, Kindern oder Geschwistern den Rücken?

Tatsächlich bleiben die Jungfüchse gerne auch dann weiterhin im Familienrevier, wenn sie bereits voll und ganz auf eigenen Beinen stehen können. Die Beziehung zu ihren Eltern bleibt dabei lange Zeit recht entspannt. Man ist selbstständig, bleibt aber stets in Kontakt und fördert den familiären Zusammenhalt bei gelegentlichen Begegnungen durch gemeinsames Spielen oder gegenseitige Fellpflege.[8]

Schwieriger wird das Verhältnis, wenn die nächste Paarungszeit bevorsteht und die Jungfüchse geschlechtsreif werden.

Beginnend im September folgt nun eine Phase der Unruhe, die meist im Oktober ihren ersten Höhepunkt erreicht. Die alles bestimmende Frage ist, ob das Revier ausreichend Platz und Nahrung für die Eltern, ihre bereits selbstständigen Kinder und die nächste Generation Nachkommen bieten kann.

Wenn das Revier keine ausreichenden Ressourcen bietet, müssen die Jungfüchse abwandern. Ausgehend vom vertrauten Revier begeben sie sich dann auf immer ausgedehntere Erkundungstouren in unbekanntes Land. Diese Suche nimmt oft mehrere Wochen[9, 10] in Anspruch, doch schließlich verlassen sie die angestammte Umgebung endgültig, um sich in der neuen Heimat anzusiedeln und dort eine eigene Familie zu gründen.

Nun gibt es wohl unter den Jungfüchsen – genau wie bei den Wölfen auch – »Abenteurer, die es in die Ferne zieht«[11]. Für sie sind es vielleicht der Ruf der Freiheit und die Aussicht auf ein eigenes Revier, die sie zum freiwilligen Abwandern bewegen. In den meisten Fällen werden die Jungfüchse aber von ihren Eltern geradezu aus dem Revier vertrieben. Das mag herzlos erscheinen, zumal viele Jungfüchse auf dieser Reise auch ihr Leben lassen, hat aber ganz konkrete Vorteile: Abwandernde Füchse tragen zu einem Austausch ihrer Gene mit anderen Fuchsgruppen und zur Verbreitung der Art bei. Gleichzeitig wird damit erreicht, dass die im Revier verbleibenden Füchse und ihre Nachkommen auch zukünftig noch genügend Nahrung zum Überleben vorfinden.

Wenn das elterliche Revier hingegen genügend Ressourcen für die ganze Familie und den nächsten Wurf Welpen bietet, haben die Jungfüchse auch die Möglichkeit, im Revier zu bleiben. Doch auch die Sicherheit des vertrauten Reviers hat ihren Preis: Wer bleibt, muss sich den Eltern unterordnen und darf sich selbst nicht fortpflanzen.

Im Heimatrevier haben nämlich nach wie vor die Eltern das Sagen und stehen als »dominantes Paar« an der Spitze der Rangordnung. Den größten Einfluss hat in der füchsischen Familie allerdings die dominante Fähe, die gerade vor und während der Paarungszeit die Rangordnung besonders strikt durchsetzt. Sie beansprucht das alleinige Recht auf Fortpflanzung für sich, sie bestimmt den Zeitpunkt der Paarung, und sie wählt mit dem Wurfbau den Ort aus, der später das Zentrum des Familienlebens bildet. Außerdem entscheidet sie, welche Jungfüchse im Revier bleiben dürfen und wer gehen muss.[12] Um Konflikte zu vermeiden, nutzen Jungfüchse dann eher unbeliebte Teile des Familienreviers und ebensolche Nahrungsquellen.[13]

Doch kaum ist zu Beginn des Frühlings die Paarungszeit vorüber, entspannt sich das Verhältnis wieder. Noch bevor die nächste Generation Welpen geboren wird, weichen Anspannung oder Aggression der gegenseitigen Toleranz und schließlich dem gewohnt liebevollen Umgang. Bald sucht die Mutter wieder die Nähe zu ihren nun erwachsenen Kindern und lässt ihnen Zuwendungen in Form von Fellpflege zukommen.[14] Aus der Kernfamilie wird somit eine Großfamilie, die den füchsischen Familienbegriff um die erwachsenen Nachkommen erweitert.

Diese nutzen die Gunst ihrer Eltern aber keineswegs schamlos aus: Statt sich im »Hotel Mama« auszuruhen, herrscht unter allen erwachsenen Füchsen eine klare Rollen- und Aufgabenverteilung. Die dominante Fähe und ihre neuen Welpen bilden das Zentrum der Großfamilie, während die erwachsenen weiblichen Geschwister der Welpen zu sogenannten »Helferfähen« werden. Genau wie der dominante Rüde bringen sie fleißig Nahrung zum Bau, um die Mutter und ihre Welpen zu unterstützen.[15] Bald sind sie auch dafür zuständig, die Welpen zu pflegen, zu beaufsichtigen und in den wichtigen Lektionen des Fuchsseins zu unterrichten. Man könnte sagen, die Helferfähen zahlen gewissermaßen Miete, indem sie sich nützlich machen und der Familie ihre Arbeitskraft zur Verfügung stellen.

Dieser Einsatz und der Verzicht auf die eigene Fortpflanzung sind ein hoher Preis für die Möglichkeit, bei der Familie zu bleiben.

Die Helferfähen machen allerdings nicht den Eindruck, als würden sie ihren Aufgaben nur widerwillig nachkommen. Auch wenn es nicht ihre eigenen Welpen sind, scheint ihnen zumindest das Spielen mit ihren neuen Geschwisterchen durchaus Freude zu bereiten. Nebenbei sammeln sie wichtige Erfahrungen, von denen sie profitieren, wenn sie im folgenden Jahr vielleicht doch abwandern und eine eigene Familie gründen.[16] Aber auch biologisch ergibt ihr Handeln Sinn: In der Natur geht es letztendlich darum, die eigenen Gene weiterzugeben. Und da die Helferfähen in einer Großfamilie meist mit den Welpen blutsverwandt sind, kann ihre Unterstützung auch so zum Fortbestehen zumindest eines Teils ihrer Gene beitragen.[17] Dasselbe gilt übrigens auch für Rüden, die bei der Großfamilie bleiben – allerdings kommt diese Konstellation weniger häufig vor und ist eher in besonders großen Fuchsgruppen mit fünf oder mehr Erwachsenen zu beobachten.[18, 19]

Das Leben in der Großfamilie bietet Füchsen noch weitere Vorteile: Sollte dem dominanten Paar etwas zustoßen, haben die erwachsenen Familienmitglieder die Chance, in der Rangfolge aufzusteigen und als neues Familienoberhaupt im nächsten Jahr selbst Nachkommen zu zeugen. Außerdem erleichtern zusätzliche Altfüchse die Verteidigung des Reviers. Mehrere Familienmitglieder können sich etwa zusammentun oder sich gegenseitig zu Hilfe eilen, wenn fremde Füchse in das Revier eindringen und verjagt werden müssen.[20]

Familienmodelle bei Füchsen: vielfältig und flexibel

In unserer stark von Menschen beeinflussten Welt ist die Sterblichkeit bei Füchsen sehr hoch. Ob durch Flinten, Fallen, Straßenverkehr oder Krankheit: Jeden Tag verlieren so viele Füchse ihr Leben, dass die durchschnittliche Lebenserwartung in Deutschland bei weniger als zwei Jahren liegt.[21] In Gefangenschaft können Füchse dagegen bis zu fünfzehn Jahre alt werden.

Besonders dramatisch ist der Tod eines dominanten Fuchses während der Paarungs- oder Welpenzeit. Das gilt wohlgemerkt nicht nur für die Füchsin, sondern auch für ihren Partner. Denn wie wir gesehen haben, spielen bei Füchsen beide Elterntiere für die Aufzucht der Welpen eine wichtige Rolle.

Bei Füchsen beteiligen sich auch die Rüden liebevoll an der Welpenaufzucht.

In Deutschland kommen die meisten Füchse im März auf die Welt; manche haben aber auch schon im Januar und andere erst im Mai Geburtstag. Entsprechend lang ist auch der Zeitraum, in dem Paarungen stattfinden.[22] Ein Rüde, der Ende November umkommt, kann sich durchaus bereits gepaart haben und fehlt später als Partner der Füchsin und Vater der Welpen. Das Leben ist für die alleinerziehende Fuchsmutter dann besonders hart. Oft muss sie die Welpen gefährlich lange alleine lassen, um auf

Futtersuche zu gehen. Womöglich muss sie dabei viel befahrene Straßen überqueren, sich mit wehrhaften Konkurrenten auseinandersetzen oder sich am helllichten Tag in unmittelbare Menschennähe begeben. Wird sie ebenfalls getötet oder so schwer verletzt, dass sie sich nicht mehr um ihre Welpen kümmern kann, bedeutet das in den meisten Fällen den qualvollen Erfrierungs- oder Hungertod des gesamten Wurfs.

Wenn ein anderes erwachsenes Familienmitglied aushelfen kann, besteht allerdings noch Hoffnung. Macdonald dokumentierte einen solchen Fall bei seinen Forschungen an Gehegefüchsen: Die Welpen waren erst vierzehn Tage alt, als ihre Mutter bei einer Revierstreitigkeit mit einem frei lebenden Fuchs durch den Zaun hindurch schwer verletzt wurde. Von einer Infektion ihrer Wunde stark geschwächt, konnte sie die Welpen nicht mehr versorgen. Doch die Helferfähen waren zur Stelle. Sie kümmerten sich um die verletzte Fähe, übernahmen die Pflege ihrer kleinen Geschwister und retteten so deren Leben.[23] Der Zoologe Torbjörn von Schantz beobachtete wenige Jahre später eine ganz ähnliche Begebenheit in freier Natur. Nachdem eine dominante Fähe ums Leben gekommen war, übernahm eine Helferfähe aus der Gruppe die Aufzucht der Welpen.[24] Wie wir in einem späteren Kapitel noch sehen werden, belegen inzwischen zahlreiche weitere Beobachtungen, dass Füchse verwaiste Welpen adoptieren und damit retten können.

Allerdings ist der Tod eines Familienmitglieds bei Weitem nicht der einzige Grund, aus dem alternative Familienmodelle bei Füchsen entstehen können. So kommt es vor, dass eine Fähe fremdgeht und sich mit mehreren Rüden paart. Die Welpen aus einem einzigen Wurf können dann unterschiedliche Väter haben. Da der dominante Rüde davon nicht unbedingt etwas weiß und ohnehin keinen Vaterschaftstest machen könnte, versorgt er später alle Welpen gleichberechtigt wie seine eigenen.

Obwohl die dominante Fähe einen großen Einfluss auf die

rangniedrigen Weibchen aus der Familiengruppe ausübt, gelingt es ihnen manchmal trotzdem, sich erfolgreich zu paaren. Bietet der Lebensraum reichlich Ressourcen, duldet die Familie bisweilen die Anwesenheit eines zusätzlichen Wurfs. Für die Kinderbetreuung in der so entstandenen Großfamilie haben die Füchse eine praktische Lösung parat: Wer denkt, Kindergärten gebe es nur bei Menschen, der irrt sich, denn auch Füchse bringen die Kinder mehrerer Eltern in einer Gruppe zusammen.[25] Genau wie bei uns Menschen dient ein solcher Kindergarten nicht zuletzt dazu, den Aufwand für die Betreuung der Kinder zu verringern. Die Eltern haben so mehr Zeit für andere Pflichten oder können sich auch mal eine kurze Auszeit gönnen.

In den bisherigen Beispielen waren alle Mitglieder der Fuchsfamilie blutsverwandt. Es gibt allerdings auch anekdotische Hinweise darauf, dass selbst ein fremder Altfuchs in eine bestehende Familiengruppe aufgenommen werden kann.[26] Werner Schmäing, der eine Wildtierstation in Hessen betreibt, hat mir von einem solchen Fall erzählt: Er hatte einen jungen Rüden gepflegt und aufgezogen, und es war Zeit für die Auswilderung. Allerdings war das einzige Revier, das dafür infrage kam, bereits von einer Fuchsgruppe besetzt. Werner musste befürchten, dass die ansässige Fuchsfamilie den fremden Fuchs gleich wieder vertreiben würde. Doch es kam zum Glück anders. Die Füchse duldeten den »Neuen« nicht nur, er durfte sich sogar der Gruppe anschließen. Auch im folgenden Jahr lebte Werners Pflegefuchs noch immer als Teil der Fuchsfamilie im Revier.

Adoptiv- und Patchworkfamilien gehören also auch zum Repertoire füchsischer Familienmodelle. Selbst »rein männliche Wohngemeinschaften auf Zeit«[27] sollen bei Füchsen schon beobachtet worden sein. Dass die Familie bei Füchsen sogar Artgrenzen überspannen kann, zeigt die Geschichte des Naturfotografen Günther Schumann: Er spazierte im Mai 1990 durch den nordhessischen Reinhardswald, als plötzlich ein Jungfuchs vor ihm über den Weg huschte und unter einem Holzpolter verschwand. Gespannt wartete er ab, ob sich das Tier noch einmal zeigen würde. Nach einigen Minuten ließen sich sogar zwei etwa sieben bis acht Wochen alte Füchse blicken, die vor ihrem Unterschlupf spielten und sich sonnten. Begeistert von diesem Erlebnis, kehrte der Naturfreund in den kommenden Tagen immer wieder an diesen Platz zurück und richtete sich ein Versteck gegenüber dem Holzpolter ein. Mit viel Geduld und Respekt beobachtete Schumann in den nächsten Wochen die kleine Fuchsfamilie.

Eines Tages überraschte ihn einer der beiden Jungfüchse, eine kleine Fähe: Auf einmal stand sie unvermittelt vor ihm und musterte ihn aus wenigen Metern Entfernung. Offenbar hatte Feline, wie er sie inzwischen nannte, sich an seine Gegenwart gewöhnt und Vertrauen gefasst. Durch tägliche Begegnungen erwuchs aus diesem Vertrauen in den folgenden Monaten eine Freundschaft. Feline akzeptierte ihren menschlichen Freund aber nicht nur an ihrer Seite, sondern integrierte ihn später sogar aktiv in ihre Familie. In ihren elf Lebensjahren führte Feline ihn immer wieder zu ihrem Bau und präsentierte ihm stolz ihre Welpen. In seiner Gegenwart ruhte sie zufrieden und überließ ihm sogar die Beaufsichtigung ihrer Kinder, während sie ihren sonstigen Tätigkeiten im Revier nachging. Sie übertrug ihm also genau die Aufgaben, die sonst anderen Füchsen im Familienverbund zukommen. Auch die Partner und Nachkommen von Feline ließen sich von ihrem Urteil und Verhalten Schumann gegenüber anstecken und nahmen ihn als Teil der Fuchsfamilie an. Fremden Menschen gegenüber blieben sie dabei jedoch völlig scheu.[28]

Dass ein Fuchs vor einem Menschen Todesangst hat, einem anderen jedoch sogar seine Kinder anvertraut, ist wohl der größte und berührendste Beweis für die außerordentliche Flexibilität der füchsischen Familie.

Familie nach Maß

Sind Füchse in ihrem Familienleben den Wölfen also doch ähnlicher, als man bislang angenommen hat? Ein Wolfsrudel besteht in der Regel aus dem Leitpaar und dessen Nachkommen verschiedener Jahrgänge. Aber es kommt auch vor, dass andere Familienmitglieder Nachkommen haben und alle Welpen gemeinsam aufgezogen werden. Neben den größtenteils blutsverwandten Rudelmitgliedern können darüber hinaus fremde Zuwanderer Teil der Großfamilie werden. Welpen werden nicht nur von den Eltern, sondern von allen Rudelmitgliedern selbstlos umsorgt. Erwachsene Wölfe bringen ihnen Nahrung, pflegen sie und spielen ausgelassen und fair mit ihnen. Doch nicht nur die Kinder, sondern auch die Alten werden in der Wolfsgemeinschaft respektiert und geschätzt. Wölfe, die aufgrund ihres Alters oder einer Verletzung hilfsbedürftig sind, werden unterstützt, indem sie vom Rudel mit Nahrung versorgt werden. Entscheidungen trifft die Wolfsfamilie gemeinsam, oder man verlässt sich in schwierigen Situationen auf die Erfahrung der Altwölfe bzw. des Leitpaares, wobei die Leitwölfin als wichtigstes Familienmitglied stets das letzte Wort hat. Wölfe kooperieren eng bei Aufgaben wie der Nahrungsbeschaffung und Revierverteidigung. Elli Radinger fasst die Bedeutung des Rudels wie folgt zusammen: »Bei den Wölfen dreht sich alles um die Familie. Sie ist ihre Basis, Sicherheit, Stabilität, ihr ganzer Daseinszweck. Für sie sind sie sogar bereit, ihr Leben zu opfern.«[29]

Tatsächlich finden wir praktisch alles davon auch bei Fuchsfamilien wieder. Entgegen früherer Annahmen sind sie also keineswegs Einzelgänger, sondern haben ein sehr ausgeprägtes Familienleben, das sie zudem noch flexibel an ihre jeweiligen Lebensbedingungen anpassen. Der wesentliche Unterschied liegt wohl darin, dass Füchse nicht gemeinsam jagen und nicht ständig eng in einem Rudel zusammenleben. Sie könnten ihren Alltag also ohne Weiteres alleine bestreiten; dennoch halten sie stets den Kontakt zu ihren Angehörigen aufrecht. Das Leben in einem Familienverband muss also auch für Füchse ganz konkrete Vorteile haben.

Mama Fuchs mit ihren Kindern

Biologisch dient die Familie dazu, die Chancen auf das Fortbestehen der eigenen Gene zu erhöhen. Ihre wichtigste Funktion ist daher, das Überleben der Kinder bis zur Selbstständigkeit zu sichern und ihnen den Weg in ein möglichst langes und erfolgreiches Leben zu ebnen. Die Familie bietet Kindern idealerweise ein Umfeld, in dem sie ihre Grenzen erweitern und spielerisch dazulernen können, ohne beim Scheitern gleich schlimme Konsequenzen fürchten zu müssen. Weiterhin schafft die Familie einen Rahmen für Kooperation und gegenseitige Unterstützung. In Bezug auf Füchse sehen wir das z. B. bei der gemeinsamen Versorgung der Welpen oder der Verteidigung des Reviers.

Leider können wir den Füchsen nicht in die Köpfe schauen, und so wissen wir nicht, ob sie die emotionalen Aspekte des Familienlebens ebenso zu schätzen wissen wie wir. Wir lernen beim Aufwachsen in der Familie nicht nur praktische Fähigkeiten, sondern erfahren auch Liebe, Geborgenheit, Fürsorge, Akzeptanz und Toleranz. Uns werden Grenzen gesetzt, wir werden kritisiert, wir streiten und versöhnen uns. Das formt unseren Charakter und trainiert unsere Sozialkompetenz.

Die Verbindung zur Familie bleibt auch bei uns Menschen meist über das Kindesalter hinaus bestehen. Für viele bildet die Familie einen sicheren Hafen, in den man zurückkehren kann. Während der Alltag außerhalb der Familie oft mit Stress, Überforderung, Ängsten und Gefahren verbunden ist, kann die Familie für Geborgenheit, Verlässlichkeit und Rückhalt stehen.

»Wölfe sind Spießer par excellence. Sie leben die Werte, nach denen wir uns sehnen«[30], schreibt Elli Radinger. Auch wenn das Rudelleben der Wölfe tatsächlich keineswegs immer nur von Harmonie geprägt ist, verbinden viele Menschen mit dem Wolfsrudel die Vorstellung eines Familienideals. Wölfe faszinieren uns, weil ihr familiärer Zusammenhalt, ihr gegenseitiger Respekt, ihre Kooperation und ihre Organisation im Rudel besonders gut zu funktionieren scheinen. Viele von uns sehnen sich nach diesem harmonischen Familienbild und wünschen sich auch in ihren Beziehungen zu Kollegen, Freunden und Bekannten derart klare Strukturen.

Die Realität sieht aber häufig anders aus, denn zu viel Nähe kann für eine Beziehung auch schädlich sein. Viele Familien können davon berichten, wie sich ein gemeinsamer Urlaub oder zusammen verbrachte Feiertage als Stresstest entpuppt haben. Es ist kein Zufall, dass nach solchen Erfahrungen sogar manche Ehe geschieden wird. Ansichten, Charaktereigenschaften oder Gewohnheiten des anderen können in solchen Situationen als nervig oder gar abstoßend empfunden werden. Sich der Familie zuliebe zu verstellen oder mit ständigen Einschränkungen zu leben, führt jedoch ebenfalls zu Unzufriedenheit und Konflikten.

Selbstständigkeit und Freiraum sind für viele Menschen heute ebenso wichtig wie die Familie. Wir sind nicht gerne abhängig von anderen Menschen, sondern wollen und müssen trotz aller Verbundenheit zur Familie auch uns selbst treu bleiben. Sich lebenslang an einen Partner zu binden oder für Jahrzehnte Verantwortung für Kinder zu übernehmen, passt für viele Menschen nicht mehr in ihren Lebensplan. Die Scheidungsrate ist hoch, und an die Stelle des Ehepartners sind oftmals »Lebensabschnittsgefährten« gerückt. Auch der Stellenwert der Familie als soziale Absicherung und Rückhalt hat bei uns durch das Gesundheits- und Sozialsystem seine existenzielle Bedeutung verloren. Manchen sind Karriere oder Spiritualität wichtiger als das Gründen einer eigenen Familie. Rund ein Drittel der Menschen, die sich gegen eine Familiengründung entscheiden, geben als Grund den Wunsch an, frei und unabhängig bleiben zu wollen. Sie haben Bedenken, sich ihren Lebensstandard mit Kindern nicht mehr leisten zu können, oder wollen die Karriere nicht vernachlässigen.[31] Andere verfolgen einen Lebensinhalt völlig abseits einer Partnerschaft, beispielsweise in ehrenamtlicher Arbeit, und versuchen so, ihrem Leben einen Sinn zu verleihen und zum Wohl der Gesellschaft, Natur oder Tierwelt beizutragen.

Diese Entwicklung ist also nicht unbedingt eine negative. Im Gegenzug gibt es auch viele Menschen, die sich heute umso bewusster für das Familienleben entscheiden und sich diesem völlig hingeben. Entsprechend gut ist in vielen modernen Familien auch das Verhältnis zwischen Kindern und ihren Eltern.[32]

Mit der Selbstständigkeit der Kinder ist meist ein weniger intensiver Kontakt zu Eltern, Großeltern und Geschwistern verbunden. Jeder geht seinen eigenen Weg – beruflich und privat. Selbst in mancher Partnerschaft sorgen Arbeitszeiten, Hobbys und andere Verpflichtungen dafür, dass man nur wenige Stunden am Tag zusammenkommt. Das gemeinsame Mittagessen gehört in vielen Familien nicht mehr zum Alltag, manche führen gar Fernbeziehungen. Und dennoch halten wir Kontakt, führen Telefonate, machen Videochats oder besuchen uns gelegentlich und pflegen so den Zusammenhalt. Wie häufig man sich sieht und wie viel Zeit man miteinander verbringt, entscheidet nicht darüber, ob man Teil einer Familie ist.

Letztendlich ist die Familie heute für viele ganz allgemein eine soziale Gruppe oder Lebensgemeinschaft, deren Mitglieder gemeinsam den Alltag bewältigen, füreinander – und hier besonders für die jüngste Generation – Verantwortung übernehmen und einander unterstützen. Nach dieser Definition kann ein Wolfsrudel ebenso als Familie gelten wie eine Menschenfamilie oder eine Gruppe von Füchsen in einem Revier. Die klassische Familie ist dabei ebenso eingeschlossen wie nicht eheliche, gemischtgeschlechtliche und gleichgeschlechtliche Lebensgemeinschaften sowie das Zusammenleben verwandter oder auch nicht verwandter Erwachsener.

Ein so enges Zusammenleben, wie es sich viele bei einem Wolfsrudel vorstellen, wird bei Menschen, insbesondere in westlichen Kulturkreisen, immer seltener. Wenn ich mir die Lebens- und Familienmodelle in unserer Gesellschaft heute anschaue, ähneln diese in mancher Hinsicht eher denen der Füchse: Es gibt glückliche Kernfamilien ebenso wie Groß- und Patchworkfamilien. Es gibt Stief- und Adoptiv-Familien ebenso wie Wohngemeinschaften. Es gibt den Junggesellen, der sich entscheiden muss, ob er noch bei der Familie bleiben oder ein eigenständiges Leben beginnen möchte. Es gibt den Einzelgänger auf Wanderschaft, der seinen Platz in der Welt erst finden muss. Es gibt die alleinerziehende Mutter, die sich bis zur Erschöpfung für ihre Kinder aufopfert. Es gibt den Vater, der völlig vernarrt in seinen Nachwuchs ist und mit seinem übermütigen Verhalten bei der besorgten Mutter Anstoß erregt.

Bei alledem spielt es keine Rolle, wie sich die Familie zusammensetzt oder wie eng und wie häufig die einzelnen Mitglieder im Alltag zusammenkommen. Viel wichtiger ist, dass jeder für den anderen da ist, wenn es darauf ankommt. So können wir uns vielleicht in den vielfältigen Familienmodellen der Füchse eher wiederfinden als im romantischen, aber meist unerreichbaren Ideal einer Wolfsfamilie.

Home Sweet Home

Warum es wichtig ist, eine Heimat zu haben

(Daniel Peller)

»Ohne Heimat sein heißt leiden.«

Fjodor Michailowitsch Dostojewski

Im Jahr 1994 musste der Außenseiter TSV Vestenbergsgreuth im DFB-Pokal gegen den damals amtierenden deutschen Fußballmeister FC Bayern München antreten. Eigentlich versprach die Konstellation wenig Spannung; man ging davon aus, dass der fränkische Verein in seinem Heimspiel gegen die Bayern eine ordentliche »Klatsche« kassieren würde. Trotzdem weckte das ungleiche Kräftemessen das Interesse der Fans, und so verlegte man das Spiel vorsorglich in das größere heimatnahe Frankenstadion in Nürnberg. In der 43. Minute fiel das erste Tor, allerdings entgegen aller Erwartungen nicht für, sondern gegen den Meister. Das Publikum war außer sich. Die Stimmung stieg weiter, als die Führung in der zweiten Halbzeit Minute um Minute verteidigt wurde. Schließlich gewann David gegen Goliath mit dem Endstand 1:0. Für diese sportliche Sensation ist Greuther Fürth, wie sich der Verein inzwischen nennt, in der Fußballwelt noch heute bekannt.

Begebenheiten wie diese haben den Begriff des Heimvorteils im Sport geprägt. Doch dahinter verbirgt sich mehr als nur Anekdoten über besonders denkwürdige Begegnungen. Der Austragungsort eines Spiels hat nämlich in der Tat einen statistisch nachweisbaren Einfluss auf das Ergebnis: In der Saison 2017/18 wurden in der Fußballbundesliga 45,4 Prozent der Spiele »zu Hause« gewonnen und nur 27,5 Prozent verloren. 1977/78 holten die Heimmannschaften sogar in 62,4 Prozent der Spiele den Sieg.[1]

Auch Füchse – und damit sind nun die Vierbeiner und nicht die gleichnamigen Fuß- oder Handballvereine aus Berlin gemeint – spielen gerne Ball. So etwas wie einen Heimvorteil finden wir bei ihnen allerdings in einem ganz anderen Lebensbereich: Kommt es zu einer Auseinandersetzung zwischen zwei Füchsen, kann sich meist der Revierinhaber gegen den Eindringling behaupten, selbst wenn Letzterer körperlich überlegen ist.[2] Der Heimvorteil ist also ein durchaus interessantes Thema, das einen genaueren Blick lohnt. Doch auch was die Verbundenheit mit Heimat und Zuhause angeht, finden wir überraschende Parallelen zwischen Menschen und Füchsen.

Eins zu null für die Heimat

Die Zuschauer im Fußballstadion werden im Volksmund gerne als »zwölfter Mann« bezeichnet. Schaut man sich die Forschung zum Thema Heimvorteil im Sport an, trifft es diese Bezeichnung tatsächlich recht genau. Wenn Fans ihre Mannschaft mit Jubel und Sprechchören anfeuern, wirkt das als Motivationsspritze. Was den Spielern der Heimmannschaft Rückhalt gibt, wirkt auf das gegnerische Team gleichzeitig einschüchternd und sorgt für Verunsicherung. Auch Schiedsrichter lassen sich von der Reaktion des Publikums in ihren Entscheidungen beeinflussen. So kann in manchen Fällen der zwölfte Mann das Spiel entscheiden. Der FC Kaiserslautern wurde etwa auf dem »Betzenberg« (dem heutigen Fritz-Walter-Stadion) von seinen Fans so leidenschaftlich angefeuert, dass der Verein Ende der 1970er-Jahre über 80 Prozent seiner Punkte bei Heimspielen holte, während er auswärts oft unterlegen war.[3] Wegen der aufgeheizten Stimmung wurde das Stadion im Fußballjargon gerne als »Hexenkessel« bezeichnet.

Zum Heimvorteil trägt auch die Vertrautheit mit den Gegebenheiten vor Ort bei. Wer etwa im Heimatstadion geübt hat, einen Eckstoß direkt im langen Eck des Tores zu platzieren, schießt mit dem verinnerlichten Bewegungsablauf auf einem anderen Platz vielleicht am Tor vorbei. Die Platzbreite darf nämlich laut FIFA-Richtlinie zwischen 64 und 75 Metern variieren, und mit ihr ändert sich natürlich auch die Schussdistanz. Merkmale in der Umgebung des Spielfelds können als wichtige Anhaltspunkte dienen, um sich beispielsweise nach einem Sturz schnell wieder in die richtige Richtung zu orientieren.

Für unsere Betrachtung am interessantesten ist jedoch der physiologische Aspekt, denn auch Hormone spielen beim Heimvorteil eine Rolle. In einer Studie war der Testosteronspiegel der Spieler bei wichtigen Heimspielen deutlich höher als bei Auswärts- oder Trainingsspielen.[4] Testosteron bewirkt eine größere Risikobereitschaft, eine verbesserte Reaktionszeit, verbesserte räumliche Orientierung und einen erhöhten Energieumsatz der Muskulatur. Forscher vermuten hinter der Hormonausschüttung eine Schutzreaktion gegen das Eindringen von Fremden ins eigene Territorium – letztendlich also nichts anderes als Revierverhalten. Zudem konnten sie zeigen, dass diese Reaktion bei Torhütern besonders stark ist. Diese bilden schließlich die letzte Verteidigungslinie vor dem Tor und damit vor dem Herzstück des eigenen »Reviers«.

Dieser Effekt könnte uns eine Erklärung dafür liefern, warum auch Füchse in ihrem Revier gegen stärkere Eindringlinge bestehen können. Tatsächlich gehen viele Tiere aggressiver, mit mehr Nachdruck, mehr Risikobereitschaft und Vehemenz in Auseinandersetzungen, wenn es um die Verteidigung des eigenen Reviers geht.[5, 6] Auch bei Tieren wurde nachgewiesen, dass Testosteron Verhaltensweisen verstärkt, die mit Rivalität, Wettbewerb und Konkurrenz in Verbindung stehen. Dem Fuchs, der sich an seiner Reviergrenze einem übermächtigen Kontrahenten entgegenstellt, mag es also vielleicht ganz ähnlich ergehen wie dem Torwart, wenn der Elfmeterschütze Anlauf nimmt.

Doch nicht nur auf dem Rasen in einem voll besetzten Stadion, sondern auch in vielen Alltagssituationen können wir vom Heimvorteil profitieren. Unseren Arbeitsweg oder den Einkauf im Supermarkt bestreiten wir weitgehend instinktiv; wir wissen, wo wir auf der Fahrt mit Gefahrenstellen (oder Blitzern) rechnen müssen, und beim Einkauf müssen wir nicht lange darüber nachdenken, in welchem Regal wir unser Lieblingsmüsli finden. In unserer Heimat kennen wir uns aus.

Hinzu kommt, dass wir in unserer Heimat meist auch nützliche Verbindungen zu anderen Menschen haben. Hier ist der gute Freund, der bei Projekten gerne mit anpackt. Dort ist der bekannte Handwerker, der Reparaturen schnell und gut ausführt. Und da ist der Hausarzt, der die Krankengeschichte kennt und ohne langes Nachfragen weiß, wie dem Patienten zu helfen ist.

Die Vorteile und Erleichterungen, die der Heimvorteil in unserem täglichen Leben mit sich bringt, werden uns jedoch oft erst dann bewusst, wenn wir einmal *nicht* darauf zurückgreifen können. Wie viel Zeit wir beim Einkauf im vertrauten Geschäft sparen, fällt uns beispielsweise auf, wenn wir die gewohnten Waren in einem fremden Laden mühsam suchen müssen.

Füchsen ergeht es wohl ähnlich, wenn sie in einem fremden Gebiet nach Nahrung suchen müssen. In ihrem vertrauten Territorium wissen sie hingegen genau, wo sie schnelle Beute machen können. Ortskenntnis bringt ihnen allerdings nicht nur eine Zeitersparnis, sondern ist für sie von existenzieller Bedeutung: Neben den besten Jagdgründen kennen sie in ihrem

Revier – ihrer Heimat – viele Wege und Verstecke, aber auch Gefahren. Dieses Wissen ermöglicht es ihnen, im Notfall schnell Unterschlupf zu finden, Feinden zu entgehen und ausreichend Nahrung zu finden. Ebenso sind Füchse in ihrem Revier nicht auf sich allein gestellt. Dass sie dort von Verbindungen zu anderen Artgenossen profitieren können, haben wir im letzten Kapitel bereits gesehen.

Weil die vertraute Umgebung und die sozialen Beziehungen darin im füchsischen Alltag von so großer Bedeutung sind, tun Füchse gut daran, standorttreu zu leben. Das bedeutet allerdings auch, dass das Revier gegenüber Artgenossen (beispielsweise einwandernden Füchsen aus anderen Revieren) verteidigt werden muss. Und wenn man etwas verteidigen will, braucht es natürlich auch Grenzen.

Als Reviergrenzen nutzen Füchse häufig geografische Marken wie etwa Straßen, Wege, Gewässer oder Baumreihen. Sie markieren diese Grenzen täglich mehrmals mit verschiedenen Duftstoffen und legen damit unmissverständlich fest, welches Gebiet sie beanspruchen. Für Füchse wirken die markierten Reviergrenzen wie ein unsichtbarer Zaun. Fremde Artgenossen wissen dadurch sofort, wenn sie ein Revier unbefugt betreten. Wenn das Revier von einer ganzen Fuchsfamilie besetzt wird und dem Eindringling gleich der Duft mehrerer fremder Füchse entgegenweht, könnte das auf ihn eine ähnlich demotivierende Wirkung haben wie die Anfeuerungsrufe gegnerischer Fans beim Sport. Vielleicht trägt dieser Effekt ebenfalls dazu bei, dass Eindringlinge in Auseinandersetzungen mit den revierinhabenden Füchsen meist unterlegen sind.

Im Ergebnis führt das dazu, dass Fuchsreviere häufiger von Mitgliedern der eigenen Familie übernommen werden als von fremden Tieren. So nehmen Füchse oft das Revier ihrer Eltern in Besitz, wenn diesen etwas zustößt. Über die Generationen hinweg passen sich Fuchsfamilien dadurch immer mehr an Lebensraum und Lebensart in ihrem angestammten Heimatrevier an. Wenn einzelne Füchse abwandern (müssen), lassen sie sich später bevorzugt in solchen Gebieten nieder, die ihrer ursprünglichen Heimat ähneln – ein Phänomen, das Dawn Scott als »neonatale Habitatpräferenz« bezeichnet.[7] Es sind also nicht nur rein praktische Vorteile wie beispielsweise Ortskenntnis, die der Heimatverbundenheit von Füchsen zugrunde liegen.

Wir Menschen kennen das Gefühl der Heimatverbundenheit selbstverständlich auch, tun uns aber erstaunlich schwer damit, den Begriff »Heimat« zu fassen. Er beschreibt nämlich nicht zwangsläufig einen festen Ort, sondern vielmehr ein subjektives Gefühl der Zugehörigkeit. Der Geburtsort sagt beispielsweise in vielen Fällen nichts darüber aus, wo wir uns wirklich heimisch fühlen: Ich habe – wie heutzutage sicherlich die meisten Menschen – in einem großen städtischen Krankenhaus das Licht der Welt erblickt, bin dann jedoch naturnah in einem kleinen Dorf aufgewachsen. Was mich geprägt hat und mir heute als Heimat gilt, war die Umgebung, in der ich meine Kindheit und Jugend verbracht habe. Heimat ist somit nicht zwangsläufig unser Geburtsort oder -land.

Das buchstäbliche Sichverstehen, also die Art und Weise, wie wir miteinander umgehen und sprechen, macht hingegen durchaus einen Teil des Heimatgefühls aus. Wo eine fremde Sprache gesprochen wird und uns kulturelle Unterschiede begegnen, fühlen wir uns schnell unverstanden und ausgegrenzt. Selbst kleine Unterschiede – etwa in Form von lokalen Traditionen, Bräuchen und Dialekten – können Einfluss darauf haben, ob wir uns heimisch oder fremd fühlen.

Wie wir im letzten Kapitel bereits gesehen haben, spielt dabei natürlich das soziale Umfeld eine ganz wesentliche Rolle: Bei den Verbindungen zu Familie, Bekannten und Freunden geht es schließlich nicht nur darum, sich bei Bedarf praktische Unterstützung holen zu können. Es fühlt sich einfach gut an, zu wissen, dass in der Heimat Menschen leben, die uns wohlgesinnt sind und uns bei Schwierigkeiten unterstützen können – selbst wenn wir deren Hilfe gar nicht in Anspruch nehmen. Ähnlich wie die moralische Unterstützung des Fußballvereins durch seine Fans kann das soziale Umfeld in der Heimat eine emotionale Stütze und Motivation sein. Der Heimatbegriff hat also zweifellos eine starke emotionale Komponente, die mit zum Heimvorteil beiträgt. Selbst wenn man die Menschen im Umfeld nicht wirklich kennt und sich nur freundlich auf der Straße grüßt, kann das zu einem Gefühl der Vertrautheit, Zugehörigkeit und Geborgenheit beitragen.

Allerdings erfordern es die Lebensumstände oftmals auch, dass wir uns von der alten Heimat trennen. Die einen mag ein besserer Job oder eine Liebesbeziehung zum Umzug locken. Für andere kann es hingegen um existenzielle Dinge gehen wie die Flucht vor Unterdrückung und der Wunsch nach einem Leben in Freiheit. Und natürlich möchten wir an einem Ort leben, wo wir uns sicher fühlen und Risiken durch Umweltgefahren, Kriminalität, Verfolgung oder gar Krieg meiden können.

Füchse verfolgen mit einem Ortswechsel durchaus ähnliche Ziele wie wir, nämlich Bedingungen zu schaffen, die besser zu ihren aktuellen Bedürfnissen passen. Was für uns ein Arbeitsplatz mit ausreichendem Gehalt ist, ist für einen Fuchs eben das Angebot an Nahrungsquellen in seinem Revier. Das Verlangen, eine eigene Familie zu gründen, kann ein weiterer Grund zum Abwandern sein. Und leider verlieren auch viele Füchse ihre Heimat durch äußere Einflüsse, etwa durch große Bauprojekte oder Naturkatastrophen.

Wenn Füchse ein neues Revier gefunden haben, erkunden sie es bis ins kleinste Detail. Schließlich ist ihnen die neue Umgebung genauso vertraut wie ihre alte und wird damit zu ihrer neuen Heimat. In diesem Sinne können Füchse auch Inspiration zur Integration von Menschen sein, die ihre Heimat auf traumatische Weise verloren haben.

Der Naturfotograf und Biologe Jon A. Juárez arbeitete drei Jahre lang in einem Erstaufnahmelager für Flüchtlinge in Berlin. Das weiträumige Kasernengelände beherbergte allerdings nicht nur geflüchtete Menschen. Auch einige Füchse entdeckten das Areal mit seinen zum Teil leerstehenden Gebäuden und naturnahen Flächen für sich. Ihre Anwesenheit weckte das Interesse des Fotografen, und seine Bemühungen, die Füchse zu fotografieren, blieben ebenfalls nicht unbemerkt. Bald hatte er mit seiner Begeisterung auch einige der Flüchtlingskinder angesteckt. Gemeinsam erkundeten sie die Umgebung, machten spannende Beobachtungen und fotografierten die Füchse. Später erzählten die Kinder sich Geschichten über das Erlebte oder zeichneten die Tiere. Dabei lernten sie nicht nur ihre neue Heimat besser kennen und verknüpften sie mit positiven Erlebnissen, sondern entwickelten auch Respekt und Faszination für das wilde Stadtleben Berlins. Außerdem lernten sie, besser Deutsch zu sprechen und gelangten zu mehr innerer Stabilität. Dieses Projekt, das Juárez »Das Herz der Kaserne«[8] nannte, ist ein tolles Beispiel dafür, wie positiv sich die Anwesenheit von Wildtieren auswirken kann und wie vielfältig wir Menschen von der Nähe zu ihnen profitieren können.

»Durch eine Fügung des Schicksals haben die Füchse junge Menschen dazu ermutigt, genau das zu tun, was auch sie in einem fremden Gebiet tun würden, nämlich es mit Neugier und Forschergeist zu erkunden«, erläutert Juárez. »So haben die Füchse dazu beigetragen, dass sich die Flüchtlingskinder in der Fremde wohler fühlten und wichtige Fortschritte bei ihrer Integration machen konnten.«[9]

Trautes Heim, Glück allein

Zu Hause ist man allerdings nicht nur in einer Region, sondern auch in seiner Wohnung – oder, wenn man ein Fuchs ist, im eigenen Bau. Er dient Füchsen vor allem als Rückzugsort, der ihnen Schutz vor Umwelteinflüssen und Feinden gewährt. Der Bau ist für Füchse buchstäblich ein »Refugium« (also eine »Zuflucht«), ein »Unterschlupf« – Begriffe, die nicht grundlos als Synonyme für das Zuhause gelten. Besonders wichtig ist das natürlich während der Welpenzeit, wenn der Fuchsbau zum Mittelpunkt des Familienlebens wird.

Wie wir im vorigen Kapitel schon gesehen haben, ist die Fähe für Wahl und Ausgestaltung des Zuhauses zuständig. Wenn die Geburt der Welpen bevorsteht, legt sie vorsorglich gleich mehrere Baue an oder richtet bestehende Baue wieder her. Beim Anlegen eines Baus achten Füchse unter anderem darauf, in welcher Himmelsrichtung etwa ein Hang zeigt und ob sich das Erdreich gut zum Graben eignet. Auch Umgebung und Nachbarschaft spielen bei der Standortwahl eine Rolle.[10] Manchmal übernehmen Füchse aber auch ganz einfach Kaninchenbaue und erweitern diese für ihre Zwecke oder sie ziehen in alte Dachsbaue ein. Dachse sind besonders fleißige Baumeister, sodass ihre Baue unterirdisch gewaltige Ausmaße annehmen können. Dort bewohnen Füchse dann oft nur einen kleinen Teil. Als »Wohnbereich« genügt ihnen ein einzelner Raum, der sogenannte Kessel. Auch was die Einrichtung ihrer Wohnung angeht, sind sie eher genügsam und polstern diese nicht mit Laub und Moos aus, wie es Dachse tun. Da Füchse nicht wie wir Menschen die Möglichkeit haben, sich in ihrem Zuhause mittels Schlössern oder Alarmanlagen zu schützen, ist das füchsische Heim oft durch zwei oder mehr Tunnel mit der Außenwelt verbunden. Das gibt den Tieren die Möglichkeit, im Notfall vor ungebetenen Gästen oder Eindringlingen zu fliehen.

Allerdings müssen Füchse bei der Wahl des genauen Standorts für den Bau oft Kompromisse eingehen: Manche graben ihre Höhle direkt an viel befahrenen Straßen oder funktionieren kurzerhand ein Drainagerohr zum Fuchsbau um. Sogar an Bahntrassen lassen sie sich nieder. Der Verkehr dort bringt natürlich Gefahren mit sich, und auch der Lärm dürfte Füchsen unangenehm sein. Andererseits sind sie unmittelbar neben Straßen und Gleisen recht sicher vor Nachstellungen, denn für Menschen und deren Hunde sind solche Orte zu Fuß in der Regel tabu.

Tatsächlich erfahre ich durch meine Tätigkeit in der Wildtierhilfe immer wieder von Fuchsfamilien, die sich noch weit ungeeignetere Orte für ihr Zuhause aussuchen: Manche graben ihre Baue mitten auf Feldern in Sichtweite von viel genutzten Rad- oder Fußwegen, sodass sie von Menschen und deren Hunden leicht entdeckt werden können. Andere ziehen in oder unter Gartenhäuschen ein und erleben eine böse Überraschung, wenn die im Winter noch ruhig und verlassen daliegende Kleingartenanlage an den ersten warmen Tagen des Jahres plötzlich zum viel besuchten Erholungsgebiet wird.

Dieser Welpe wurde in einer Wildtierstation mehrmals dabei beobachtet, wie er es sich auf den dünnen Ästen im Gehege bequem machte.

Wer nun denkt, Füchse hausten das ganze Jahr über in einem Unterschlupf unter der Erde, der irrt. Außerhalb der Welpensaison, ja selbst im Winter sind ausgewachsene Füchse eher nur bei starkem Wind oder Regen im Bau anzutreffen. Ansonsten verbringen sie ihre Zeit gerne im Freien. Um auch außerhalb des Baus möglichst sicher vor Angriffen zu sein, ruhen Füchse bevorzugt an uneinsehbaren Stellen oder in erhöhter Lage. Letzteres verschafft ihnen nicht nur einen besseren Überblick und die Möglichkeit, über den Wind frühzeitig nahende Gefahren zu wittern, sondern kann auch Schutz vor anderen Feinden bieten – insbesondere natürlich vor uns Menschen. In der Natur können kleine Lichtungen in einem Dickicht beliebte Ruheorte sein. Als erhöhte Schlafplätze kommen Erdhügel und Felsblöcke in Betracht. Wenn Füchse einen Baum finden, der sich leicht erklettern lässt, kann selbst dieser zum Schlafplatz auserkoren werden.

Verbunden und frei

Auch Menschen bietet ihr Zuhause Schutz vor Umwelteinflüssen und Gefahren. Überdies messen wir ihm aber meist auch eine emotionale Bedeutung zu. Die Beziehung zu Besitztümern und insbesondere dem Elternhaus kann dabei bemerkenswert stark sein: Was die Vorfahren sich einst mühevoll aufgebaut und später weitervererbt haben, hat neben dem materiellen oft auch einen hohen ideellen oder gar sentimentalen Wert. Mit einem langjährigen Wohnsitz verbinden wir oft bedeutende Erinnerungen. Das Zuhause zu wechseln ist für viele daher ein schwerer Schritt.

Natürlich ist es auf den ersten Blick nachvollziehbar, dass Menschen vor allem mit zunehmendem Alter derartige Veränderungen scheuen. Dies führt jedoch dazu, dass immer mehr

Menschen im Alter allein in ihrem Haus oder ihrer großen Wohnung zurückbleiben. Vereinsamung und die damit verbundenen Folgen für die Psyche oder körperliche Gesundheit sind ein hoher Preis für das Festhalten am gewohnten Zuhause.[11]

Doch es geht auch anders. Es gibt nämlich durchaus kulturelle Unterschiede in Bezug darauf, wie sehr Menschen an ihrem Zuhause hängen. Da ich viel Zeit in Schweden verbracht habe, konnte ich die dort herrschende Mentalität gut kennenlernen. Mein Eindruck ist, dass man dort die Wohnsituation viel flexibler den Lebensumständen anpasst als hierzulande. Junge Familien ziehen gerne aufs Land, wo sie naturnah leben und ihren Kindern einen Garten zum Spielen bieten können. Im hohen Alter ziehen viele Schweden dann in eine kleine Wohnung in der Stadt, wo sie kein großes Grundstück mehr bewirtschaften müssen und die Wege zum Lebensmittelgeschäft oder Arzt deutlich kürzer sind. Offenbar hängen viele Schweden nicht so sehr an einem bestimmten Zuhause, wie wir Deutschen es tun. Das betrifft neben dem Haus übrigens auch andere Besitztümer wie z. B. das Auto. Vielleicht ist das auch einer der Gründe dafür, dass die Schweden im Schnitt deutlich zufriedener und glücklicher sind als die Deutschen.[12]

Füchse gleichen in dieser Hinsicht wohl eher den Schweden als den Deutschen. Obwohl Zuhause und Heimat Füchsen viele praktische Vorteile bieten, haben sie ein ziemlich pragmatisches Verhältnis dazu.

Wie wir schon gesehen haben, sind Füchse eher genügsam, was die Ansprüche an ihr Zuhause angeht. Daher können sie ihren Bau recht unkompliziert wechseln und tun das auch, in der Welpenzeit unter Umständen sogar mehrmals. Ein Grund für einen solchen Umzug kann bereits sein, dass sich die Familie – sei es durch andere Tiere oder neugierige Menschen – an ihrem Bau gestört fühlt. Manchmal wird der Bau auch einfach zu ungemütlich, denn gerade in der Welpenzeit sammelt sich dort allerhand Unrat an, etwa Beutereste oder Spielsachen. Zudem gibt es da noch die Hinterlassenschaften der Welpen selbst, die mit der Zeit einen recht penetranten Geruch verströmen. Beides birgt natürlich die Gefahr, dass Feinde auf den Fuchsbau aufmerksam werden und er so von einem sicheren Unterschlupf zu einer Falle werden kann. Abgesehen davon verändern sich mit zunehmendem Alter der Welpen auch die Ansprüche an das füchsische Zuhause. Wenn ein Fuchsbau seinen Zweck nicht mehr erfüllt, haben Füchse jedenfalls kein Problem damit, ihn zumindest vorübergehend aufzugeben – selbst wenn er bereits über viele Generationen hinweg genutzt, ausgebaut und mit dem Revier weitervererbt worden ist.[13]

Füchse sind zwar territorial und entwickeln eine Vorliebe für den Lebensraum, in dem sie aufgewachsen sind, wandern aber bei Bedarf ohne viel Federlesens in ein anderes Gebiet ab. Sie streben dabei nicht danach, ein möglichst großes Stück Land für sich zu beanspruchen, sondern nur genau so viel, wie sie für das Überleben ihrer Familie benötigen. Die Reviergröße wird letztlich von der Anforderung bestimmt, dass die Nahrungsversorgung für eine ganze Fuchsfamilie das ganze Jahr über sichergestellt sein muss. Da die verfügbare Nahrung allerdings je nach Lebensraum stark variiert, ergeben sich enorme Unterschiede bei der Reviergröße. Während in der kargen kanadischen Tundra dafür mehrere Tausend Hektar erforderlich sein können, begnügen Stadtfüchse sich oft mit weniger als zehn Hektar.[14]

Uns würde es sicher sehr schwerfallen, so genügsam wie Füchse zu leben. Doch man muss auch bedenken, dass jede Bindung – sei es an einen bestimmten Ort, an ein Zuhause oder andere materielle Dinge – uns ein Stück weit in der eigenen Flexibilität und Freiheit einschränkt. Manches, was unser Leben im Alltag zu erleichtern oder bereichern scheint, kann so auch zu unnötigem Ballast werden, wenn sich unsere Lebensumstände oder Ziele ändern. Das Festhalten an einer Wohnung, die ihre

Zweckmäßigkeit verloren hat, oder an einer Heimat, die nicht mehr unseren Ansprüchen an unser Leben gerecht wird, kann uns sogar schaden.

Wir haben gesehen, wie wichtig und vorteilhaft es ist, eine Heimat zu haben. Die alte Heimat zu verlassen bedeutet jedoch nicht, die Heimat zu verlieren. Schließlich geht es bei der Verbindung zur Heimat weniger um einen festen Ort oder um materielle Dinge. Es geht vielmehr um ein Gefühl der Zugehörigkeit und Vertrautheit. So mag es anfangs schwer sein, in einer neuen Umgebung Fuß zu fassen. Letztendlich kann aber jede Region zur Heimat und jede Wohnung zum Zuhause werden, sofern es uns gelingt, uns dort eine Existenz aufzubauen und Anschluss zu finden. Die alte lateinische Weisheit »ubi bene, ibi patria« bringt es auf den Punkt: Wo es uns gut geht, dort ist die Heimat. Neben den äußeren Umständen hat aber auch unsere Einstellung einen Einfluss darauf, ob wir uns wohlfühlen. Statt an Vergangenem festzuhalten und in Heimweh oder Verlustängste zu verfallen, können wir uns dazu entscheiden, nach vorne zu blicken. Das hilft uns entscheidend dabei, die Chancen zu erkennen, die in Veränderungen oder einem Neuanfang ruhen.

Diverse Weisheitstraditionen und Philosophien weisen darauf hin, wie befreiend es ist, sich von unnötigen oder zu starken Bindungen zu lösen. Vielleicht sind uns die Füchse in dieser Hinsicht schon ein Stück voraus?

Füchsisch für Anfänger

Über die hohe Kunst der Kommunikation

(Daniel Peller)

»Es hört doch jeder nur, was er versteht.«

Johann Wolfgang von Goethe

Wir Menschen kommunizieren ohne Unterlass. Durch Kommunikation pflegen wir soziale Kontakte, treffen Absprachen und erreichen Einverständnis – sowohl auf persönlicher als auch gesellschaftlicher Ebene. Dass wir uns anderen mitteilen können, ermöglicht Kooperation und bildet die Basis für nahezu alle heutigen Forschungs-, Entwicklungs- und Arbeitsprozesse. Darüber hinaus begegnen uns im Alltag ständig Informationen, Warnungen oder Aufforderungen anderer Menschen. Wir empfangen Nachrichten über das Weltgeschehen, Symbole teilen uns die Funktion technischer Geräte mit, Schilder machen uns auf Gefahren aufmerksam oder weisen den Weg, und Werbung soll uns zum Konsum animieren. Auch Künste wie Dichtung, Malerei, Tanz oder Musik sind Formen von Kommunikation. Ohne die Fähigkeit, uns anderen mitzuteilen, wäre unsere Gesellschaft, unsere Kultur, ja unser Dasein als moderne Menschen undenkbar.

Dabei kommt unserer hoch entwickelten Sprache eine besondere Bedeutung zu: Einst wurden Erfahrungen und Weisheiten durch Geschichtenerzählungen oder Gesänge von Mensch zu Mensch und von Generation zu Generation weitergegeben. Heute genügt ein kurzer Blick ins Internet, um sich das Wissen oder die Erfahrungen anderer Menschen anzueignen. Sprache ist für uns so wichtig, dass selbst unsere Gedanken im Wesentlichen von einem inneren Monolog bestimmt werden.

Füchse haben nicht die Möglichkeit, komplexe Zusammenhänge in Worte zu fassen, Warnschilder aufzustellen, den Mäusesprung mithilfe eines Video-Tutorials zu perfektionieren oder Partner über Dating-Apps zu finden – und dennoch leben sie sehr erfolgreich in Sozialverbänden zusammen. Wie gelingt ihnen das? Wie, mit wem und zu welchem Zweck verständigen sich Füchse? Und was können wir daraus lernen?

Laute statt Worte

In vielen Fabeln, Geschichten und Filmen werden Füchse als äußerst redegewandt dargestellt. Ein bekanntes Beispiel ist der bereits zu Anfang dieses Buches vorgestellte Reineke Fuchs, der durch schöne Worte seinen Kopf immer wieder buchstäblich aus der Schlinge ziehen kann. Im wirklichen Leben gelingt Füchsen das so leider nicht. Wahr ist aber, dass sie tatsächlich über eine besonders nuancierte und vielfältige »Lautsprache« verfügen, die etwa im Vergleich zu Haushunden eine weit größere Bandbreite an Vokalisierungen abdeckt.[1, 2]

Um dieses »Füchsisch« zu verstehen, haben Wissenschaftler bereits einige Anstrengungen unternommen: Der deutsche Zoologe und Verhaltensforscher Günter Tembrock untersuchte beispielsweise am Zoologischen Institut der Humboldt-Universität zu Berlin von 1952 bis 1966 systematisch die Laute von Füchsen. Am Ende hatte er 345 Tonbänder gefüllt und konnte insgesamt 40 verschiedene Fuchslaute unterscheiden, die er nach ihrer Funktion in 28 Kategorien einteilte.[3] Andere Klassifikationen unterscheiden dagegen nur zwischen Kontakt- und Auseinandersetzungsrufen[4] bzw. kontaktstiftenden und distanzfordernden Signalen[5]. Viele Aufnahmen von Tembrock und anderen Wissenschaftlern sind heute digitalisiert und über das Tierstimmenarchiv des Museums für Naturkunde Berlin abrufbar.[6] Ich kann sehr empfehlen, sich dort mithilfe der Stichwortsuche das eine oder andere Beispiel für Fuchslaute herauszusuchen und anzuhören.

Der Laut, den ich von Füchsen am häufigsten höre, hat einen eher traurigen Hintergrund: Wenn mich in der Fuchswelpensaison Anrufe über mein Wildtiertelefon erreichen, sagt mir oft schon eine leise Fuchsstimme im Hintergrund, worum es geht, noch bevor der menschliche Gesprächspartner mir die Situation geschildert hat. Fuchswelpen, die sich einsam fühlen oder Hunger haben, rufen mit einem rauen, quärrenden oder trällernden Dreifachbellen sehr ausdauernd nach ihrer Mutter. Höre ich diesen Laut, ist klar: Ein Welpe hat – aus welchen Gründen auch immer – den Kontakt zu seiner Familie verloren und braucht dringend Hilfe.

In einer intakten Fuchsfamilie kann ein Welpe mit diesem Kontaktlaut seine Mutter oder einen anderen Verwandten herbeirufen. Wenn Altfüchse zu den Welpen kommen, ihnen Futter bringen oder sie zu sich locken wollen, äußern sie mehrfach einen leisen, gutturalen Laut. Dieses sogenannte »Lockmuffen« klingt wie ein sanftes Glucksen und fungiert als Begrüßungslaut gegenüber den Welpen.

Mit zunehmendem Alter wird aus den leisen Kontaktlauten der Welpen schließlich ein lautes dreifaches Bellen, das meist in der Tonlage abfällt, aber manchmal auch in einem lang gezogenen Heulen endet. Jäger bezeichnen diese Rufe als »Ranzbellen«, weil sie besonders häufig während der Paarungszeit (»Ranz«) zu hören sind.[7] Füchse nutzen sie allerdings ganzjährig, um über größere Distanzen in Verbindung zu bleiben.

Tatsächlich nur in der Paarungszeit zu hören ist der einsilbige Paarungsruf, der meist von der Fähe geäußert wird. Füchse legen viel Kraft in diesen Ruf, um die Reichweite zu erhöhen und mögliche Sexualpartner herbeizulocken. Dabei bleiben sie in der Regel kurz stehen, werfen den Kopf in den Nacken und legen zugleich die Ohren an. Menschen können diesen markerschütternden Schrei oft nicht einordnen. Er klingt so unheimlich, dass er im Kopf mancher Zeitgenossen dramatische Assoziationen auslöst:[8] Manche befürchten, ein Kind werde entführt; andere vermuten gar, sie hätten einen Todesschrei gehört und wenden sich besorgt an Polizei oder Feuerwehr. »Don't call 999 if you hear a horny fox, firefighters warn« titelte etwa der *Sutton & Croydon Guardian* aus London. Anwohner hatten mitten in der Nacht einen Feuerwehreinsatz ausgelöst, weil sie aufgrund der Paarungsrufe von Füchsen ein Tier in Not wähnten.[9] Bisweilen melden besorgte Bürger die füchsischen Lautäußerungen sogar der Polizei, weil sie glauben, ein Mord sei geschehen.[10]

Viel weniger dramatisch (und für uns Menschen weit weniger missverständlich) klingt da schon das Winseln, das Welpen oder rangniedrigere Füchse gegenüber älteren oder dominanteren Artgenossen äußern. Es dient zur Begrüßung, aber auch als Zeichen der Unterwerfung oder Beschwichtigung. Außerdem kommt es beim Betteln nach Nahrung oder Zuwendung sowie beim Spiel zum Einsatz.[11]

Bei der Vertonung von Zeichentrickfilmen oder Animationen wird Füchsen in Konfliktsituationen bisweilen ein Knurren in den Mund gelegt. Doch in Wirklichkeit knurren Füchse nicht – zumindest nicht so wie Hunde. In seiner Funktion wohl am ehesten mit dem Knurren eines Hundes vergleichbar ist das fuchstypische »Keckern«. Mit geöffnetem Maul wird dabei ein lauter, rollender, schriller Ton erzeugt. Oft ist er in Verbindung mit dem noch deutlich abgehackter und aggressiver klingenden »Spucken« oder »Schnirken«[12] zu hören – ein Laut, der stoßartig im Rachen erzeugt wird und ähnlich klingt wie »keh keh keh«. Beides sind klare Aufforderungen zu mehr Abstand: »Geh bloß weg!«

Um sich gegenseitig vor Gefahren zu warnen, geben Füchse auf kurze Distanz ein einsilbiges dumpfes Bellen oder »Schreckmuffen« ab.[13] Auf größere Distanz wird daraus ein heiseres Warnbellen. Mit diesen Lauten können Fuchseltern ihre Welpen zur sofortigen Flucht in den Bau oder zum Aufsuchen von Deckung veranlassen – vorausgesetzt, die Welpen sind brav und hören auf ihre Eltern. Dass das nicht immer der Fall ist, habe ich schon selbst erlebt.

In einer schwedischen Mittsommernacht hatte ich mich – in respektvollem Abstand und gut getarnt – am Fuße einer Böschung positioniert und beobachtete Fuchswelpen beim Spielen. Als ich mich schließlich mit meinen neu gewonnenen Eindrücken auf den Heimweg machen wollte, lief mir die Fähe auf ihrem Weg die Böschung hinab fast in die Beine. Wir waren beide sehr überrascht von dieser unverhofften Begegnung. Um die Füchsin nicht weiter zu verängstigen, blieb ich still stehen, doch sie machte ihrerseits sofort kehrt, nahm ihre schwarzgestiefelten Beine in die Hand und flüchtete zurück in den Wald. Kaum war sie außer Sichtweite, bellte sie den Welpen zu. Diese spielten jedoch unbeirrt weiter und ignorierten den Warnlaut ihrer Mutter. Offenbar hatten sie mich in den Stunden davor längst entdeckt und nicht als Gefahr eingestuft.

Auch wenn die Warnung in diesem Fall auf taube Ohren stieß, macht diese Anekdote doch einen wichtigen Vorteil von Lautäußerungen deutlich: Sie können nicht nur bei direkten Begegnungen angewandt werden, sondern ermöglichen es, auch ohne Sichtkontakt über größere Distanzen hinweg zu kommunizieren.

Die Rufe erwachsener Füchse sind weithin hörbar – vor allem im Winter, wenn Laub und Gräser die Schallwellen weniger dämpfen.[14] So kann ohne Kenntnis dessen, wo sich der Nachrichtenempfänger aufhält, Kontakt gehalten werden. Oft ist es dabei wichtig, dass die Laute auch einem bestimmten Individuum zugeordnet werden können. Und tatsächlich ist es wohl so, dass Füchse sich gegenseitig an ihrer Stimme erkennen: Auf die Rufe eines bestimmten Fuchses reagieren nur seine Angehörigen, nicht aber Füchse aus benachbarten Familiengruppen.[15] So können sich etwa die Mitglieder einer Fuchsfamilie gegenseitig über ihren Standort im Revier informieren.

Immer der Nase nach

Ein Nachteil von Lautäußerungen kann sein, dass sie nur im Moment wahrgenommen werden können. In vielen Fällen ist es praktischer, bleibende Eindrücke zu hinterlassen. Das Mittel zu diesem Zweck ist für Füchse der Einsatz von Duftstoffen. Sie ermöglichen es ihnen, Botschaften zu platzieren, die zwar nur recht lokal, dafür jedoch über einen längeren Zeitraum hinweg wahrgenommen werden können. Während Lautäußerungen also in der Lage sind, den Raum zu überbrücken, überbrücken Duftmarken die Zeit.

Füchse verfügen für diese Form der Kommunikation nicht nur über einen außerordentlich feinen Geruchssinn, sondern auch über ein ganzes Arsenal spezieller Duftdrüsen. Der Geruch, den die meisten Menschen mit Füchsen verbinden, ist jedoch der ihres Urins. Er ist schwer zu beschreiben; manche fühlen sich davon aber an »Teeröl, verstopften Abfluss, Kater, Rauch, Wundbrand, gekochten Leim, verbrannten Karamell«[16] oder auch verbrannten Gummi erinnert. Fest steht, dass der Geruch sehr intensiv und einprägsam ist. Wer ihn einmal bewusst wahrgenommen hat, erkennt ihn jederzeit wieder. Mit Urin grenzen Füchse zum Beispiel ihr Revier ab, aber er dient noch vielen weiteren Zwecken.[17] So halten Füchse beispielsweise beim Verlassen ihres Baus kurz inne, um am Höhleneingang zu markieren.[18] Vermutlich tun sie das, um während ihrer Abwesenheit andere Tiere vom Bau fernzuhalten. Möchte man wissen, ob ein Fuchsbau kürzlich genutzt wurde, kann man sich also recht gut auf seine Nase verlassen. Füchse markieren auch, um ihren Besitzanspruch deutlich zu machen. Neben Spielsachen oder Beuteresten werden manchmal sogar Familienmitglieder von den ranghöheren Füchsen mit Urin markiert. Letzteres dient aber vermutlich eher dem Familienzusammenhalt und als Mittel, um Freund und Feind im Dunkel des Baus leichter unterscheiden zu können.[19]

Auch Kot wird von Füchsen zum Markieren eingesetzt, und zwar bevorzugt an markanten Stellen wie Grasbüscheln, größeren Steinen oder Baumstümpfen, im Siedlungsraum bisweilen auch auf Schuhen oder Skulpturen. Doch der scharfe Geruch, der allgemein mit Fuchskot in Verbindung gebracht wird, ist eigentlich ein anderer: Füchse besitzen nämlich – ebenso wie Hunde – sogenannte Anal(sack)drüsen, die paarweise beiderseits des Anus angeordnet sind. Durch sie können die Hinterlassenschaften bei der Ausscheidung mit einem Sekret benetzt werden, das ihnen den prägnanten Geruch verleiht. Füchse sind sogar in der Lage, dieses Sekret separat in Form einzelner Tröpfchen abzusetzen.

Die Bedeutung einiger weiterer Duftdrüsen verstehen wir bisher nur im Ansatz. Optisch auffällig und dennoch wenig bekannt ist die sogenannte Supracaudaldrüse (zu Deutsch »Oberschwanzdrüse«). Wie der Name schon verrät, findet man sie auf der Oberseite des Schwanzes, und zwar etwa eine Handbreit unterhalb der Schwanzwurzel. Dort ist – wie übrigens auch bei anderen Hundeartigen – im rötlichen Fell ein schwarzer Fleck zu erkennen. Er entsteht dadurch, dass das ölige Sekret der Drüse sich beim Trocknen schwarz färbt. Wegen des blumigen, süßlichen Geruchs, der an Veilchenduft erinnert, wird diese Drüse auch Veilchendrüse oder Viole genannt.[20]

Manchmal kann man Füchse dabei beobachten, wie sie ihren Kopf seitlich an Objekten oder am Boden reiben. Auf diese Weise bringen sie die sogenannten Maxillardrüsen zum Einsatz, die sich hinter den Mundwinkeln befinden. Neben dem Sekret dieser Drüsen wird aber auch Speichel zum Markieren genutzt. So bekauen Füchse gelegentlich markante Zweige oder Gegenstände und ziehen sie absichtlich durch das Maul, um ihre Duftspuren zu hinterlassen.[21]

Genau wie wir Menschen verfügen Füchse zu guter Letzt übrigens auch über Schweißdrüsen. Anders als wir besitzen sie diese jedoch nicht am ganzen Körper, sondern nur an den Pfotenballen. Mit ihnen hinterlassen Füchse wohl oder übel beim Laufen eine Fährte. Diese hilft ihren Artgenossen möglicherweise dabei, viel benutzten Pfaden auch bei Dunkelheit zu folgen. Frische Spuren können aber auch Feinden dazu dienen, Füchse aufzuspüren und zu verfolgen.

Alles in allem scheinen die Vorteile olfaktorischer Kommunikation die Risiken aber bei Weitem zu überwiegen. Immerhin ermöglichen Duftstoffe es Füchsen, mit minimalem Aufwand eine Fülle von Informationen zu hinterlassen, die später von ihren Artgenossen ebenso einfach wieder gelesen werden können: Wer wohnt hier? Welchen Weg hat ein bestimmtes Familienmitglied auf der Nahrungssuche genommen? Wo beginnt das Revier des Nachbarn? Die Botschaften geben meist sogar Aufschluss über den aktuellen Zustand ihres Senders: In der Paarungszeit informieren Duftbotschaften beispielsweise über das Geschlecht[22] des Senders oder die Paarungsbereitschaft einer Fähe[23, 24, 25].

So nützlich Duftstoffe und Markierungen für Füchse sind, so ärgerlich sind sie leider manchmal für uns Menschen. Das gilt zum Beispiel für so manchen Katzenhalter, der zu seinem Leidwesen füchsische Hinterlassenschaften in einer im Garten aufgestellten Futterschüssel vorgefunden hat. Zunächst erscheint solches Verhalten vielleicht widersinnig – warum sollte ein Fuchs seine eigene Nahrungsquelle kontaminieren? Will er etwa durch die Markierung einen Besitzanspruch auf den Napf erheben?

Viel wahrscheinlicher ist eine ganz andere Erklärung. Wie wir bereits wissen, vergraben Füchse überschüssige Nahrung und können diese später mithilfe ihres Gedächtnisses und ihrer Nase wiederfinden. Allerdings nehmen sie den Nahrungsgeruch auch dann noch wahr, wenn das Futterversteck schon längst geleert ist. Das könnte sie dazu verleiten, später erneut (und vergeblich) an dieser Stelle nach Futter zu graben. Um das zu verhindern, markieren Füchse, wenn sie ein Versteck geplündert haben. Es handelt sich dabei um eine Art Buchführung – eine Erinnerung für den Fuchs selbst, dass es hier nichts mehr zu holen gibt.[26] Damit erklärt sich auch das Markierverhalten der Füchse an künstlichen, menschengemachten Futterquellen – schließlich kann ein Fuchs nicht wissen, dass die gerade geleerte Futterschüssel bald wieder gefüllt sein wird.

Nach all diesen Beschreibungen könnte man nun meinen, dass Füchse einen starken Körpergeruch haben. Und tatsächlich ist es eines der häufigsten Vorurteile über Füchse, dass sie »stinken«. Natürlich haftet ihnen etwas vom Geruch all der erwähnten Duftstoffe an. Ihr Körpergeruch ist jedoch bei Weitem nicht so streng, wie oft angenommen wird. Schließlich kann es sich ein Beutegreifer nicht leisten, seine nächste Mahlzeit durch den eigenen Geruch »zehn Meter gegen den Wind« zu warnen.

Tatsächlich bemühen sich Füchse sehr um die Körperpflege. Sie verbringen – ähnlich wie Katzen – viel Zeit damit, ihren eigenen Pelz zu reinigen, und betreiben zudem ausgiebige gegenseitige Fellpflege. Vermutlich hat das Vorurteil vom stinkenden Fuchs einen ganz anderen Ursprung – und dieser hat weniger mit den Füchsen selbst zu tun, sondern vielmehr mit den Umständen, unter denen Menschen ihnen begegnen.

Starke Emotionen schlagen sich bei Füchsen (wie bei anderen Tieren) nämlich auch in Gerüchen nieder. Bei Stress, vor allem aber in Extremsituationen wie akuter Panik oder Todesangst, werden stark riechender Kot und Urin abgegeben. Auch die Duftdrüsen sind in solchen Situationen besonders aktiv und sondern ihre stark riechenden Sekrete ab. Wo Füchse früher auf Höfen angekettet oder in Fallen zur Schau gestellt wurden, ist es daher kaum verwunderlich, dass den Schaulustigen vor allem der intensive Geruch der Tiere in Erinnerung geblieben ist. Dieser Geruch war jedoch nicht der normale Körpergeruch des Fuchses, sondern das Ergebnis seiner Furcht.

Auch in Zoos oder Wildparks leidet mancher Fuchs unter Stress. Da Ausscheidungen und Markierungen sich dort zudem oft auf vergleichsweise kleiner Fläche konzentrieren, geht von vielen Fuchsgehegen ein durchdringender Geruch aus. Gesunde Füchse in freier Natur haben dagegen einen für Menschen kaum wahrnehmbaren Körpergeruch.

Wie wir gesehen haben, spielen Gerüche für die füchsische Verständigung mit Artgenossen eine enorm wichtige Rolle. Nachdem Füchse ja eine beeindruckend feine Nase haben, mit der sie auch kleinste Geruchsnuancen wahrnehmen und unterscheiden können, ist das eigentlich kaum verwunderlich. Ihre exzellenten Ohren wiederum vermögen akustische Botschaften aus großer Entfernung mit hoher Präzision aufzunehmen und zu orten. Wer sich dagegen an das Kapitel »Immer mit Köpfchen« zurückentsinnt, erinnert sich vielleicht daran, dass der Sehsinn bei Füchsen deutlich weniger gut ausgeprägt ist. Das bedeutet aber keineswegs, dass er für die füchsische Kommunikation unwichtig ist.

Die Macht der Körpersprache

Haben Sie sich jemals gefragt, warum Rotfüchse eigentlich so aussehen, wie sie aussehen? Warum sind zum Beispiel die Außenseiten ihrer Ohren schwarz und die Innenseiten weiß behaart? Und weshalb haben die meisten Füchse eine weiße Schwanzspitze?

Eine naheliegende Erklärung für die Fellfärbung ist die Tarnung im natürlichen Lebensraum. Drückt sich ein Fuchs flach an den Boden und legt seine Ohren an, ist fast nur rotbraunes und schwarzes Fell zu sehen. Das hält ihn zuverlässig vor Feinden, aber auch vor potenziellen Beutetieren verborgen. Das Fell an kurz behaarten Stellen wie den Beinen und Außenseiten der Ohren ist womöglich deswegen schwarz, damit es sich im Sonnenlicht aufwärmt und somit ähnlich gut vor Kälte schützt wie das deutlich längere Fell am Körper. Die auffällig hellen Fellpartien dienen dagegen wohl der Verständigung mittels Körpersprache: Durch den Kontrast zwischen hell und dunkel können Füchse Körperhaltung, Gestik und Mimik von Artgenossen sogar bei fast völliger Dunkelheit erkennen.

Die typische weiße Schwanzspitze ist vermutlich nicht ohne Grund so ein Blickfang.

Einige Signale, die auf diese Art vermittelt werden, kennen wir von unseren Haustieren: Das Anheben einer Pfote kann sowohl bei Füchsen als auch bei Hunden ein Zeichen der Verunsicherung sein[27] oder zur Beschwichtigung eingesetzt werden. Ein selbstbewusster Fuchs versucht zu imponieren, indem er sich mit durchgedrückten Beinen, erhobenem Haupt, aufgestellten Ohren und einem Katzen- bzw. Drohbuckel groß macht. Seine Haare sind dabei gesträubt, der Schwanz steif nach hinten ausgestreckt. Um noch größer zu wirken, zeigt er seine breite Flanke oder stellt sich gar auf die Hinterpfoten und tänzelt auf zwei Beinen um einen Artgenossen herum. Ein ängstlicher oder unterwürfiger Fuchs versucht hingegen, sich klein zu machen. Er legt dazu das Fell und die Ohren an und stiehlt sich in gebeugter Haltung und mit eingekniffenem Schwanz davon. Ein noch stärkeres Zeichen der Unterwerfung ist es, sich winselnd auf den Rücken zu werfen und das weiße Fell an besonders empfindlichen Stellen wie Kehle, Bauch und Brust zu präsentieren.[28] Was für uns Menschen fast wie eine weiße Flagge wirkt, ist also auch unter Füchsen ein Zeichen der Kapitulation, das oft von aufgeregtem Schwanzwedeln begleitet wird.

Bewegung und Stellung des Schwanzes haben für Füchse ganz allgemein eine große Aussagekraft. Da ist es nur logisch, dass dieser in einer gut sichtbaren weißen Spitze endet. Möglicherweise hilft dieser optische Anhaltspunkt auch den Fuchswelpen, wenn sie ihren Eltern bei Dunkelheit auf Ausflügen durch das Revier folgen.

Was für die Farbkontraste an Körper und Schwanz von Füchsen gilt, trifft ebenso auf die Zeichnung ihres Gesichts zu. Die Fell- und Hautfarben geben auch hier einen Hinweis darauf, welche Partien für die Kommunikation wohl besonders wichtig sind: zum einen die Augen, die sich durch die schwarze Hautfarbe der Augenränder vom roten Fell abheben; zum anderen das Maul, dessen schwarze Lippen einen starken Kontrast zum umgebenden weißen Fell bilden.

Ein anderes Tier anzustarren kann etwa ein Zeichen großer Anspannung oder gar die letzte Vorstufe eines Angriffs sein, ähnlich wie wir es auch von Hunden und Katzen kennen. Den Blick abzuwenden ist dagegen ein Beschwichtigungssignal. Daneben kommt der Stellung der Augenlider eine wichtige Bedeutung zu: Weit geöffnete Augen können auf Angst, Anspannung oder Aggression hindeuten. Entspannte Augenlider oder gar geschlossene Augen zeigen Gleichgültigkeit oder freundliche Absichten an. Auch bei der Frage, ob es sich bei Auseinandersetzungen unter Füchsen um einen ernsten Kampf oder eine spielerische Rangelei handelt, liefert ein Blick auf den Gesichtsausdruck entscheidende Hinweise. Das »Spielgesicht« ist entspannt, die Augen sind vielleicht sogar geschlossen. Das Maul ist oft leicht geöffnet, die Lefzen etwas angehoben, die Ohren aufgestellt. Bei weniger freundlichen Absichten sind die Augen weiter geöffnet und die Ohren angelegt, wodurch der gesamte Gesichtsausdruck deutlich ernster und angespannter wirkt.

Spiel geht oft mit direktem Körperkontakt einher, und auch in der füchsischen Kommunikation spielen Berührungen eine wichtige Rolle. Das Zulassen von körperlicher Nähe ist schließlich ein starkes Zeichen von Vertrauen und Verbundenheit. Vor allem Fuchswelpen und Jungfüchse suchen die Nähe zu Artgenossen, um sich zu wärmen und geborgen zu fühlen. In Wildtierstationen sehe ich oft, wie Jungfüchse – auch wenn sie nicht miteinander verwandt sind – Gruppen bilden und sich zum Dösen friedlich aneinanderkuscheln.

Berührungen können aber auch gezielt zu einem bestimmten Zweck mit einer Pfote, der Nase, der Zunge oder den Zähnen erfolgen. Ein schönes Beispiel dafür ist die gegenseitige Fellpflege: Parasiten wie Zecken oder auch Schmutz werden mit tief in den Pelz gedrückter Nase erschnuppert und anschließend mit den Schneidezähnen, ähnlich wie mit einer Pinzette, herausgezupft. Durch Belecken und Beknabbern – oft an und in den Ohren, im Gesicht, am Hals und an den Beinen – werden zudem lose Haare entfernt und das Fell förmlich gekämmt. Wenn es einen Fuchs an einer Stelle juckt, an die er nicht herankommt, kann er ein Familienmitglied dazu auffordern, Abhilfe zu schaffen. Möchte ein Fuchs aus anderen Gründen Aufmerksamkeit von einem Artgenossen erhalten, beispielsweise um mit ihm zu spielen, stupst er ihn einfach mit der Schnauze oder der Pfote an.[29] Und wenn dieser nicht reagiert, besteht immer noch die Möglichkeit, ihn etwas nachdrücklicher zum Spiel aufzufordern – etwa durch einen Scheinangriff oder übermütiges Anspringen.

Letztendlich sind auch ernste Kämpfe unter Füchsen eine Form der Kommunikation mittels direkten Körperkontakts. Man könnte sie aber auch als Ergebnis gescheiterter Kommunikation verstehen. Dazu kann es kommen, wenn allen Warnungen zum Trotz keiner der Kontrahenten nachgeben will – oder wenn sie einander schlicht missverstehen. Da Kommunikation unter Füchsen erstaunlich komplex sein kann, ist es nämlich gar nicht so einfach, Füchsisch »verhandlungssicher« zu beherrschen – bisweilen selbst für die eigenen Artgenossen.

Missverständnisse – und wie man sie vermeidet

Ein Stadtfuchs spaziert aufmerksam schnuppernd eine Straße entlang. Auf einmal baut ein fremder Rüde sich herausfordernd vor ihm auf und verstellt ihm den Weg. Doch unser Fuchs setzt seinen Weg ganz unbekümmert und zielstrebig fort, ohne auch nur ein Anzeichen von Furcht zu zeigen – geradewegs auf seinen Rivalen zu. Dieser ist vom scheinbar grenzenlosen Selbstbewusstsein seines Gegenübers verunsichert. Er stutzt, macht auf der Stelle kehrt und ergreift die Flucht.

Was der fremde Rivale jedoch nicht wissen konnte: Der vermeintlich mutige Stadtfuchs war blind und lief nur deshalb seinem Artgenossen so furchtlos entgegen, weil er dessen Drohgebärden schlichtweg nicht hatte sehen können. Dadurch konnte sich der körperlich unterlegene Fuchs ohne Kampf in seinem Revier behaupten.

Diese Anekdote von David Macdonald[30] zeigt, wie entscheidend allein die Körpersprache und ein selbstbewusstes Auftreten für den persönlichen Erfolg sein kann – und welche Folgen es haben kann, wenn auch nur ein einziger Kommunikationskanal nicht zur Verfügung steht.

Schwierigkeiten können aber nicht nur entstehen, wenn der Adressat einer Botschaft diese nicht wahrnehmen kann – sondern auch, wenn die Fähigkeiten zum Senden einer Nachricht eingeschränkt sind. Ein kastrierter Fuchs beispielsweise ist durch seinen veränderten Hormonhaushalt nicht mehr im gleichen Umfang in der Lage, über Duftstoffe zu kommunizieren.

So können körperliche Beeinträchtigungen bereits die Kommunikation zwischen Artgenossen behindern. Artübergreifende Verständigung ist indes noch weitaus schwieriger. Schließlich gibt es teils dramatische biologische Unterschiede zwischen Angehörigen unterschiedlicher Spezies. Ein Fuchs kann beim Menschen nicht wie bei seinen Artgenossen Gerüche, die Ohr- oder

Schwanzstellung deuten, weil Menschen schlicht nicht über die dafür nötigen körperlichen Voraussetzungen verfügen.

Und selbst dort, wo diese Voraussetzungen erfüllt sind, können unterschiedliche Deutungen der wahrgenommenen Signale letztlich doch wieder zu Missverständnissen führen. Das gilt selbst innerhalb derselben Spezies. In Deutschland verstehen wir beispielsweise das Kopfschütteln eines Menschen als »Nein« und das Kopfnicken als »Ja«. Es gibt jedoch auch Kulturkreise, in denen Gesten, die diesen sehr ähnlich sind, genau das Gegenteil bedeuten.[31, 32] Um Missverständnisse zu vermeiden, braucht es in solchen Fällen ergänzendes Hintergrundwissen.

Allerdings muss dieses Hintergrundwissen auch den Tatsachen entsprechen, sonst gelangt man schnell auf den gefährlichen Boden von Vorurteilen. Wer einen Fuchs als »hinterlistiges« oder gar »bösartiges« Tier zu kennen glaubt, unterstellt ihm vorschnell aggressive Absichten, wenn er sich nähert. Eine freundliche füchsische Begrüßungsgeste wie das weite Öffnen des Mauls wird dann leicht als Drohgebärde missverstanden.[33]

Tragischerweise macht fehlendes Hintergrundwissen mitunter gerade diejenigen für Missverständnisse anfällig, die eigentlich die besten Absichten hegen. Als ich zu meiner Schulzeit damit begann, mich mit Füchsen zu beschäftigen, stieß ich im Internet oft auf Fotos und Videos von vermeintlich zahmen Füchsen in menschlicher Obhut. Sie schauten mit großen Augen in die Kamera, hatten das Maul halb geöffnet und die Lefzen weit zurückgezogen. Ihre Zunge hing aus dem Maul heraus und war dabei leicht nach oben gerollt. Damals war ich überzeugt, dass diese Füchse lächeln – doch damit saß ich einem fatalen Irrtum auf. Tatsächlich ist dieser Gesichtsausdruck nämlich ein deutlicher Hinweis auf Stress oder sogar Angst.[34]

Inzwischen lösen solche Bilder bei mir vor allem Mitleid für die missverstandenen Tiere aus. Heute sehe ich diesen Gesichtsausdruck meistens dort, wo Füchse nicht artgerecht gehalten,

Dieser Stadtfuchs ist aufgrund einer Revierstreitigkeit extrem gestresst.

öffentlich vorgeführt oder gar für Fotoshootings missbraucht werden. Ironischerweise führt die Fehlinterpretation dieses Gesichtsausdrucks häufig dazu, dass sich die Urheber solcher Bilder in ihrem Handeln bestätigt fühlen. Ihre Follower belohnen diese Darstellungen oft mit einem »Like«, ohne zu ahnen, dass sie damit unweigerlich den problematischen Trend zum exotischen Haustier befeuern.

Noch dramatischere Folgen hat die Fehldeutung füchsischer Verhaltensweisen in einem ganz anderen Bereich: Jäger nutzen

Füchse, um Jagdhunde für die Baujagd abzurichten. Bei dieser Art der Jagd werden die Hunde dazu eingesetzt, Füchse aus ihrem Bau vor die Flinten der Jäger zu treiben. Die Ausbildung der Jagdhunde für diesen Zweck erfolgt in sogenannten Schliefanlagen. Diese künstlichen Röhrensysteme sind einem Fuchsbau nachempfunden, wobei sich einzelne Segmente durch Schieber abtrennen lassen. Nun wird der Fuchs in die Anlage entlassen, und es ist Aufgabe des Jagdhunds, ihm durch die Röhren zu folgen.

Auch wenn die Schieber den direkten Kontakt zwischen Fuchs und Hund verhindern, flüchtet der Fuchs in Panik. Im Kessel angekommen, besteht keine weitere Fluchtmöglichkeit mehr; nur das Gitter des letzten Schiebers trennt den Fuchs noch von seinem Todfeind, der ihn aus nächster Nähe anbellt. Jäger behaupten gerne, die Füchse seien bei dieser Prozedur entspannt – so entspannt, dass sie im Kessel sogar einschliefen. Tatsächlich verfallen die Füchse jedoch durch den anhaltenden extremen Stress in eine Art Schockstarre, können »apathisch reagieren […] oder sogar zu schlafen beginnen«[35]. Sie gewöhnen sich auch nicht mit der Zeit an die Tortur: Die »immer wieder neue Konfrontation des Fuchses mit einem angreifenden Hund bedeutet mit Sicherheit eine große Belastung für den Fuchs, er wird in Angst versetzt und leidet«[36].

Insofern mag man Füchsen nachsehen, dass sie uns Menschen gegenüber ebenso Vorurteile hegen: Nach Jahrhunderten intensiver Bejagung nehmen sie uns grundsätzlich als potenzielle Gefahr wahr. Zweifellos ist dieses Vorurteil für Füchse in vielen Situationen ein sinnvoller Schutzmechanismus. Doch auch hier können Missverständnisse entstehen. Wenn ein Mensch in guter Absicht auf einen fluchtunfähigen, in Not geratenen Fuchs zugeht und die Hand nach ihm ausstreckt, wird der Fuchs meist in Panik geraten. Gut gemeinte menschliche Gesten wie ein tiefer Blick in die Augen oder gar eine beschwichtigende Berührung sind hier völlig fehl am Platz. Der Fuchs empfindet sie vielmehr als Bedrohung. Schlimmstenfalls macht die Hand des Helfers dann mit den spitzen Zähnen des Fuchses Bekanntschaft. Wie man sich in einer solchen Situation richtig verhält, erklären wir daher im Kapitel »Füchsen helfen«.

Ist der Versuch einer erfolgreichen Kommunikation zwischen Mensch und Fuchs also aussichtslos? Ist ein echtes Verständnis oder gar Freundschaft – wie es sie etwa zwischen Mensch und Hund gibt – unmöglich?

Füchse beobachten das Verhalten anderer Lebewesen sehr genau. Sie nehmen feinste Regungen wahr und interpretieren sie vor dem Hintergrund ihrer Erfahrungen. Nur weil ein Mensch nicht mit den Ohren wackeln kann, bedeutet das also nicht, dass ein Fuchs seine Signale nicht versteht. Immerhin haben wir schon im Kapitel »Immer mit Köpfchen« gesehen, dass sogar wilde Füchse bisweilen in der Lage sind, menschliche Gesten korrekt zu interpretieren. Umgekehrt gelingt es mit etwas Übung auch Menschen, füchsisches Verhalten richtig einzuschätzen. Ein Beispiel ist der bereits erwähnte Fotograf und Autor Günther Schumann, der über viele Jahre hinweg eine enge Beziehung zu mehreren Generationen einer Fuchsfamilie dokumentiert hat.[37] Es gibt aber noch eine Reihe weiterer Berichte über derartige freundschaftliche Beziehungen zwischen Menschen und wilden Füchsen.[38, 39, 40] Ihnen allen ist gemein, dass ihre menschlichen Protagonisten sich geduldig auf die Tiere eingelassen haben. So näherte man sich einander an und gewann Vertrauen. Die Füchse akzeptierten die Menschen schließlich als Begleiter in freier Wildbahn und vertrauten ihnen zum Teil sogar ihre Welpen zum Aufpassen an. Dabei waren die Beziehungen von Respekt geprägt und hatten nicht zum Ziel, die Füchse zu verändern oder gar zu zähmen. Es waren Begegnungen auf Augenhöhe, bei denen beide Seiten voneinander lernten.

Gegenseitiger Respekt hilft uns Menschen aber auch, untereinander effektiver zu kommunizieren und Missverständnisse zu vermeiden. Das gilt erst recht, wenn man wenig über seinen Gesprächspartner weiß: Vorschnelle Urteile, Besserwisserei und allzu forsches Auftreten ersticken Verständnis und Verständigung schon im Keim. Geben wir einander dagegen Raum, begegnen den anderen mit Neugier und unterstellen ihnen gute Absichten, ist der erste Schritt zu freundlicher (und womöglich freundschaftlicher) Verständigung bereits getan.

Die Macht nonverbaler Kommunikation

Wie wir gesehen haben, ist Kommunikation vielfältig und umfasst weit mehr als das gesprochene oder geschriebene Wort. Besonders deutlich wird das, wenn wir einen Blick auf die Verständigung unter Tieren werfen, denen diese Instrumente ja gar nicht zur Verfügung stehen. Sie sind trotzdem in der Lage, eine große Bandbreite an Informationen zu übermitteln.

Der österreichische Philosoph und Kommunikationswissenschaftler Paul Watzlawick stellte fest: »Man kann nicht nicht kommunizieren, denn jede Kommunikation (nicht nur mit Worten) ist Verhalten und genauso wie man sich nicht nicht verhalten kann, kann man nicht nicht kommunizieren.«[41]

Auch wenn wir nicht sprechen, kommunizieren wir also trotzdem durch unser Verhalten mit unserer Umwelt. Allerdings senden wir dabei viele Signale unbewusst aus: Unsere Körperhaltung verrät beispielsweise einiges über unseren Gemütszustand und unsere Absichten. Wir wirken selbstbewusst, zielstrebig und stark, wenn wir uns in aufrechter Haltung, mit geradem Rücken, erhobenem Haupt und stolzgeschwellter Brust präsentieren. Hängende Schultern, ein runder Rücken und ein gesenkter Kopf senden dagegen ein Signal von Schwäche, Unsicherheit oder Traurigkeit. Interessanterweise kann diese Beziehung zwischen Gemütszustand und Haltung in beide Richtungen funktionieren: Zwingt man sich beispielsweise zu einem Lächeln oder bemüht sich um einen aufrechten Gang, kann das durchaus einen positiven Effekt auf die Stimmung haben. Nicht umsonst fordert man traurige oder enttäuschte Menschen mit einem »Kopf hoch!« dazu auf, neuen Mut zu fassen.

Charlie Chaplin soll gesagt haben: »Handlung wird allgemein besser verstanden als Worte. Das Zucken einer Augenbraue, und sei es noch so unscheinbar, kann mehr ausdrücken als hundert Worte.« Und tatsächlich können auch wir Menschen Emotionen selbst durch kleinste Gesten oder Veränderungen in der Mimik mit eindrucksvoller Intensität zum Ausdruck bringen. Jeder weiß, wie sehr uns bereits ein flüchtiger »böser Blick« verunsichern oder ein Blick »von oben herab« einschüchtern kann. Schon das einfache Senken des Blicks wird als Zeichen von Scham oder Trauer verstanden. In schwierigen Lebenslagen vermögen wir mit einem kurzen ehrlichen Augenkontakt weit mehr Mitgefühl zu vermitteln als mit einer ganzen Trauerrede. Auch ohne Blickkontakt (z. B. am Telefon) nimmt unser Gesprächspartner über den Klang unserer Stimme wahr, ob wir gerade lächeln oder gestresst sind. Und wer einmal versucht hat, seine Emotionen hinter einem »Pokerface« zu verbergen, der weiß, wie schwer es sein kann, die subtilen Regungen des eigenen Körpers zu unterdrücken.

Subtil ist auch die Art und Weise, wie Gerüche unser Verhalten beeinflussen. Obwohl wir sie oft nicht bewusst wahrnehmen, sind ihre Auswirkungen doch so stark, dass sie Eingang in unseren Sprachgebrauch gefunden haben. Das zeigt sich an Redewendungen wie jemanden »nicht riechen« zu können oder etwas »anrüchig« zu finden. Düfte werden daher auch gerne dazu eingesetzt, um Mitmenschen zu beeinflussen. Sei es das Parfüm, das man auflegt, um seine(n) Angebetete(n) zu betören, oder der leckere Geruch nach frischen Backwaren, der nicht ohne Absicht durch die Kaufhalle weht.

Klar ist auf jeden Fall, dass auch zwischen Menschen die nonverbale Kommunikation – sei es in Form von Körperhaltung, Gestik, Mimik oder auch Gerüchen – eine wichtige Rolle spielt. Entsprechend problematisch ist es daher auch für uns, wenn einer dieser Kanäle wegfällt. Ein Satz aus einer E-Mail oder Chatnachricht kann beispielsweise – je nachdem, in welchem Tonfall man ihn liest – ganz unterschiedliche Bedeutung erhalten. Der Einsatz von Emoticons und Emojis ist ein Versuch, dem geschriebenen Wort durch Andeuten einer Emotion zusätzlichen Kontext hinzuzufügen. Aber natürlich kann das nur eine sehr grobe Annäherung an das sein, was sich durch Mimik und Tonfall ausdrücken lässt.

Fertigkeiten im Bereich der (nonverbalen) Kommunikation lassen sich trainieren. Das Angebot dafür reicht von individuellem Coaching über Bücher und Streaming-Angebote bis hin zu Volkshochschulkursen. Der bewusste Einsatz dieses Wissens hilft uns dabei, effektiver auf unsere Mitmenschen einzuwirken, und schärft andererseits unsere Sinne für Manipulationsversuche anderer. In der Polizeiarbeit verwendet man Techniken aus diesem Bereich beispielsweise bei Verhören, um Hinweise auf falsche Aussagen zu erkennen.

Unsere vierbeinigen Mitgeschöpfe können wir grundsätzlich nicht mit schönen Worten täuschen. Sie messen uns an unserem Verhalten und an Signalen, die wir größtenteils unbewusst aussenden. Wir können sie nicht mit schlauen Reden oder einstudiert selbstbewusstem Auftreten beeinflussen. Womöglich sehen sie uns damit mehr als das, was wir wirklich sind, und nicht als das, was wir uns selbst oder andere glauben machen wollen. Hat dieser Gedanke, sich nicht verstellen, nichts darstellen zu müssen, nicht etwas ungemein Befreiendes? Immerhin dürfte sich so mancher Mensch insgeheim nichts sehnlicher wünschen, als in der Interaktion mit anderen einfach er selbst sein zu können.

Alles fließt

Warum Flexibilität und Veränderung lebensnotwendig sind

(Daniel Peller)

»Wer ständig glücklich sein möchte,
muss sich oft verändern.«

Konfuzius

Montag, acht Uhr in einer Großstadt. Es ist Rushhour; unzählige Menschen sind bereits unterwegs. An einer Haltestelle steigen die Fahrgäste gerade in den Bus mit der Nummer 12. Einer von ihnen versucht, durch sein betont unauffälliges Verhalten keine unnötige Aufmerksamkeit auf sich zu ziehen. Dennoch sieht man ihm an, dass er keine Fahrkarte besitzt. Zielstrebig begibt er sich zum oberen Deck und lässt sich in den hinteren Sitzreihen nieder. Einige Stationen später – der Bus ist noch in Bewegung – läuft er wieder in Richtung vorderer Tür und wartet dort offenbar auf seinen Halt. Diejenigen Passagiere, die ihn dabei bemerken, heben skeptisch eine Augenbraue oder grinsen amüsiert. Als der Bus endlich zum Halten kommt und sich die Türen öffnen, steigt der Passagier aus dem Bus aus und geht unbehelligt seiner Wege, während mancher Fahrgast ihm ungläubig hinterhersieht: Der Schwarzfahrer war ein wilder Stadtfuchs.

Was unglaublich klingt, hat sich tatsächlich so zugetragen, und zwar mitten in London, wie der *Evening Standard* am 18. April 2016 berichtete.[1] Dass man Füchsen heutzutage auch in großen Städten begegnen kann, hat wahrscheinlich jeder schon einmal gehört. Aber dass manche von ihnen sogar den öffentlichen Personennahverkehr zu schätzen gelernt haben, ist wohl nur wenigen bekannt. Dabei finden sich auch an deutschen Bushaltestellen häufiger Füchse, als man gemeinhin annehmen würde.[2]

Derart kühne Taten von Stadtfüchsen überraschen selbst Experten immer wieder. Auch zu Fuß sollen manche Füchse die Annehmlichkeiten des modernen Straßenverkehrs zu ihrem Vorteil zu nutzen wissen: Es gibt zahlreiche Beobachtungen, wie Stadtfüchse Zebrastreifen überqueren oder gar neben Menschen an Fußgängerampeln warten, um schließlich während der Grünphase gemeinsam mit ihnen die Straßenseite zu wechseln. Angeblich wurde sogar schon ein Fuchs dabei beobachtet, wie er eine Fußgängerampel mit der Pfote betätigt hat, um den Straßenverkehr zu stoppen, bevor er sich über die Straße traute.[3] Begreifen Füchse also tatsächlich, wie eine Fußgängerampel funktioniert? Denkbar ist das. Schließlich sammeln Stadtfüchse täglich Erfahrungen mit dem Straßenverkehr. Dass Hunde lernen können, Straßen als Gefahr zu erkennen und sich beim Überqueren am Verhalten der Menschen zu orientieren, wissen wir. Im Rahmen eines Forschungsprojektes in Ohio, USA, wurde festgestellt, dass auch Kojoten im Stadtgebiet auf den Verkehr achten, bevor sie eine Straße überqueren. Es ist also durchaus denkbar, dass Füchse diesen Trick ebenfalls gelernt haben. Marina Silva-Opps, Biologiedozentin an der University of Prince Edward Island, ist jedenfalls davon überzeugt, dass Füchse Fußgängerüberwege nicht zufällig überqueren, sondern tatsächlich abwarten, bis Ampeln auf Grün schalten[4] – ein vorbildliches Verhalten, mit dem sich bekanntermaßen mancher Mensch bisweilen schwertut.

Allerdings verstehen sich bei Weitem nicht alle Füchse so gut darauf, die Herausforderungen des Straßenverkehrs zu bewältigen – tatsächlich dürfte es eher die Ausnahme als die Regel sein. So verlieren etwa 50–65 Prozent der Berliner Stadtfüchse ihr Leben auf der Straße.[5] Die durchschnittliche Lebenserwartung der Berliner Füchse liegt bei nur 18 Monaten.[6] Damit werden Stadtfüchse etwa genauso alt wie ihre Artgenossen im bejagten Umland.

Stadt, Land, Fuchs

In den 1930er-Jahren wurden Stadtfüchse erstmals auf den Britischen Inseln dokumentiert.[7] Was man zunächst für ein rein britisches Phänomen hielt, war bald auch andernorts zu beobachten: In den 1950er-Jahren wurden Füchse auch in Berlin nachgewiesen, wo Fuchsfamilien auf alten Ruinengrundstücken am Stadtrand Quartier bezogen hatten. Inzwischen haben Füchse in ihrem gesamten Verbreitungsgebiet den menschlichen Siedlungsraum für sich entdeckt und sind vielerorts sogar bis in die Stadtzentren vorgedrungen.

Wie wir im Kapitel »Home Sweet Home« gesehen haben, ist ein Lebensraum umso attraktiver, je mehr Nahrung und Schutz er seinen Bewohnern bietet. Auf den ersten Blick könnte man meinen, dass eine hektische, dicht bebaute und von zahllosen Menschen bewohnte Stadt kein besonders günstiges Umfeld für Füchse ist. Schaut man sich die Situation vor Ort etwas genauer an, ergibt sich jedoch ein differenzierteres Bild: Füchse sind nämlich in der Lage, die besonderen Gegebenheiten des städtischen Lebens geschickt zu ihrem Vorteil zu nutzen.

So nutzen Stadtfüchse anstelle eines selbst gegrabenen Baus oft Hohlräume unter Baucontainern oder Gartenlauben als Unterschlupf. Statt in einem Dickicht unter einer Hecke zu ruhen, schläft es sich doch gleich viel angenehmer auf der sauberen und noch warmen Motorhaube eines eben geparkten PKWs. Um lästigen Blicken von Menschen und Angriffen von Hunden zu entgehen, ruhen Stadtfüchse gerne auf erhöhten Plätzen wie Mauern oder Garagendächern, auf denen sie dann die warme

Mittagssonne genießen. Nachts dienen ihnen bisweilen sogar Stadtbusse als Ruhestätte, die im Depot zur Wartung mit offenen Türen abgestellt werden. Wenn die blinden Passagiere dann tags darauf von den Fahrern oder Fahrgästen entdeckt werden, sorgt das immer wieder für amüsante Berichte in Tageszeitungen und sozialen Medien. Für einen Jungfuchs aus Ottawa, Kanada, wurde nach einer solchen Begebenheit sogar ein eigener Twitter-Account eingerichtet.[8] Die Fotos des seelenruhig auf den Sitzreihen des Busses schlafenden Fuchses wurden unter den Hashtags #foxbus und #busfox eifrig geteilt.[9]

In den Köpfen vieler Menschen ist noch immer das Klischee vom idyllischen, naturnahen Landleben und der lebensfeindlichen, naturfernen Stadt verankert. Tatsächlich kann die Artenvielfalt in städtischen Lebensräumen heutzutage sogar weitaus größer sein als in vielen ländlichen Regionen, die von endlosen Feldern und eintönigen, von Straßen zerschnittenen Wirtschaftswäldern geprägt sind. So finden Wildtiere auf dem Land oft nur wenig Deckung und Nahrung vor, während sich in der Stadt ein abwechslungsreicher und reich strukturierter Lebensraum auftut. Füchse sind agil, können sich durch kleinste Öffnungen zwängen und gut klettern. Die meisten Zäune und Mauern stellen für sie daher kaum ein Hindernis dar. Dafür wartet hinter jeder Ecke ein neuer Kleingarten, eine Grünfläche, ein verlassenes Grundstück oder eine dunkle Gasse, wo sie Schutz finden können. Außerdem bietet sich ihnen ein äußerst vielfältiges Nahrungsangebot.

Die Fähigkeit, unterschiedlichste Nahrungsquellen zu nutzen, ist eines der füchsischen Erfolgsgeheimnisse. Ein Landfuchs jagt nicht nur Kaninchen und Mäuse, sondern er sammelt Fallobst auf, pflückt Beeren von Sträuchern, frisst Insekten sowie Schnecken und vertilgt auch Aas. Letztlich unterscheidet sich der Stadtfuchs-Speiseplan davon weit weniger, als man vielleicht erwarten würde.

Zwar gehört der halbe Cheeseburger aus dem Müllcontainer in der Stadt durchaus auch zum füchsischen Nahrungsspektrum. Aber wo viel Abfall herumliegt, werden auch Mäuse und Ratten angelockt, die natürlich ebenso auf dem Speiseplan der Füchse stehen. Das Vorkommen von Mäusen ist in der Stadt zudem stetiger als auf dem Land, wo es größtenteils vom jahreszeitlich schwankenden Nahrungsangebot bestimmt wird.[10] Das ist nur ein Beispiel dafür, wie es manche Eigenarten des Stadtlebens Füchsen sogar leichter machen, natürliche Nahrung zu finden. Auch verletzte Stadttauben, überfahrene Eichhörnchen oder Vögel, die beim Anflug an Fahrzeuge oder Glasfassaden sterben, stellen für Stadtfüchse im wahrsten Sinne des Wortes ein gefundenes Fressen dar. Auf Grünflächen oder in Stadtparks sorgen Kaninchen und Regenwürmer für einen reich gedeckten Tisch. Gebäudescheinwerfer und Straßenlaternen locken Insekten an, die im Lichtkegel umherschwirren und schließlich erschöpft zu Boden fallen. Besonders dann, wenn die fetten Maikäfer unterwegs sind, finden die Füchse dort einen ordentlichen, eiweißreichen Snack.[11]

In vielen Fällen werden Stadtfüchse sogar von Menschen gefüttert. Das kann unabsichtlich geschehen, etwa wenn sie im Freien Nahrung für Igel, Vögel, den Hund oder die Katze bereitstellen. Viele Städter füttern Füchse aber auch absichtlich, um sie in ihren Garten zu locken. Im englischen Bristol wurde dazu über einige Jahre hinweg mithilfe von Fragebogen erfasst, wie viel Futter die Bewohner extra für Füchse bereitstellten. Obwohl nur etwa zehn Prozent der Bewohner angaben, Füchse zu füttern, überstieg das künstliche Nahrungsangebot den Bedarf aller dort lebenden Füchse. Interessanterweise griffen die Tiere auch unter diesen Bedingungen trotzdem noch auf ihre natürliche Nahrung zurück und erbeuteten etwa Regenwürmer und Nager.[12]

Wer abends einen Spaziergang von der Stadt in umliegende Felder oder Wiesen unternimmt, spürt sehr deutlich, dass es im Siedlungsraum wärmer ist als auf dem Land. Gerade in der kalten Jahreszeit suchen Tiere diesen gezielt auf, denn eine wärmere Umgebung bedeutet auch einen geringeren Verlust an Körperwärme und dadurch einen niedrigeren Bedarf an Nahrung.

All das macht die Stadt zu einem sehr attraktiven Lebensraum für Füchse. Die Kombination aus Strukturreichtum und großem Nahrungsangebot führt dazu, dass auf derselben Fläche dort viel mehr Füchse leben können als auf dem Land. Während in ländlichen Regionen Deutschlands die Fuchsdichte oft deutlich unter einem Fuchs pro Quadratkilometer liegt, leben im Berliner Stadtteil Neukölln auf der gleichen Fläche schätzungsweise 5,15 Altfüchse (und rund 7 000 Menschen). Die höchste Fuchsdichte wurde bislang in Bristol ermittelt, wo kurzfristig bis zu 37 Füchse pro Quadratkilometer lebten![13] Egal ob Industriegelände, Friedhof, Parkanlage, Stadtwäldchen, verlassenes Grundstück, Müllhalde oder Schrottplatz: Überall richten Füchse sich häuslich ein.

Interessanterweise leben in Städten oder Stadtteilen mit großen öffentlichen Grünflächen aber vergleichsweise wenig Füchse.[14,15]

Die größten Populationsdichten finden sich vielmehr in Wohngebieten – besonders in Stadtteilen, die in den Jahren nach dem Zweiten Weltkrieg (wiederauf)gebaut wurden: Freistehende Häuser mit Gärten bieten den Füchsen perfekte Voraussetzungen. Dort überschneiden sich die einzelnen Reviere und somit auch die Streifgebiete der Fuchsfamilien kaum. Sie fügen sich in einer Stadt wie Puzzleteile zusammen – und machen urbane Gebiete dadurch zu einem fast lückenlos von Füchsen bewohnten Lebensraum.

Nun ist das Stadtleben bei Weitem nicht für jede Tierart gleichermaßen geeignet. Es erfordert enorme Anpassungsleistungen – etwa in der Feindvermeidung, beim Nahrungserwerb, bei der Aufzucht des Nachwuchses oder dem Finden geeigneter Verstecke. Füchse konnten den städtischen Lebensraum so erfolgreich erobern, weil sie enorm anpassungsfähig sind und als Nahrungsgeneralisten sehr unterschiedliche Futterquellen nutzen können. Aber auch sie stellt das Stadtleben Tag für Tag vor neue Herausforderungen, denen sie in freier Natur nicht begegnen.

Die Herausforderungen der Zivilisation

Auch wenn es in der Stadt nicht sonderlich schwer ist, an Futter zu kommen, müssen Stadtfüchse kreativ und hartnäckig sein, wenn sie einen besonderen Leckerbissen ergattern wollen. Manche Füchse erproben etwa ihr akrobatisches Geschick am Erklimmen von Vogelhäuschen, um an das Futter darin zu gelangen. Zudem werden Füchse in der Stadt ständig mit neuen »Verpackungen« konfrontiert. Das mag der neue Mülleimer im Park sein, ein Thermokomposter in einem Garten oder eine verlorene Brotdose. Jedes Mal muss man sich eine etwas andere Technik ausdenken, um an die begehrte Nahrung zu gelangen.

Dabei profitieren Füchse wohl auch von ihrer großen Neugier: Unbekannte Gegenstände – egal ob es eine Ledergeldbörse, ein Gartenhandschuh, ein liegen gelassenes Smartphone oder die neu installierte Wildkamera ist – werden von Füchsen oft ausgiebig inspiziert, wenn möglich mit- und anschließend auseinandergenommen. In Föhren, einer Ortsgemeinde im Landkreis Trier-Saarburg in Rheinland-Pfalz, erlangte eine Füchsin namens Imelda im Jahr 2009 internationale Bekanntheit, weil sie eine außerordentliche Vorliebe hatte: Unglaubliche 120 Schuhe hatte sie in über einem Jahr aus Gärten und Hauseingängen der Region mitgenommen und an ihren Bauen gesammelt. Wie die Abdrücke kleiner Zähnchen an den Schnürsenkeln der Schuhe vermuten ließen, diente die beeindruckende Sammlung an Tretern wahrscheinlich den Fuchswelpen als Spielzeug.[16]

Durch die Nähe zum Menschen sowie zu potenziell gefährlichen Katzen und Hunden sind von Stadtfüchsen auch besondere Kompetenzen bei der Gefahrenvermeidung gefordert. In freier Natur können Füchse manchen Gefahren weiträumiger aus dem Weg gehen. Stadtfüchse hingegen sind stets mitten im Geschehen. Sie müssen herausfinden, in welchen Gärten sie willkommen sind und wo nicht. Ist womöglich der Familienhund im Garten unterwegs? Lebt hier eine besonders aggressive Katze, um die man lieber einen großen Bogen macht? Lassen die Bewohner eines Grundstücks den füchsischen Besucher in Ruhe, vertreiben ihn mit dem Gartenschlauch oder stellen sie gar eine Falle für ihn auf? Zudem passen Füchse auch ihren Tagesrhythmus an die Gegebenheiten in der Stadt an: Während sie auf dem Land häufig zur Dämmerungszeit aktiv sind, begeben sich Stadtfüchse abends oft erst auf die Straßen, wenn der Verkehr abgeebbt ist. In ruhigen Ecken können sie aber durchaus auch tagsüber aktiv sein.[17]

Ein gutes Zeitmanagement ist für Stadtfüchse aber noch aus einem anderen Grund wichtig: Füchse lernen schnell, wo und wann es etwas zu holen gibt. Wenn Futternäpfe zu festen Zeiten bestückt oder Lebensmittelreste aus Restaurants regelmäßig nach Feierabend mit dem Abfall nach draußen gebracht werden, stellen sich Füchse darauf oft innerhalb weniger Tage ein und erscheinen bereits einige Minuten früher vor Ort, um sich die besten Happen sichern zu können.

Alle diese Beispiele zeigen, dass das Stadtleben Füchsen besondere Flexibilität abverlangt. Um überleben zu können, müssen Füchse in der Lage sein, neue Situationen richtig einzuschätzen, sinnvoll damit umzugehen und Probleme schnell zu lösen. Da Stadtfüchse diese Anforderungen ständig bewältigen müssen, attestiert Fuchsexpertin Dawn Scott ihnen eine besonders hohe Intelligenz.[18]

Die (un)natürliche Scheu

Einen wilden Fuchs in freier Natur aus nächster Nähe zu sehen, ist ein seltenes und meist unverhofftes Glück. Ein solches Aufeinandertreffen ist mir noch in besonders guter Erinnerung. Am frühen Morgen eines schönen Sommertages war ich – wie so oft – zu einer ausgedehnten Wanderung durch die Wälder um mein Heimatdorf aufgebrochen. In Tarnkleidung und mit dem Kamerastativ über der Schulter war ich bereits geraume Zeit auf schmalen Waldwegen unterwegs, als ich plötzlich ein mir wohlbekanntes Geräusch vernahm: die rhythmischen, leichten Schritte eines Fuchses, der über den laubbedeckten Waldboden läuft. Er bewegte sich geradewegs auf mich zu. In wenigen Augenblicken würde er direkt vor mir durch eine Hecke schlüpfen und den Waldweg kreuzen. Mein Herz schlug schneller. Eilig stellte ich das Stativ ab und machte die Kamera bereit. Dann war er auch schon da, ein bildschöner Fuchs. Ich konnte mein Glück kaum fassen, als er nur wenige Meter vor mir völlig entspannt auf dem Waldweg stehen blieb und die Nase in den Wind hielt. Er hatte mich offenbar nicht bemerkt.

Sekundenbruchteile erschienen mir wie eine Ewigkeit. Zu gerne wollte ich diesen Moment in einem Foto festhalten, aber aus der kurzen Distanz passte der ganze Fuchs nicht ins Bild. Um ein Porträt von ihm zu bekommen, schwenkte ich die Kamera. Doch gerade als der Bildausschnitt perfekt war und ich den Auslöser drücken wollte, wurde der Fuchs auf mich aufmerksam. Nie werde ich vergessen, wie er mich im nächsten Moment durch den Sucher der Kamera formatfüllend anschaute: Sein gerade noch entspanntes Gesicht verzerrte sich im Schock über meine Anwesenheit. Seine Augen weiteten sich, sein ganzer Körper spannte sich an. Als ich von der Kamera aufblickte, war der Fuchs bereits in halsbrecherischem Tempo tief in den Wald gerannt, und als Andenken blieb mir nur dieses unscharfe Foto von seiner Flucht:

Wie kann es sein, dass ausgerechnet eine derart scheue Tierart heute in Städten mitten unter uns lebt? Um die Antwort auf diese Frage zu finden, werfen wir zunächst einen Blick darauf, wie Füchse mit anderen Lebewesen und potenziellen Gefahren umgehen.

David Macdonald war 1975 in ein Naturreservat nach Israel gereist, um dort das Verhalten von Rotfüchsen zu erforschen. Eines Abends erschien an einer Futterstelle eine Hyäne, der eine Füchsin in wenigen Metern Abstand auf Schritt und Tritt folgte. Die Hyäne machte sich mit ihrem mächtigen Gebiss daran, den Kadaver eines Kalbs aufzubrechen, den Wildhüter dort ausgelegt hatten. Den schmächtigen Füchsen war das aus eigener Kraft nicht gelungen. Als die Hyäne einen Brocken Fleisch fallen ließ, schnellte die Füchsin zu ihr hinüber, schnappte sich die Beute und verschwand damit. Kurz darauf kam eine andere Füchsin hinzu und verhalf sich auf ähnliche Weise zu einer Mahlzeit. Die Hyäne war davon offensichtlich wenig begeistert. Sie drohte der Füchsin und sprang auf sie zu, doch die kleine Futterdiebin wich immer wieder im letzten Moment aus. Schließlich wandte die Hyäne sich erneut ihrer Beute zu. Die Füchsin setzte sich in gerade einmal zwei Metern Entfernung neben sie – offenbar, um auf die nächste Gelegenheit zu warten, ihr etwas Futter abzuluchsen.[19]

Den starken, jedoch schwerfälligen Hyänen gegenüber zeigten sich die Füchse mutig; vor Kojoten hatten sie jedoch mehr Respekt. Während Macdonald eine Gruppe von Kojoten beim Spielen beobachtete, schlich ein Fuchs aus der Ferne heran, blieb jedoch in Deckung und hielt einen Sicherheitsabstand von etwa 30 Metern. Als drei der Kojoten – offenbar zufällig – auf die Position des Fuchses zugingen, ergriff dieser lieber die Flucht. Noch mehr Respekt zeigten die Füchse bei Macdonalds Beobachtungen Wölfen gegenüber. Hier genügte es bereits, wenn ein Fuchs lediglich die Witterung eines Wolfs aus der Ferne aufnahm, um ihn zur Flucht zu veranlassen. Die Beziehung zwischen Füchsen und anderen Beutegreifern scheint aber je nach regionalen und womöglich auch zeitlichen Gegebenheiten stark zu variieren – andernorts wurden Füchse auch schon beobachtet, wie sie sich in geringer Entfernung zu Wölfen an deren Rissen gütlich taten.

Welches Verhalten Füchse potenziellen Feinden gegenüber an den Tag legen, ist also von einer Vielzahl an Faktoren abhängig. Da Menschen nicht besonders flink sind und oft etwas Essbares dabeihaben, wäre unter natürlichen Umständen auch das Verhältnis von Füchsen zu Menschen entsprechend weniger von Furcht und Scheu, sondern mehr von Respekt und Neugier geprägt. Das zeigt sich etwa in entlegenen Gebieten, wo Füchse über Generationen hinweg keine negativen Erfahrungen mit Menschen gemacht haben. Bekannte meines Mitautors Dag Frommhold, die in Kanada ein abgelegenes Ferienhaus erworben hatten, waren vom Verhalten der dortigen Füchse zutiefst fasziniert: Die Tiere hielten zwar zunächst respektvoll Distanz, zeigten aber keinerlei Angst vor ihren neuen Nachbarn. Stattdessen wurden die Menschen neugierig und überaus aufmerksam beobachtet. Als die Füchse schließlich beschlossen hatten, dass die Neuankömmlinge wohl keine Gefahr darstellten, spielten sie vollkommen unbekümmert auf der frisch gemähten Rasenfläche vor dem Haus. Womöglich waren diese Füchse zuvor noch nie einem Menschen begegnet.

Die große Scheu der Füchse vor dem Menschen, die wir hierzulande im ländlichen Raum erleben, ist die Folge jahrhundertelanger intensiver Bejagung. Die Nachstellungen durch Jäger mit weit reichenden Schusswaffen haben Füchse gelehrt, dass die Gegenwart eines Menschen ihnen schon aus erheblicher Distanz den Tod bringen kann.[20] Es ist daher nur logisch, dass sie die Nähe zu Menschen meiden und panisch flüchten, schon wenn sie uns mit ihren feinen Sinnen aus Hunderten Metern Entfernung wittern, erspähen oder hören. Der Förster und Biologe Hans Bibelriether brachte diese Erkenntnis auf den Punkt, indem er feststellte: »Tiere fürchten im Menschen den Jäger«.[21]

Füchse sind also grundsätzlich nicht unbedingt scheue Tiere. Vielmehr halten sie gerade so viel Sicherheitsabstand zu ihren Feinden, wie sie für nötig halten, um potenziellen Angriffen entkommen zu können. Die Furcht vor uns Menschen ist vielerorts bei Füchsen jedoch inzwischen so tief verankert, dass deren Scheu keiner persönlichen Erfahrung mehr bedarf, sondern genetisch eingeprägt ist. Selbst verwaiste Füchse, die als junge Welpen mit der Flasche aufgezogen und stark auf den Menschen geprägt wurden, entwickeln spätestens im Alter von zehn Wochen eine gewisse Scheu vor fremden Menschen.[22] Zwar können auch scheue Landfüchse bisweilen ein Vertrauensverhältnis zu einzelnen Menschen aufbauen, wie etwa das Beispiel von Günther Schumann und Füchsin Feline zeigt. Den Argwohn unbekannten Personen gegenüber vermindert das in der Regel jedoch kaum.

Anpassung oder (urbane) Evolution?

Ein scheuer Landfuchs würde wohl nie auf die Idee kommen, sich spontan mitten im Großstadtdschungel niederzulassen. Hier hat die individuelle Anpassungsfähigkeit ihre Grenzen. Da stellt sich natürlich die Frage, wie Füchse es trotzdem geschafft haben und was der Auslöser dafür war.

Die Eroberung unserer Städte war ein Prozess, der sich über viele Jahrzehnte und entsprechend viele Fuchsgenerationen hingezogen hat. Man geht davon aus, dass im frühen 20. Jahrhundert einige besonders mutige Landfüchse – regelrechte Pioniere – zunächst in die Vorstädte und Randzonen der Großstädte Einzug hielten. Zunächst lebten diese füchsischen Pioniere dort weitgehend heimlich und unbemerkt. Bald lernten sie vermutlich, dass dort keine so große Gefahr von Menschen ausging wie auf dem Land. So trauten sich ihre Nachfahren dann, in immer engerer Nachbarschaft mit Menschen zu leben und in dichter besiedelte Gebiete vorzudringen. Dennoch vermeiden viele Stadtfüchse auch heute noch direkte Begegnungen mit Menschen, was dazu führt, dass sie eher entlang gefährlicher Bahntrassen oder Schnellstraßen anstatt durch belebte Wohngebiete oder Grünflächen migrieren. Diese suchen sie allenfalls zu Zeiten auf, in denen Begegnungen mit Menschen unwahrscheinlich sind.[23, 24]

Oft wird behauptet, dass der Jagddruck auf dem Land ein Auslöser für den Einzug der Füchse in den Siedlungsraum war, doch für diese Vermutung finden sich bis heute keine eindeutigen Belege. Vielmehr dürfte die Angst vor dem »Jäger im Menschen« dabei eher ein Hemmnis gewesen sein. Am wahrscheinlichsten ist jedoch, dass es gar keinen konkreten Auslöser gebraucht hat. Einige der Vorteile, die das Stadtleben den Füchsen bietet, haben wir bereits kennengelernt, und ein Fuchs wäre kein Fuchs, wenn er sich von diesen nicht gleichsam magisch angezogen fühlte. So war es nur eine Frage der Zeit, bis die ersten Füchse diesen neuen Lebensraum für sich entdeckten.

Vielleicht werden wir gerade Zeuge der nächsten Pionierleistung, wenn uns heute vereinzelt Füchse begegnen, die entspannt im Stadtpark neben Menschen liegen und sich sonnen. Doch auch wenn es anders scheinen mag, bedeutet das nicht, dass diese Füchse ihre Scheu vor dem Menschen verloren haben. Vielmehr ist lediglich ihre Fluchtdistanz auf wenige Meter geschrumpft. Würde sich ein Mensch ihnen über diese Distanz hinaus nähern, würden sie nach wie vor Reißaus nehmen oder zumindest wieder auf Abstand gehen.

Doch nicht nur im Verhalten finden sich Unterschiede zwischen den heutigen Stadtfüchsen und ihren Artgenossen auf dem angrenzenden Land. Die promovierte Ökologin und Rotfuchsforscherin Sophia Kimmig vom Leibniz-Institut für Zoo- und Wildtierforschung konnte in einer Studie zeigen, dass sich der »Berliner Stadtfuchs« genetisch vom »Brandenburger Wald- und Wiesenfuchs« abgrenzen lässt.[25, 26] Auch innerhalb der Stadt wurden genetische Unterschiede gefunden, und zwar zwischen Ost- und Westberliner Füchsen. Womöglich hat die Teilung der Stadt durch die Berliner Mauer ihre Spuren in den Genen der Füchse hinterlassen. Denkbar ist aber auch, dass die Spree die Fuchspopulationen in Ost und West voneinander trennt.[27]

Bei Stadtfüchsen in London wurden sogar körperliche Unterschiede zu den Landfüchsen festgestellt.[28, 29] Sie haben offenbar kürzere Schnauzen und zeigen Flecken im Fell – Merkmale, die sich auch im Rahmen der Domestizierung von Tieren beobachten lassen.

Viele Tierarten sind heute gezwungen, sich an den städtischen Lebensraum anzupassen. Schließlich schrumpft ihr natürliches Habitat durch menschliche Landnahme oder wird immer lebensfeindlicher. Inzwischen fühlen sich neben Füchsen und vielen Kleintieren auch Waschbären, Dachse, Wildschweine und sogar Otter in manchen Städten heimisch. Zur Jahrtausendwende lebten in Berlin bereits mehr Tierarten als im umliegenden Brandenburg.[30] Diese »Verstädterung« schließt anderenorts sogar noch größere Beutegreifer mit ein, wie etwa Kojoten in Chicago oder Leoparden in Mumbai.[31] Laut Scott sind jedoch schätzungsweise nur 20 Prozent der Tiere dazu fähig, sich an ein Leben in der Stadt anzupassen.[32] In einer Welt, in der menschliche Siedlungsräume immer mehr Fläche in Anspruch nehmen, könnte diese Fähigkeit aber am Ende über den Erfolg oder gar das Überleben einer Art entscheiden.

Wenn Anpassungen zu einem Überlebensvorteil führen, denken wir schnell an Evolution. Tatsächlich findet sich manchmal der Begriff »urbane Evolution« für das, was wir oben als Verstädterung bezeichnet haben. Ganz so einfach ist es allerdings nicht, denn nicht jede vorteilhafte Anpassung ist Evolution im biologischen Sinne. Damit wir davon sprechen können, muss sich die Veränderung in den Genen niederschlagen und zu einem langfristigen Selektionsvorteil führen. Somit kann man

Verhaltensanpassungen auf individueller Ebene, die auf Lernen oder Gewöhnung zurückgehen, nicht als Evolution bezeichnen. In anderen Fällen ist die Abgrenzung nicht ganz so klar. Erinnern wir uns an die Londoner Stadtfüchse mit ihren verkürzten Schnauzen. Es wird angenommen, dass ihnen diese Anpassung zu mehr Beißkraft verhilft und sie so zum Beispiel einfacher Verpackungen von Lebensmitteln öffnen können. Würde sich diese Vermutung als wahr herausstellen und wäre die größere Beißkraft für das Überleben der Stadtfüchse so wichtig, dass die Anpassung auf einen Selektionsvorteil zurückgeht, dann könnten wir hier von Evolution reden.

Das Wechselspiel zwischen den Herausforderungen der Umwelt und den daraus resultierenden Anpassungen ist ebenso alt und komplex, wie es effektiv ist. Es hat Aussehen, Fähigkeiten, Sinne und sogar die Sozialstrukturen der Lebewesen geformt. Doch so vollkommen das Resultat zu einem bestimmten Zeitpunkt erscheinen mag, befindet sich das System Natur dennoch in stetigem Wandel. Es mag paradox klingen, doch in der Natur entsteht langfristige Stabilität letztendlich durch Chaos: Zufällige Veränderungen können auf dem Prüfstein des Lebens durch Scheitern oder Erfolg – durch die natürliche Selektion – zu wertvollen Weiterentwicklungen führen.

Langfristig betrachtet sind also selbst die Eigenschaften einer Spezies nicht in Stein gemeißelt. Was einen Fuchs zum Fuchs macht, ist ein Produkt des immerwährenden Überlebenskampfs auf dieser Erde und hat sich in ständiger Auseinandersetzung mit der Umwelt ergeben.

Eines der wichtigsten Prinzipien des Überlebens in der Natur ist seit jeher: fressen und nicht gefressen werden. So hilft ihr guter Hörsinn Füchsen beispielsweise dabei, Beutetiere zu orten, und ihr leichter Körperbau verschafft ihnen bei der Flucht einen entscheidenden Vorteil gegenüber ihren Feinden. Selbst die spitze Schnauze, die Füchsen ihre typisch dreieckige Gesichtsform verleiht, hat ihren besonderen Zweck. Sie wird buchstäblich überall hineingesteckt – etwa in das Erdloch, in das eine Maus gerade schutzsuchend geflüchtet ist.

Ein gutes Beispiel für evolutionäre Anpassungen beim Fuchs ist sein leuchtend rotes Fellkleid. Ich möchte gar nicht daran denken, an wie vielen Füchsen ich bei meinen Spaziergängen durch hessische Wälder schon nichtsahnend vorbeigelaufen bin. Ein Fuchs, der sich mit seinem rostroten Pelz auf den blätterbedeckten Waldboden drückt, kann in einiger Entfernung förmlich unsichtbar werden. Doch nicht alle »Rotfüchse« kleiden sich im typisch fuchsroten Pelz. Man findet sie tatsächlich in ganz verschiedenen Farbvarianten und Fellzeichnungen, von tiefem Schwarz über Gelb-, Braun- und Rottöne bis hin zu leuchtendem Weiß. Auch die Länge und Dichte des Fells kann je nach Region und Klima stark variieren. Im kanadischen Neufundland wurde erst vor wenigen Jahrzehnten eine neue Unterart des Rotfuchses entdeckt.[33] Das dortige Landschaftsbild ist geprägt durch graue Felsbrocken, gelbe Grasbüschel und rötliche Moosflächen. Alle diese Farben finden sich in der Fellzeichnung der dort lebenden Füchse wieder, sodass sie optisch regelrecht mit ihrer Umgebung verschmelzen.[34]

Neben dem Rotfuchs hat die Evolution auch andere Fuchsarten hervorgebracht, die zum Teil an extreme Lebensbedingungen angepasst sind. So hat der Polarfuchs etwa ein äußerst dichtes Fell entwickelt. Es schützt den kleineren Verwandten des Rotfuchses so gut vor Kälte, dass dieser erst bei Temperaturen von unter –70 °C zu frieren beginnt.[35] Diese Anpassung ermöglicht es ihm, selbst in der arktischen Tundra zu überleben. Ein anderer Verwandter, der Fennek, ist hingegen an das andere klimatische Extrem angepasst: Behaarte Pfotenballen schützen den »Wüstenfuchs« vor Verbrennungen, wenn er im heißen Sand der Sahara unterwegs ist. Bekannt ist er jedoch vor allem für seine riesigen Ohren. Auch sie sind eine Anpassung an seinen

Lebensraum, denn sie ermöglichen ihm eine effektive Wärmeabfuhr.

Diese spezialisierten Arten können in Gebiete vordringen, in denen selbst die Anpassungsfähigkeit des Rotfuchses an ihre Grenzen stößt. Er ist ein Allrounder, der eine große Bandbreite an Lebensräumen besiedeln kann: Sein enormes Verbreitungsgebiet – es umfasst immerhin rund 70 Millionen Quadratkilometer und damit fast die Hälfte der Landfläche unserer Erde! – macht ihn zum erfolgreichsten Landbeutegreifer der Welt.

Mut zur Veränderung

Als die ersten Pionierfüchse vor rund hundert Jahren ihre Pfoten auf das unbekannte Territorium des menschlichen Siedlungsraums setzten, konnten sie sicherlich nicht absehen, wie es ihren Nachfahren in diesem neuen Lebensraum einmal ergehen würde. Rückblickend wissen wir heute, dass sie damit einen wichtigen Schritt in die Zukunft und vielleicht sogar zum Erhalt ihrer Art getan haben.

Etwa dreihundert Jahre zuvor, im Jahr 1620, stachen die sogenannten Pilgerväter mit dem Segelschiff Mayflower von England aus in See. Von der Hoffnung auf ein besseres Leben getrieben, gaben diese Menschen ihr altes Leben auf, um ihr Glück in der Neuen Welt zu suchen. Die Reise ging als eines der bekanntesten Beispiele der Kolonialisierung Amerikas in die Geschichte ein. Inzwischen ist aus diesen bescheidenen Anfängen eine Weltmacht entstanden.

Ob Pionierfüchse oder Pilgerväter – in beiden Fällen waren die Veränderungen mit großen Risiken verbunden. Doch man muss nicht gleich sein ganzes Leben auf den Kopf stellen, um von Veränderungen zu profitieren. Oft sind es viel kleinere Entscheidungen, die das Leben bestimmen und in neue Bahnen lenken.

Wie wichtig Anpassungsfähigkeit und Flexibilität sind, haben wir in den letzten Kapiteln immer wieder gesehen. Sowohl Füchse als auch Menschen profitieren davon, bis ins hohe Alter neugierig zu bleiben, lebenslang zu lernen sowie Sozialstrukturen und Wohnort den jeweiligen Bedürfnissen anzupassen. Vorurteile abzulegen und Fremden gegenüber offen zu sein, eröffnet die Möglichkeit zu Freundschaft und tiefem Verständnis.

»Nichts ist so beständig wie der Wandel«, sagte bereits zu vorchristlicher Zeit der Philosoph Heraklit von Ephesos. Veränderungen begegnen uns überall und jederzeit im Leben. Manche davon sind schicksalhaft, etwa wenn wir einen nahestehenden Menschen verlieren. Das Altern verändert unerbittlich unseren Körper und Geist. Oft haben aber auch unsere eigenen Entscheidungen für unser Leben weitreichende Folgen: Jugendliche stehen beispielsweise vor der Frage, welchen Berufsweg sie einschlagen wollen. Später im Leben fragt man sich vielleicht, ob man den Arbeitsplatz wechseln oder noch mal etwas ganz Neues wagen sollte.

Veränderung fällt oft schwer. Neues zu wagen oder alte Gewohnheiten aufzugeben kann zunächst unbequem sein oder gar Angst machen. Schließlich weiß man im Voraus nicht, ob man mit einem anderen Arbeitsplatz tatsächlich zufriedener sein wird. Jeder Neuanfang ist nun mal mit Risiken verbunden. Allerdings kann es ebenso riskant sein, in alten Strukturen zu verharren. Wer mit starrem Geist am Gewohnten festhält, während sich die Welt um ihn herum verändert, wird vom Lauf der Dinge überrannt und bleibt auf der Strecke.

Unsere Erde ist schätzungsweise etwa 4,6 Milliarden Jahre alt.[36] Würde man diese Zeit auf die vierundzwanzig Stunden eines Tages umrechnen, gäbe es den modernen Menschen[37] erst seit wenigen Sekunden. Doch allein in den letzten zwei Tausendstelsekunden hätte sich die Weltbevölkerung von einer auf knapp acht Milliarden Menschen vervielfacht.[38]

In relativ kurzer Zeit haben wir es vollbracht, jede Region der Erde zu erobern. Dies ist uns in den letzten Jahrhunderten allerdings weniger durch evolutionäre Anpassungen gelungen; vielmehr haben wir mit technologischen Mitteln die Umwelt immer stärker nach unseren Vorstellungen und Bedürfnissen umgestaltet. Wir verfeuern Millionen Tonnen fossiler Brennstoffe, um unsere Häuser zu heizen und alle erdenklichen Güter zu produzieren. Durch den damit verbundenen Ausstoß von Kohlendioxid und anderen Treibhausgasen verändert sich das Weltklima dramatisch. Um die wachsende Bevölkerung zu ernähren, haben wir einst unberührte Naturflächen zu einer bis in nahezu jede Ecke bewirtschafteten Kulturlandschaft umgestaltet.

All das hat die Lebensumstände für Pflanzen und wild lebende Tiere schneller und stärker verändert als je zuvor. Die evolutionäre Anpassung kann damit nicht Schritt halten. Diese Vorgänge sind so dramatisch, dass der Mensch laut einem 2019 veröffentlichten Bericht des Weltbiodiversitätsrates (IPBES) als Verursacher des sechsten Massenaussterbens auf diesem Planeten in die Geschichte einzugehen droht.[39]

Wir haben ein globales System geschaffen, das auf Wachstum basiert. Da es kein unbegrenztes Wachstum geben kann, ist dieses System jedoch am Ende zum Scheitern verurteilt. Schon jetzt würden wir drei Erden brauchen, wenn alle Menschen den Lebensstil der Deutschen führen wollten.[40] Fast überall auf der Welt bekommen auch wir Menschen die Folgen dieses Raubbaus an der Natur bereits zu spüren. Dürren, Waldbrände und Überschwemmungen nehmen mit jedem Jahr zu und zwingen uns in einen Wettlauf gegen die von uns selbst heraufbeschworenen Veränderungen. Unsere Umwelt wird sich unaufhaltsam verändern, bis sie auch für uns Menschen unbewohnbar geworden ist. Um diese bedrohliche Entwicklung aufzuhalten, müssen wir unsere kurzfristigen Bedürfnisse mit der langfristigen Kapazität unseres Lebensraums in Einklang bringen. Das mag erfordern, mit mancher lieb gewonnenen Gewohnheit – sei es übermäßiger Fleischkonsum oder mehrere Flugreisen im Jahr – zu brechen. Am Ende ist das aber ungleich besser, als aus Bequemlichkeit oder gar Trotz Veränderungen so lange hinauszuzögern, bis es zu spät ist.

»Wer ständig glücklich sein möchte, muss sich oft verändern«, sagte einst der chinesische Philosoph Konfuzius. Und tatsächlich kommt man wohl am besten durchs Leben, wenn man mit der Zeit geht, Wünsche, Chancen und Risiken stets gegeneinander abwägt und offen für Veränderungen ist. So kann man letztendlich das Beste aus fast jeder Situation machen. Natürlich gibt es keine Erfolgsgarantie, aber zumindest muss man sich dann nicht vorwerfen, untätig geblieben zu sein. Oftmals wird der Mut zur Veränderung langfristig belohnt: Auch wenn man sein ursprüngliches Ziel nicht ganz erreicht, findet man sein Glück vielleicht auf dem Weg dorthin.

Füchsische Streitkultur

Deeskalation als Erfolgsgeheimnis

(Dag Frommhold)

»Besser einander beschimpfen
als einander beschießen.«
Winston Churchill

Ich erinnere mich noch gut daran, wie ich im zarten Alter von zwölf Jahren mit meinen Eltern und meiner kleinen Schwester einen rustikal-gutbürgerlichen Landgasthof in Schleswig-Holstein betrat. Es war schon recht spät am Abend, und fernab jeder größeren Stadt gab es keine große Auswahl an Restaurants. Also nahmen wir, was wir kriegen konnten.

Als wir den Gastraum hinter der schweren hölzernen Eingangstür betraten, waren Hunderte Glasaugen auf uns gerichtet. Jagdtrophäen zierten dicht an dicht die holzvertäfelten Wände – riesenhafte Wildschweinköpfe rahmten die Garderobe ein, während ausgestopfte Fasanen und Rebhühner über der Theke thronten. Dazu Wiesel, Steinmarder und andere kleinere Tiere sowie unzählige Schädelknochen von Rehen. Einen Moment lang stand ich wie benommen da, dann setzte ich mich voller Unbehagen zu meiner Familie an einen Tisch, über dem ein toter Marder auf einem ebenso toten Ast balancierte.

Während wir aßen, fiel es mir schwer, meinen Blick von einem ausgestopften Fuchs zu wenden, der auf der gegenüberliegenden Seite des Raums auf einem Regalbrett stand. Die ausgefransten Ohren angelegt und den Schwanz hoch aufgerichtet, starrte er uns wütend aus seinen Glasaugen an. Seine Zähne waren in einer für die Ewigkeit konservierten Drohung angriffslustig gebleckt. Ich vermochte nicht zu sagen, warum, aber aus irgendeinem Grund wirkte dieses tote Wesen grotesk auf mich. Etwas unterschied es von den anderen Füchsen, die ich in natura, auf Bildern, und ja, auch als Präparate bis dahin gesehen hatte. Das Tier war ein Fuchs, daran bestand kein Zweifel, aber irgendwie wollte die überbordende Aggressivität, die es ausstrahlte, so ganz und gar nicht zu meinem Bild von Meister Reineke passen. Warum das so war, wurde mir allerdings erst Jahre später klar, als ich begonnen hatte, Füchse bewusster zu beobachten.

Fuchs und Katze: Freund oder Feind?

Natürlich gehört Streit bei Wildtieren zum Tagesgeschäft, und Füchse sind da ganz gewiss keine Ausnahme. Es gibt nun einmal Interessenkonflikte, die auf die eine oder andere Weise gelöst werden müssen, ob sich diese nun um Nahrung, territoriale Ansprüche oder Sexualpartner drehen. Nicht alle Kontrahenten eines Fuchses sind dabei Artgenossen. Immerhin teilen Füchse ihren Lebensraum mit vielen anderen Tieren, von denen manche ihnen in puncto Kraft und Wehrhaftigkeit zumindest ebenbürtig sind. Während das im Wald etwa für den Dachs gilt, sind Gebiete in Siedlungsnähe fest in der Pfote von *Felis catus*, der Hauskatze. In Deutschland leben nämlich etwa 15 Millionen Samtpfoten, von denen viele unsere Gärten, Wiesen und Parkflächen ebenso frei und unbeaufsichtigt durchstreifen wie ein wild lebender Fuchs. Man kann also getrost davon ausgehen, dass Fuchs und Katze im Siedlungsraum oft aufeinandertreffen. Wie aber gehen sie miteinander um, wenn sie sich begegnen? Betrachtet ein hungriger Fuchs Katzen als Beute, oder versucht er zumindest, sie als potenzielle Nahrungskonkurrenten zu vertreiben?

Vor Jahren hatte ich einmal das Glück, einer Begegnung zwischen Fuchs und Katze beizuwohnen. Ein älterer Herr, der von meiner Fuchsbegeisterung wusste, hatte mir mitgeteilt, dass er in den letzten Tagen immer wieder einen Fuchs auf dem Rasen hinter seinem Haus gesehen hatte – stets zur selben Zeit, kurz nach Einbruch der Dämmerung. Da das zu dieser Zeit bei uns noch kein ganz so häufiges Ereignis war, beschloss ich, mich gleich am darauffolgenden Abend auf die Lauer zu legen.

Tatsächlich dauerte es nicht lange, bis sich ein schlaksiger junger Fuchs durch die dichte Buchenhecke an der Grundstücksgrenze schob. Auf der daran angrenzenden Rasenfläche hielt er kurz inne. Er witterte und lauschte aufmerksam – und lief dann zu meiner Überraschung schnurstracks auf das Haus zu. Doch noch bevor er es erreichte, zuckte er zusammen und blieb wie vom Blitz getroffen stehen. Gebannt starrte er zur Seite. Als ich seinem Blick folgte, erspähte ich dort eine schwarze Katze, die sich ganz langsam in geduckter Haltung auf ihn zu bewegte. Ihr Schwanz peitschte. Der Fuchs blickte unterdessen mit sichtbarem Unbehagen zwischen dem Haus und der sich nähernden Katze hin und her. Schließlich machte er einen zögerlichen Schritt voran. In genau diesem Moment jedoch schoss die Katze fauchend auf ihn zu. Reflexartig warf sich der Fuchs herum und spurtete davon. Nach sieben, acht Metern hielt er inne und blickte zurück zu seiner Verfolgerin, die inzwischen ebenfalls stehen geblieben war. Nach ihrem kurzen Scheinangriff hatte sie sich wohl vorerst damit zufriedengegeben, dass der Fuchs Fersengeld gegeben hatte. Sekundenlang starrten die beiden Kontrahenten einander an. Dann setzte die Katze nach, abermals wütend fauchend, und der Fuchs verschwand im Gebüsch.

Als ich erfuhr, dass der Rentner seine Freigängerkatze aus einem Napf fütterte, den er direkt am Haus platziert hatte, ergab das Verhalten des Fuchses auf einmal Sinn. Nun ist es für Füchse oft nicht allzu vorteilhaft, die Nähe menschlicher Behausungen mit Nahrung in Verbindung zu bringen, denn nicht allen Menschen sind Füchse im Garten willkommen. Mein gut gemeinter Rat, die Katze zukünftig lieber im Haus zu füttern, stieß dennoch auf taube Ohren. Im Gegenteil: Einige Wochen später zeigte der rüstige Katzenbesitzer mir ein Foto, auf dem zu sehen war, wie Fuchs und Katze in gut einem Meter Entfernung voneinander aus separaten Futternäpfen fraßen. Ich könne mich gerne persönlich davon überzeugen, sagte er, dass die beiden inzwischen gut miteinander auskämen und sich in der Regel einfach ignorierten. Als sich endlich die Gelegenheit dazu ergab, war der abendliche Fuchsbesuch jedoch bereits seit zwei Tagen ausgeblieben, und auch danach ließ der Fuchs sich nicht mehr blicken.

War dieses Ereignis ein Einzelfall, oder verhalten Füchse sich Katzen gegenüber immer so konfliktscheu? Da Fuchs und Katze im Siedlungsraum quasi direkt unter unseren Augen (oder zumindest vor unseren Wildkameras) regelmäßig aufeinandertreffen, gibt es zahlreiche Aufzeichnungen solcher Begegnungen. Viele davon sind für jeden einsehbar auf Online-Videoplattformen zu finden. Ein ernster Kampf zwischen Fuchs und Katze ist dabei fast nie zu beobachten: In den allermeisten Fällen ignoriert man sich einfach oder geht einander gezielt aus dem Weg. Wo es einmal Meinungsverschiedenheiten gibt, äußern sich diese in gegenseitigen Drohungen oder Scheinangriffen, fast immer von Seiten der Katze. In aller Regel ist es dann der Fuchs, der einer körperlichen Auseinandersetzung aus dem Weg geht, indem er sich der Situation durch Flucht entzieht. Eine Studie, in der 40 000 Wildkamera-Fotos aus achthundert Berliner Hausgärten analysiert wurden, zeigt eindeutig, dass Katzen dort die dominante Spezies sind und dass Füchse Begegnungen mit ihnen möglichst vermeiden.[1]

Dass Meinungsverschiedenheiten mit Füchsen für Freigängerkatzen ein überschaubares Risiko darstellen, zeigen beispielsweise die Ergebnisse eines gemeinsamen Forschungsprojekts des Royal Veterinary College in London und der Universität Sydney. Um Gesundheitsrisiken für Haustiere zu erfassen, erhoben die Forscher Daten von Tierarztbesuchen einer sechsstelligen Anzahl von Katzen in ganz Großbritannien. Es zeigte sich, dass von 10 000 Hauskatzen immerhin 541 wegen Bissverletzungen durch Artgenossen und 196 wegen Verkehrsunfällen behandelt werden mussten. Auseinandersetzungen mit Füchsen waren dem Tierarztbesuch dagegen nur in fünf nachgewiesenen und neun vermuteten Fällen vorausgegangen.[2] Wenn also eine Freigängerkatze mit Blessuren nach Hause kommt, die auf Bisse hindeuten, ist dafür höchstwahrscheinlich kein Fuchs verantwortlich, sondern eine andere Katze.

Das gilt übrigens selbst dann, wenn die Tiere sich um wertvolle Ressourcen wie etwa einen gut gefüllten Futternapf streiten. Im Zweifelsfall versucht der Fuchs eher, auf Abstand zu bleiben, die Katze ein Stück vom Napf wegzulocken und dann schnell einen Happen zu stibitzen. In einem im Internet veröffentlichten Videoclip ist beispielsweise zu sehen, wie ein ausgewachsener Fuchs sich mit einer Katze um ein Stück Fleisch streitet. Die Katze versucht wieder und wieder, ihm mit ausgefahrenen Krallen einen schmerzhaften Hieb über die Schnauze zu verpassen. Der Fuchs begnügt sich unterdessen damit, den Angriffen der Katze auszuweichen. Statt seinerseits zu attackieren, wartet er auf seine Chance. Als diese sich schließlich bietet, schnappt er sich den Futterbrocken und geht eilig auf Distanz.[3]

Was Füchsen in solchen Situationen einen entscheidenden Vorteil verschafft, ist ihr geringes Gewicht: Es gibt kaum ein anderes Säugetier, das bei ähnlicher Körpergröße einen so leichten Knochenbau hat wie der Fuchs. Mit fünf bis acht Kilogramm ist ein ausgewachsener Fuchs nur wenig schwerer als ein Feldhase oder eine Hauskatze und viel leichter als ein ähnlich großer Hund. Das macht ihn extrem wendig und ermöglicht es ihm, Attacken blitzschnell auszuweichen. So praktisch diese Eigenschaft bei Flucht oder Verteidigung ist, so ungünstig ist sie jedoch in der Offensive. Füchsen fehlt dadurch nämlich schlicht die Körperkraft, um Angriffen gegen einen ähnlich großen Widersacher den nötigen Nachdruck zu verleihen.

Katzen sind im Vergleich dazu regelrechte Kampfmaschinen: kompakt, vergleichsweise kräftig und mit Furcht einflößenden natürlichen Waffen ausgestattet. Jeder Katzenbesitzer weiß, wie schmerzhaft schon eine energische Warnung sein kann, die eine Katze mit krallenbewehrten Pfoten austeilt, und nach der Konfrontation mit einer wütenden oder verängstigten Katze suchen selbst große Hunde oft winselnd und mit blutiger Nase bei Herrchen oder Frauchen Schutz. Auch wenn ein kräftiger Fuchsrüde eine Auseinandersetzung mit einer Hauskatze im Ernstfall vielleicht gewinnen könnte, ist für ihn das Risiko viel zu groß, dabei verletzt und durch die Wunde im täglichen Daseinskampf beeinträchtigt zu werden. Im Gegensatz zu einem Hauskater, der sich bei einer Prügelei mit einem Artgenossen Verletzungen zuzieht, haben Füchse ja niemanden, der sie nach einem Kampf wieder zusammenflickt. Eine infizierte Wunde oder ein Knochenbruch können für ein Wildtier das Todesurteil sein. Keine Futterschüssel ist dieses Risiko wert, und daher ist es für einen Fuchs eigentlich immer besser, gefährliche Auseinandersetzungen zu vermeiden.

Der Brite Mike Towler, ein fuchsbegeisterter Ruheständler aus der Grafschaft Kent, hat in weit mehr als zwanzig Jahren schon viele verwaiste Jungfüchse aufgezogen und wieder ausgewildert. In seinem Buch *My Friends the Foxes* beschreibt er Füchse als »geborene Pazifisten«. So erzählt Towler davon, wie seine Katze Sooty sich einige Zeit einen regelrechten Spaß daraus machte, den beiden Fuchsrüden Snapper und Warren aufzulauern und sie zum Schein anzugreifen. Kein einziges Mal übten die Füchse Vergeltung oder zeigten ihrerseits Aggression gegen Sooty. Wenn es ihnen zu viel wurde, zogen sie sich einfach zurück. Erst als Füchse und Katze einander etwas besser kennengelernt hatten, kam es vor, dass Sooty von Snapper und Warren gejagt wurde – allerdings stets im Spiel und zumeist auf mehr oder minder direkte Aufforderung der Katze.[4]

Tatsächlich wäre es viel zu eindimensional, die Beziehung zwischen Füchsen und anderen Beutegreifern nur vor dem Hintergrund von territorialer Rivalität und Nahrungskonkurrenz zu betrachten. Wie wir in einem späteren Kapitel noch sehen werden, können zwischen Wild- und Haustieren auch ohne menschliches Zutun regelrechte Freundschaften mit ausgelassenem Spielverhalten entstehen.

Burgfrieden auf Malepartus

Niemand mag streitsüchtige Nachbarn – das gilt nicht nur für Menschen, sondern vermutlich auch für Dachse. Diese sind oft Besitzer eindrucksvoller Eigenheime, die von Generation zu Generation vererbt werden und über mehrere Wohnkammern und manchmal mehrere Hundert Meter unterirdischer Gänge verfügen. Nicht ohne Grund bezeichnet man solche eindrucksvollen Baue auch als »Dachsburgen«. Darin hat nicht nur eine Dachsfamilie Platz, sondern es ist auch genügend Raum für Mitbewohner vorhanden. Und tatsächlich wird immer wieder beobachtet, dass Dachse ein Fuchspaar samt Nachwuchs als Untermieter tolerieren. Dass Füchse die meiste Zeit des Jahres eher stille Zeitgenossen und alles andere als streitsüchtig sind, spielt für die Toleranz der Baueigentümer womöglich eine nicht unerhebliche Rolle.

Derartige Wohngemeinschaften gibt es aber nicht nur zwischen Dachs und Fuchs – vielmehr teilen Füchse sich mitunter sogar mit Kaninchen einen Bau. Wer die betreffenden Langohren nun für hochgradig lebensmüde hält und denkt, dass Familie Fuchs ihre Nachbarwohnung als willkommene Speisekammer und Frischfleischlager betrachtet, liegt jedoch falsch. Tatsächlich sind die Kaninchen im Bau und in dessen unmittelbarer Nähe vor Nachstellungen durch ihre karnivoren Mitbewohner sicher: Es herrscht Burgfrieden, wie man das friedliche Zusammenleben von Beutegreifer und Beutetier in einer gemeinsamen Unterkunft bezeichnet.

Solche Gemeinschaftsbaue sind sogar mitten in Großstädten anzutreffen. So entdeckte der Berliner Wildtierexperte Derk Ehlert einen von Füchsen und Kaninchen gemeinsam benutzten Bau ausgerechnet in unmittelbarer Nähe des Hauses der Kulturen der Welt, einer Einrichtung, die sich Kulturaustausch und Völkerverständigung auf die Fahnen geschrieben hat.[5] Einen symbolträchtigeren Ort hätten die Tiere sich für ihr Wohnprojekt wohl kaum aussuchen können.

Grundsätzlich scheinen Füchse es zu vermeiden, in unmittelbarer Nähe ihres Baus zu jagen, und es gibt Hinweise darauf, dass diese Zurückhaltung sich auch auf Haus- und Nutztiere erstreckt. Anlässlich eines Vortrags in einer schwäbischen Kleinstadt erzählte mir ein Landwirt, dass sich einmal ein Fuchsbau in unmittelbarer

Nähe seines Hühnerstalls befunden habe. Über Jahre hinweg habe das gut funktioniert; nie habe der Fuchs auch nur versucht, in den Hühnerstall einzudringen. Eines Tages jedoch sei der Fuchs von einem befreundeten Jagdpächter erschossen worden. Danach dauerte es nur Tage, bis ein Fuchs – wohl der neue Revierinhaber, der einen anderen, weiter entfernten Bau bezogen hatte – in den Stall eindrang und mehrere Hühner tötete. Ein Einzelfall scheint das nicht zu sein: Die US-amerikanische Organisation »For Fox Sake Wildlife Rescue« empfiehlt Hühnerhaltern aufgrund solcher Beobachtungen, Füchse in der Nähe von Hühnerställen weder zu töten noch zu vertreiben.[6]

In besonderer Erinnerung ist mir auch die mutige Ratte Tui geblieben. Sie hatte sich ausgerechnet im Innenbereich des Fuchsgeheges einer süddeutschen Wildtierstation eingenistet und lebte dort monatelang mitten unter Füchsen. Auf den Überwachungskameras war sie bisweilen dabei zu beobachten, wie sie direkt an der Schnauze eines dösenden Fuchses vorbeihuschte. Die Füchse – in der Regel vom wohldosierten Futterangebot und den Mäusen, die sie im Außengehege selbst erbeuten konnten, ausreichend gesättigt – machten ihrerseits keine erkennbaren Anstalten, Tui zu fangen.

»Burgfrieden« mit der Ratte Tui.

Trotzdem muss man sich davor hüten, Beziehungen zwischen Beutegreifern und Beute zu romantisieren – fressen und gefressen werden ist ein zentrales Funktionsprinzip der Evolution, und Füchse sind nun mal keine Kuscheltiere, sondern Beutegreifer. Auch wenn vegetarische Kost im Sommer oft einen großen Teil ihrer Nahrung ausmacht, können sie dauerhaft nur durch (Beute-)Aggression überleben. Wer das vergisst, dem ergeht es unter Umständen wie jener jungen Frau, die den verwaist aufgefundenen Fuchswelpen Ludwig in die Obhut einer nordrhein-westfälischen Wildtierstation gegeben hatte. Ludwig sollte dort gepflegt und auf die Wiederauswilderung vorbereitet werden. Um sich zu vergewissern, dass es ihrem Findelkind gut ging, stattete sie der Station regelmäßig Besuche ab.

Wie der Zufall es wollte, brachte der örtliche Jagdpächter genau während eines solchen Besuchs ein überfahrenes Kaninchen in die Wildtierstation. Anders als viele seiner Waidgenossen stand er der Fuchsjagd kritisch gegenüber und unterstützte die Wildtierstation aktiv, indem er etwa verunglückte Kleintiere als Nahrung für Füchse, Marder und Greifvögel zur Verfügung stellte. Als der Leiter der Station das verunglückte Kaninchen in Ludwigs Gehege warf, veränderte sich das Verhalten des etwa zehn Wochen alten Fuchswelpen schlagartig: Aus dem verspielten Tierkind wurde innerhalb von Sekundenbruchteilen ein Raubtier, das sich auf seine Beute stürzte, sich mit aller Kraft darin verbiss und sofort damit begann, Fellstücke aus dem toten Körper herauszureißen. Die Gesichtsfarbe von Ludwigs Finderin veränderte sich beim Zusehen nahezu ebenso schnell wie der Gemütszustand des Jungfuchses.

Diese Form der Aggression ist für Füchse und andere Beutegreifer in freier Natur überlebensnotwendig. Sie ermöglicht es ihnen, ihre Beute schnell und zielsicher zu überwältigen und zu töten. Und auch wenn so etwas aus nächster Nähe (zumindest nach menschlichen Maßstäben) nicht immer appetitlich aussieht, können die meisten Zeitgenossen sich etwa am Anblick eines mausenden Fuchses trotzdem erfreuen.

Anders sieht das mitunter aus, wenn Nutztiere Ziel der füchsischen Beuteaggression sind. Gelingt es einem Fuchs, in einen dicht besetzten Hühnerstall einzudringen, tötet er meist nicht nur eines der Hühner, sondern mehrere, bisweilen sogar alle, obwohl er problemlos von einem einzigen Beutetier satt werden könnte. Solche »Massaker« werden immer wieder als Belege dafür herangezogen, wie aggressiv und grausam Füchse seien. Tatsächlich ist dieses sogenannte *Surplus Killing* jedoch schlichtweg eine Reaktion von Beutegreifern auf eine menschengemachte Extremsituation: In einem Hühnerstall sitzen Beutetiere dicht an dicht ohne jede Fluchtmöglichkeit. Dringt ein Fuchs oder Marder in den Stall ein, fliegt das Federvieh panisch und unter lautem Gekreische auf. Kaum hat der Beutegreifer ein Huhn getötet, fliegt ihm schon das nächste vor die Schnauze, sodass das instinktive Programm von Zuschnappen und Totschütteln wieder und wieder ausgelöst wird. Hinzu kommt womöglich, dass Füchse den lautstarken (und für sie gefährlichen) Tumult im Hühnerstall damit »abzuschalten« versuchen. In der Natur kommen solche Situationen so gut wie nicht vor.

Biologisch gesehen ergibt das Verhalten, mehr Beutetiere zu töten, als man unmittelbar verzehren kann, durchaus Sinn: Wie im Kapitel »Immer mit Köpfchen« beschrieben, verstecken Füchse überschüssiges Futter für später. Normalerweise würden sie die reiche Beute aus einem Hühnerstall also forttragen und vergraben.[7] Da ein überfallener Hühnerstall in der Regel jedoch ziemlich schnell aufgebrachte und mitunter bewaffnete Menschen auf den Plan ruft, muss sich der Fuchs oft mit der Beute begnügen, die er gleich beim ersten Verlassen des Stalls mitnehmen kann. Wer unvorsichtig ist, läuft Gefahr, bei der Rückkehr zum Tatort erschossen zu werden.

Wenn ein Fuchs versucht, einen Hühnerstall zu plündern, folgt er damit lediglich dem Antrieb, für sich und seine Familie mit möglichst geringem Aufwand möglichst viel lebensnotwendige Nahrung zu beschaffen. Dass es ihm überhaupt gelingt, in den Stall einzudringen, ist dagegen einzig und allein Schuld des Menschen. Wer Hühner halten möchte, ohne das Risiko einzugehen, dass diese eines Tages einem Beutegreifer zum Opfer fallen, muss sie entsprechend sicher unterbringen. Schließlich haben unsere eigenen Behausungen ja auch Türen, die wir für gewöhnlich abschließen, wenn wir unser Haus oder unsere Wohnung für längere Zeit verlassen.

Einen anderen Ansatz, um ortsansässige Füchse von seinen Hühnern fernzuhalten, wählte ein englischer Geflügelfarmer. Trotz Freilandhaltung seines Federviehs hatte er niemals Probleme mit Füchsen. Wann immer Hühner eines natürlichen Todes starben, legte er sie für die Füchse nach draußen; diese bedienten sich an dem Aas, ließen die lebenden Hühner jedoch stets in Ruhe. Da Füchse sich bei der Futterauswahl bevorzugt an die am leichtesten verfügbare Nahrungsquelle halten, funktionierte dieser Deal lange zum beiderseitigen Vorteil. Das Blatt drohte sich jedoch zu wenden, als eines Tages auf einen Schlag fünfundzwanzig Hühner gerissen wurden. Der Verdacht fiel sofort auf die Füchse – alte Vorurteile sind bekanntermaßen schwer zu tilgen. Zum Glück für Familie Reineke rief der Hühnerhalter jedoch nicht sofort die örtlichen Jäger, sondern untersuchte die Angelegenheit genauer – und stellte zu seiner Überraschung fest, dass die wahren Übeltäter seine eigenen Hunde gewesen waren.[8]

Wenn Füchse streiten

Betrachtet man, wie Füchse anderen Spezies begegnen, so wird schnell deutlich, dass sie keinesfalls jene aggressiven, grausamen und heimtückischen Räuber sind, als die sie manchmal dargestellt werden. Konfrontation und Kampf gehören nicht zu ihren Stärken; überbordende Aggressivität würde ihnen daher in der Auseinandersetzung mit anderen Tieren nur zum Nachteil gereichen. Aber findet diese Strategie von Deeskalation und Konfliktvermeidung auch im Umgang von Füchsen untereinander Anwendung?

Wer Fuchswelpen im Alter zwischen etwa drei und fünf Wochen beobachtet, wird zunächst versucht sein, diese Frage mit einem Nein zu beantworten. Der Graben zwischen geradezu zahnschmerzverursachender Niedlichkeit auf der einen und kampflustiger Aggressivität auf der anderen Seite ist tief und die Grenze zwischen reinem Spiel und Rangordnungskampf fließend. Es wird wild gekratzt, gebissen, gezerrt und angesprungen. Blessuren sind dabei an der Tagesordnung. Die Eltern schauen dem Treiben oft sehr lange zu, bevor sie – wenn überhaupt – einschreiten.

Diese Auseinandersetzungen dienen dem konkreten Ziel, frühzeitig eine Dominanzhierarchie unter den Welpen zu etablieren.[9, 10] Ist eine solche Rangordnung einmal ausgefochten, hat sie den Vorteil, dass sie spätere Kämpfe unter den zunehmend wehrhaften Jungfüchsen überflüssig macht. Es ist von nun an geklärt, wer den ersten Happen des erbeuteten Kaninchens bekommt, das Papa Fuchs mit zum Bau gebracht hat, und wer das missachtet, wird mit einer kurzen Drohung oder einem Scheinangriff wieder daran erinnert. Zudem dient die Rangordnung dem Arterhalt, weil sie in Krisenzeiten – wie etwa bei knappem Nahrungsangebot – dafür sorgt, dass zumindest einige Welpen aus dem Wurf überleben.

Die Stellung eines Welpen in der Hierarchie hängt dabei keineswegs nur von seiner Größe oder körperlichen Stärke ab, sondern vor allem von seinem Charakter. David Macdonald erzählt beispielsweise von einer Gruppe von fünf handaufgezogenen Welpen, in der Auseinandersetzungen – vor allem um Nahrung – an der Tagesordnung waren. Einer dieser Welpen, eine Füchsin namens Big Ears, war groß und kräftig, aber tolerant und ausgeglichen. Sie teilte sich den Spitzenplatz in der Hierarchie zunächst mit ihrer deutlich zierlicheren Schwester Whitepaws, die charakterlich ihr genaues Gegenteil war. Für Whitepaws schien

Verlieren unerträglich zu sein, und sie führte jeden Angriff mit rasender Wildheit. Gelang es einem anderen Welpen, das Futter zu ergattern, griff Whitepaws ihn immer wieder an, bis sie ihm das Objekt ihrer Begierde abgenommen hatte. »Die unterschiedlichen Persönlichkeiten zeigten sich auch beim Spielen«, schreibt Macdonald. »Nur einmal bei 116 Spielangriffen, die Big Ears vom Zaun brach, gelang es ihr nicht, sich unter hemdsärmeligem Geschiebe und Geschubse bis zum spielerischen Sieg durchzuraufen. Whitepaws dagegen schien Spielen viel zu ernst zu nehmen. Fast die Hälfte der spielerischen Attacken ihrerseits scheiterten, weil sie nicht verspielt genug war. Sogar hier verlor Whitepaws entweder ihre Nerven, oder ihre Stimmung schlug um, mit dem Ergebnis, dass ihr bald der Makel des Spielverderbers anhaftete.«[11] Auch wenn übertriebener Ehrgeiz und Aggressivität also unter Umständen dabei helfen, einen höheren Platz in der Hierarchie zu erstreiten, machen sie einen Fuchs unter Seinesgleichen nicht gerade beliebter.

Würden erwachsene Füchse bei Kämpfen mit derselben Wildheit zur Sache gehen wie ein vier Wochen alter Welpe, wären böse Verletzungen vorprogrammiert. Glücklicherweise ist das in aller Regel jedoch nicht der Fall. Vielmehr werden die meisten Dispute zwischen adulten Tieren sogar ganz ohne jeden Körperkontakt ausgetragen: Wie wir in dem Kapitel über füchsische Kommunikation gesehen haben, steht Füchsen ein großes Arsenal an Ausdrucksmöglichkeiten zur Verfügung, um Meinungsverschiedenheiten kampflos beizulegen. Oft genügt schon ein Ruf oder eine Markierung, um Ansprüche deutlich zu machen, und in vielen Fällen akzeptiert der Empfänger diese Botschaft ohne weitere Diskussion. Hat man bereits Sichtkontakt zueinander, sendet zudem die Körpersprache deutliche Signale. Dadurch können zwei Füchse einander taxieren und körperliche Auseinandersetzungen vermeiden.

Wo Warnungen nicht genügen, kommt es oft zu einem lautstarken, aber unblutigen Kräftemessen. Dabei rempeln die Tiere sich gegenseitig heftig mit den Flanken an. Die Köpfe voneinander abgewandt, versuchen die Kontrahenten, einander durch seitwärts oder rückwärts gerichtete Schubser mit dem Hinterteil wegzustoßen. Meistens keckern sie dabei aufgeregt, ihre Schwänze peitschen hin und her, und ihre Körper sind zu einem Buckel gekrümmt. Die gefährlichen Zähne kommen dagegen nicht zum Einsatz.

Gibt keiner der Rivalen klein bei, nehmen die Auseinandersetzungen manchmal die Form von Ritualkämpfen an, die in Anspielung an den bekannten Paartanz gelegentlich scherzhaft als »Foxtrott« bezeichnet werden. Die Kontrahenten drücken sich dabei, auf den Hinterläufen stehend, aneinander hoch. Mit weit aufgerissenem Maul und zurückgeworfenem Kopf, die Vorderpfoten in die Schultern des Gegners gestemmt, versuchen sie, den anderen Fuchs wegzustoßen. Wer so stark zurückgedrängt wird, dass er das Gleichgewicht verliert, muss rückwärts oder zur Seite springen, um nicht unter seinem Kontrahenten zu landen. Den so entstandenen Nachteil des Unterlegenen nutzt der Gewinner dann meistens aus, um ihn zu verjagen. Die ganze Auseinandersetzung erinnert, vielleicht einmal von den Lautäußerungen der

Beteiligten abgesehen, stark an einen olympischen Ringkampf. Hier wie dort gibt es klare Regeln zur Minimierung des Verletzungsrisikos. Wo beim Ringen Faustschläge verboten sind, ist die wichtigste Regel beim »Foxtrott«, dass nicht gebissen wird. Die weit aufgerissenen Mäuler dokumentieren tatsächlich die Beißhemmung der Kontrahenten.

Beißhemmung: Konflikte zwischen Füchsen sehen oft dramatischer aus, als sie sind.

Wie heftig eine Auseinandersetzung zwischen Füchsen ausgetragen wird, hängt nicht zuletzt davon ab, ob und wie gut man einander bereits bekannt ist. So sind Rüden beispielsweise gegenüber ihrem Artgenossen im benachbarten Revier, dessen Markierungen sie gut kennen, weitaus toleranter als gegenüber einem wildfremden Rivalen.[12] Allerdings können besondere territoriale Konstellationen dafür sorgen, dass Grenzverletzungen quasi vorprogrammiert sind. Wie gehen Füchse etwa damit um, wenn benachbarte Familien im Dauerclinch um lebensnotwendige Ressourcen leben?

Auf eine derartige Konstellation stieß David Macdonald bei seinen Beobachtungen von Rotfüchsen in der Judäischen Wüste. Füchse werden in Israel nicht bejagt und sind daher weniger scheu als in Europa. Zudem trägt das Jagdverbot dazu bei, dass die Familienverbände stabil und die Reviergrenzen vergleichsweise beständig sind (mehr dazu im Kapitel über den Fuchs als Sündenbock). All das macht diese Region zu einem idealen Ort, um das Sozialverhalten von Füchsen zu studieren.

Macdonalds Beobachtungen konzentrierten sich vor allem auf zwei Fuchsgruppen, die er – entsprechend der Richtung, in der ihre Territorien lagen – nach der Oase Ein Gedi beziehungsweise der Herodes-Festung Masada benannte. Die Masada-Gruppe bestand aus vier, die Ein-Gedi-Gruppe aus sechs erwachsenen Tieren, darunter ungewöhnlicherweise zwei Rüden. Was die Interaktionen zwischen den Fuchsgruppen besonders spannend machte, war die Tatsache, dass ein von Wildhütern regelmäßig bestückter Futterplatz gerade einmal zwanzig Meter von der Reviergrenze entfernt auf dem Territorium der Ein-Gedi-Füchse lag. Da er die mit großem Abstand ergiebigste Nahrungsquelle für die Tiere beider Gruppen darstellte, waren die Masada-Füchse praktisch zu Grenzverletzungen gezwungen. Während eines einzigen Winters konnte Macdonald so neunundvierzig Grenzstreitigkeiten dokumentieren – mehr, als er zuvor über viele Jahre hinweg in Großbritannien beobachtet hatte.

Dem dominanten Weibchen der Ein-Gedi-Gruppe ging es vor allem darum, die Reviergrenzen zu verteidigen. Die anderen Gruppenmitglieder konzentrierten sich indes darauf, Diebstahl durch die Masada-Füchse am Futterplatz zu verhindern. Dabei wurden viele Meinungsverschiedenheiten als Starrwettbewerbe ausgetragen, aber es kam durchaus auch zu handfesten Auseinandersetzungen – und zwar am ehesten dann, wenn gleichgeschlechtliche Tiere einander bei Grenzübertritten oder Futterdiebstählen erwischten. Vor allem galt das, wenn die beiden Matriarchinnen der Gruppen aufeinandertrafen. Obwohl bei diesen Kämpfen bisweilen regelrecht die Fetzen flogen, trug keine der Kontrahentinnen gefährliche Verletzungen davon.

Auffällig war die Ambivalenz, wenn ein Rüde auf eine Füchsin aus der rivalisierenden Gruppe traf. Manchmal verhielten die Tiere sich in solchen Situationen sehr tolerant, und selbst wenn es zu Auseinandersetzungen kam, wurden diese von beiden Seiten verhalten und stark ritualisiert geführt. Allzu ungezügelte Aggression ist bei Füchsen gerade auch zwischen den Geschlechtern ein Tabu.[13]

So minimiert die Kombination aus Konfliktvermeidung, effektiver Kommunikation und Ritualkämpfen das Verletzungsrisiko bei Auseinandersetzungen. Und tatsächlich enden Konflikte zwischen Füchsen seltener mit schweren Verletzungen oder gar dem Tod eines der Kontrahenten als bei anderen Hundeartigen.[14, 15]

Wer Hunde kennt und Füchse eine Weile beobachtet, dem fällt wahrscheinlich noch etwas anderes auf: Im Gegensatz zu Hunden oder Wölfen fletschen Füchse nämlich niemals die Zähne. Ein Fuchs, der einen Artgenossen einschüchtern will, macht sich groß, indem er den Rücken zu einem Buckel krümmt, die Beine durchdrückt und den Schwanz ausstreckt. Auf große Distanz sind diese Signale viel einfacher auszumachen als das Entblößen der Fänge. Wenn Füchse auf Fotos vermeintlich drohend die Zähne fletschen, handelt es sich meist um Schnappschüsse, die einen kauenden Fuchs oder womöglich die Anfangs- oder Endphase eines herzhaften Gähnens zeigen. Trotzdem gibt es zahllose Darstellungen von aggressiv zähnefletschenden Füchsen in der bildenden Kunst, und auch Tierpräparatoren lassen ausgestopfte Füchse auffällig oft die Zähne zeigen. Der wütende Fuchs, den ich zu Anfang dieses Kapitels erwähnt habe, ist da nur ein Beispiel unter vielen.

Vielleicht liegt das einfach an der mangelnden Beschäftigung der betreffenden Tiermaler oder Präparatoren mit dem Fuchs.

Womöglich haben sie Verhaltensweisen, die sie bei Haushunden beobachtet haben, kurzerhand auf Füchse übertragen. Vielleicht sind die zähnefletschenden Füchse aber auch dem Wunsch des Präparators oder seines Auftraggebers geschuldet, ein möglichst aggressives, wehrhaftes »Raub«tier darzustellen, das der Jäger in mutigem Zweikampf erlegt hat (auch wenn das bei einem Sechs-Kilo-Beutegreifer, der einem Menschen mit Schusswaffe und Zielfernrohr gegenübersteht, ziemlich albern wäre). Denkbar ist auch, dass sie das Klischee vom Fuchs als aggressivem Schädling gezielt bemühen, um etwaige Sympathie oder Mitleid mit dem präparierten Tier bereits im Keim zu ersticken – ein Thema, auf das wir später noch eingehender zu sprechen kommen werden.

Friedfertigkeit gewinnt

Trotz all der Gemeinheiten, die Menschen ihnen antun – und die bekanntlich weit über fahrlässige oder vorsätzliche Rufschädigung durch Tierpräparatoren hinausgehen –, zeigen Füchse sich auch uns gegenüber äußerst friedfertig. Wer schon direkten Kontakt mit Füchsen hatte, weiß, dass sie nur dann zubeißen, wenn sie ihr Leben in akuter Gefahr wähnen und keine Möglichkeit zur Flucht mehr besteht. »Für Füchse ist Beißen immer die allerletzte Option«, sagt Ilka Pissin, die eine Wildtierstation im Rhein-Main-Gebiet betreibt. »Wenn ich einen Marder, einen Iltis oder auch einen Greifvogel aus seinem Gehege oder seiner Voliere holen muss, ist die Gefahr groß, dass ich direkt angegriffen werde. Bei Füchsen ist das anders: Sie vermeiden die Konfrontation solange es geht, versuchen auszuweichen, verstecken sich oder drücken sich in eine Ecke ihres Geheges. Nur wenn sie überhaupt keine andere Option mehr sehen, schnappen sie zu.«

Was mich schon bei meinen ersten persönlichen Interaktionen mit Füchsen faszinierte, ist, wie gut es ihnen gelingt, den

Zugriff ihrer Kiefer zu dosieren. Die Fangzähne sind gerade bei jungen Tieren ziemlich spitz, und es genügt schon leichter Druck, um sie die Haut an Händen oder Unterarmen durchdringen zu lassen. Selbst beim Spiel mit übermütigen Jungfüchsen habe ich aber nie mehr als einen leichten Kratzer davongetragen. Der Zugriff ihrer Kiefer war forschend, verspielt, manchmal nachdrücklich, aber immer kontrolliert. Als ich einmal eine Füchsin aus der Hand fütterte und ihre Zähne dabei versehentlich meine Finger mit erwischten, dauerte es nur Sekundenbruchteile, bis sie ihren Fehler bemerkte und der Druck ihrer Kiefer sich lockerte. Sie hatte bereits reagiert, bevor ich überhaupt begriffen hatte, was geschehen war. Da die Fänge eines Fuchses im Ernstfall durchaus Schaden anrichten können – schließlich dienen sie dazu, Beutetiere festzuhalten und zu töten –, ist dieses hohe Niveau an Kontrolle wichtig, um Verletzungen zu vermeiden.

Letzten Endes birgt jede aggressive Auseinandersetzung Risiken, und ein Fuchs, der etwa durch offene Wunden geschwächt ist, tut sich schwerer damit, Beute zu machen, kann an Infektionen sterben und wird eher krank. Wer vermeidbaren Auseinandersetzungen dagegen aus dem Weg geht und bei den unvermeidbaren bemüht ist, das Risiko von Verletzungen zu minimieren, erhöht langfristig seine Überlebenschancen. Insofern hat eben meist nicht der aggressivste oder dominanteste Fuchs die besten Aussichten auf ein langes und glückliches Leben, sondern derjenige, der seine Grenzen am besten einzuschätzen vermag und gerade deshalb gefährliche Konflikte vermeidet.

Nicht nur im übertragenen Sinne gilt das übrigens ganz genauso für uns Menschen. Auch wenn körperliche Auseinandersetzungen für uns zivilisationsbedingt eher selten geworden sind, ist Aggression natürlich auch in unserem Alltag eine gängige Erfahrung. Ob Frust über eine ausgebliebene Beförderung, Ärger über die vermeintliche oder tatsächliche Inkompetenz anderer Verkehrsteilnehmer oder Enttäuschung über das nicht eingehaltene

Versprechen eines Freundes: All das kann emotionale Aggression auslösen. Entscheidend ist jedoch, wie viel Raum wir ihr geben. Tatsächlich ist Aggressivität nämlich alles andere als gesund. Bei einer fünfundzwanzigjährigen Langzeitstudie zeigte sich, dass in der Gruppe der aggressivsten Teilnehmer fünfmal mehr Herzinfarkte auftraten als in einer Vergleichsgruppe mit ausgeglichenen Personen.[16] Aggressive Menschen mit Hang zu Wutausbrüchen haben ein höheres Risiko für koronare Herzkrankheiten, Hirninfarkte und Aneurysmen.[17]

Abgesehen davon kommt Aggression in unserem sozialen Umfeld nur selten gut an: Ähnlich wie David Macdonalds Füchsin Whitepaws werden auch übermäßig aggressive Menschen schnell als Spielverderber und Partysprenger gemieden. Sie sind rasch gereizt, bei sportlichen Auseinandersetzungen schlechte Verlierer, müssen bei Erzählungen immer noch einen draufsetzen und bei Diskussionen stets das letzte Wort haben.

In den letzten Jahren und Jahrzehnten hat sich die Rolle von Aggressivität und Wettbewerbsdenken zudem gerade im Berufsleben stark gewandelt. Wo sie in traditionellen, streng hierarchisch organisierten Betrieben einmal Voraussetzungen für den beruflichen Aufstieg waren, werden sie in der modernen Arbeitswelt immer mehr zur Karrierebremse. Es gewinnt stattdessen, wer Kreativität und Eigenverantwortung fördert und auf Kooperation und Teamgeist setzt. An die Stelle robusten Ellbogeneinsatzes treten Transparenz und gegenseitige Unterstützung. Man baut auf den Ideen anderer auf und geht offen mit der eigenen Verletzlichkeit um. Nur wer sich mit all seinen Schwächen und Besonderheiten sicher und akzeptiert fühlt, hat den Kopf frei, um sein Bestes zu geben, und fühlt sich ermutigt, an sich zu arbeiten und sich weiterzuentwickeln.

Aggressive »Alphamännchen« als Manager stehen Innovationsgeist und Kreativität dagegen im Weg, statt sie zu fördern. Sie produzieren eine streng hierarchische Umgebung, in der die Lautesten und Dominantesten gewinnen, während brillante Ideen von scheuen, eher introvertierten Menschen unter den Tisch fallen. Boni und Beförderungen werden in diesem Umfeld nicht nach dem Beitrag zum Teamerfolg vergeben, sondern hängen davon ab, wie sehr man dem Chef nach dem Mund redet. Zudem werden solche Teams und Unternehmen immer homogener, weil herausgemobbt wird, wer unbequem ist oder aneckt. Wer ein wirklich leistungsfähiges, kreatives, hoch motiviertes Team aufbauen will, muss dagegen unkonventionellen Ideen Raum geben, Diversität fördern, ein Umfeld schaffen, in dem Menschen sich wohlfühlen und wachsen wollen. Zuzugeben, wenn man einmal falsch gelegen hat, ist dabei ein Zeichen von Stärke und nicht von Schwäche. Natürlich gibt es in solchen Teams Auseinandersetzungen, und man ist nicht selten unterschiedlicher Meinung. Oft dauert es länger, sich auf eine Lösung zu verständigen, als das in einer homogeneren Gruppe der Fall wäre. Aber genau das macht das Team stärker: Jeder traut sich, seine Position offen zu vertreten. Durch die Diversität des Teams werden viele unterschiedliche Aspekte eines Problems beleuchtet. Ungewöhnliche Ideen werden nicht naserümpfend abgetan, sondern aufgegriffen und weiterentwickelt. Teamgeist und der Wille, das maximal Mögliche herauszuholen, destillieren aus den vielfältigen Beiträgen so eine optimale Lösung. Die besten, leistungsfähigsten, genialsten Teams, in und mit denen ich in meiner Karriere als Softwareentwickler, Berater, Unternehmer und Manager gearbeitet habe, hatten diese Werte komplett verinnerlicht und lebten sie jeden Tag.

Streitkultur ist ein zentrales Element dieser Teams. Mehr noch: Sie ist zentrales Funktionsprinzip der Demokratie. So wie Füchse mit ihrer arteigenen Streitkultur Differenzen beilegen, ohne dass die Beteiligten dabei zu Schaden kommen, lebt die Demokratie davon, dass wir uns nicht gegenseitig die Köpfe einschlagen, wenn wir unterschiedlicher Meinung sind, sondern dass wir – kraft unserer Intelligenz – gegensätzliche Standpunkte diskutieren. Im

Streit schaffen wir Ausgleich, der Wettbewerb von Positionen und Argumenten dient dazu, neue Lösungsansätze, aber auch mehrheitsfähige Kompromisse zu finden.

Streit hat also eine wichtige Funktion; er muss jedoch auf konstruktive Weise ausgetragen werden. Er darf sich nicht in dem Niederschreien des Gegners oder dem gebetsmühlenartigen Wiederholen des eigenen Standpunkts erschöpfen, sondern muss Argumente liefern, unterschiedliche Perspektiven einnehmen, die verschiedenen Facetten eines Problems beleuchten. Gerade die sozialen Medien mit ihren Filterblasen und auf knackige Rhetorik getrimmten Mechanismen von »Likes«, Kurzbeiträgen und schlagkräftigen Bildern werden diesem Anspruch nicht gerecht. Dort geht es nicht um Weiterentwicklung, Konsensfindung oder Ausgleich, sondern darum, mit der öffentlichkeitswirksamen Herabwürdigung des Gegenübers möglichst viel Beifall von der eigenen Seite zu bekommen. Zugleich soll dem vermeintlichen Feind möglichst großer Schaden zugefügt werden. Das führt zu einer immer stärkeren Polarisierung der Gesellschaft und zu immer aggressiveren Kampagnen, die die Gegenseite systematisch zu entmenschlichen versuchen. Diese Form öffentlicher Auseinandersetzungen ist am Ende nichts anderes als die Abwesenheit von Streitkultur. Sie spaltet, baut Mauern auf und fördert das Gegeneinander, nicht das Miteinander.

In der Kunst des altperuanischen Volks der Moche finden sich zahlreiche Darstellungen von Andenfüchsen. Die Moche sahen im Fuchs einen Krieger, der mit der Macht seines Verstandes kämpft, aber niemals körperliche Gewalt einsetzt.[18, 19] In einer Welt, in der das Säbelrasseln immer lauter wird, Menschen wieder bereit sind, mit Gewalt gegen Andersdenkende vorzugehen, und in der populistische Schreihälse Wissenschaft und faktenbasierten Diskurs zu verdrängen drohen, sollten wir uns das umso mehr zum Vorbild nehmen.

Licht und Schatten

Wie Füchse mit den dunklen Seiten des Lebens umgehen

(Daniel Peller)

»Bedenke stets, dass alles vergänglich ist; dann wirst du im Glück nicht zu fröhlich und im Leid nicht zu traurig sein.«

Sokrates

»Länger als sechs Wochen lebt der nicht.« So lautete die niederschmetternde Prognose, die ein Arzt meinen Eltern kurz nach meiner Geburt mitteilte. Nur wenige Jahre zuvor war ihr erster Sohn bereits im Säuglingsalter gestorben, und genau wie er litt auch ich an der unheilbaren Stoffwechselerkrankung Mukoviszidose. Der Name der Erkrankung bedeutet so viel wie »zäher Schleim«, was das Krankheitsbild treffend beschreibt: Bei Mukoviszidose-Patienten sind verschiedene Körpersekrete zähflüssiger als bei gesunden Menschen. Das führt zu einer fortschreitenden Schädigung innerer Organe bis hin zu deren Zerstörung. Besonders betroffen sind meist Verdauungssystem, Leber, Nieren und Lunge.

Während ich diese Zeilen schreibe, liegt die Aussage des Arztes fast vier Jahrzehnte zurück. Glücklicherweise hat er sich damals geirrt, denn nach anfänglichen Komplikationen konnte ich dank eines guten Ärzteteams, medizinischer Fortschritte, der Hilfe meiner Familie und viel Disziplin etwa fünfundzwanzig Jahre lang ein halbwegs normales Leben führen. Stets optimistisch, steckte ich mir immer ehrgeizigere Ziele, absolvierte erfolgreich ein Studium und ging nebenbei unzähligen Hobbys nach.

Doch die Freude über meine Erfolge war stets überlagert von dem Bewusstsein, dass sich mein Gesundheitszustand zunehmend verschlechtern würde. Nach nur einem Jahr im Berufsleben war ich schließlich arbeitsunfähig. In den zwei darauffolgenden Jahren zwangen mich wiederkehrende Lungenentzündungen zu immer längeren Krankenhausaufenthalten, bis meine Lunge so weit zerstört war, dass nur noch eine Transplantation mein Leben retten konnte. Einst sportlich und sehr aktiv, quälte mich nun zunehmende Atemnot. Ich war auf zusätzlichen Sauerstoff angewiesen, konnte nur noch langsam gehen, und selbst wenige Treppenstufen wurden für mich zu einem ernsthaften Hindernis. Als endlich der Anruf kam, dass man ein passendes Spenderorgan für mich gefunden hatte, war ich – abgesehen von meiner Lunge – körperlich noch in gutem Zustand und voller Hoffnung, dass es mir bald wieder besser gehen würde. Ich kann mich noch gut daran erinnern, wie befreiend der erste bewusste Atemzug nach der OP für mich war.

Doch schon wenige Wochen später kam es zu Komplikationen. An der Nahtstelle zwischen dem Spenderorgan und meiner Luftröhre hatte sich eine Wucherung gebildet, die den Atemfluss behinderte und einen Teil der Lunge zu verschließen drohte. Die Therapie bestand darin, das störende Gewebe abzutragen. Doch die Wucherung kam zurück, wieder und wieder. Über fast zwei Jahre hinweg versuchten die Ärzte, dem Problem Herr zu werden. Die extrem unangenehmen Eingriffe, die ich zum Teil mehrmals pro Woche über mich ergehen lassen musste, verschafften mir nur kurzzeitig ein wenig Erleichterung. Es war, als müsste ich durch ein Nadelöhr atmen. Ich versuchte tapfer zu sein, aber das fiel mir – wie das Luftholen – zunehmend schwerer. Schließlich stellten die Ärzte fest, dass mein Körper begonnen hatte, das Spenderorgan abzustoßen. Als klar wurde, dass dieser Prozess nicht mehr aufzuhalten war, wurde ich erneut auf die Warteliste für eine Spenderlunge gesetzt.

Mein Zustand verschlechterte sich drastisch. Alles, was ich bis dahin in meiner langjährigen Krankheitsgeschichte durchgemacht hatte, verblasste gegenüber dem Leid, das ich nun erlebte. Meine einzige Chance bestand darin, irgendwie durchzuhalten, bis erneut ein passendes Spenderorgan für mich bereitstand. Um die Wartezeit zu überleben und bestmögliche Voraussetzungen für die nächste schwere OP zu schaffen, musste ich mich dazu zwingen, trotz aller Beschwerden und großer Atemnot weiter Sport zu treiben. Das Fahrradergometer wurde zur Foltermaschine, auf die ich mich täglich begeben musste, um buchstäblich um mein Leben zu fahren.

Eines Tages kam mir beim Training spontan ein Fuchs in den Sinn, den ich kurz zuvor in einer Dokumentation gesehen hatte. Während einer Parforcejagd unerbittlich von der Hundemeute gehetzt, schien er am Ende seiner Kräfte. Spürte er wie ich das Brennen der Muskeln, das Herzrasen und die Atemnot? War ihm bewusst, was geschehen würde, wenn er der Erschöpfung nachgab?

Von einem solchen Gedankenspiel ist es nicht mehr weit bis zu der Frage, was Füchse im Angesicht von Gefahr, Krankheit, Verlust oder Tod empfinden und wie sie damit umgehen. Im Kapitel über Kommunikation habe ich ganz selbstverständlich beschrieben, wie Füchse vielfältige Emotionen äußern. Es ist jedoch noch gar nicht so lange her, dass Menschen die Empfindungsfähigkeit von Tieren grundsätzlich leugneten. Ein besonders prominenter Vertreter dieser Ansicht war etwa der französische Philosoph und Naturwissenschaftler René Descartes, der Tiere im 17. Jahrhundert als gefühllose, trieb- und instinktgesteuerte »Automaten« beschrieb und dessen Ansichten lange Zeit Bestand hatten.

Neuere wissenschaftliche Erkenntnisse haben diese Ansicht mittlerweile allerdings widerlegt. Unter anderem hat man Methoden entwickelt, mit denen sich die physische Manifestation von Emotionen – etwa in Form von Hirnströmen oder chemischen Botenstoffen – messen lässt. Zu den Ergebnissen dieser Forschung hält der Verhaltensbiologe Norbert Sachser fest: »Säugetiere sind keine Automaten, die reflexartig auf Außenreize reagieren. Sie sind auch keine Spielbälle ihrer Instinkte, die starr auf Schlüsselreize antworten. […] Insgesamt bleibt aber die Erkenntnis, dass die nichtmenschlichen Säugetiere ebenso wie wir Menschen empfindungsfähige Lebewesen mit prinzipiell vergleichbaren Emotionen sind.«[1]

Im Angesicht der Gefahr

Wie alle Wildtiere sind Füchse mit einer ganzen Reihe von Bedrohungen konfrontiert. Neben dem ohnehin harten Leben in freier Natur, dem Konkurrenzkampf um Lebensraum und Nahrung, sind sie natürlichen Feinden, Krankheiten sowie dem Risiko von Verletzungen ausgesetzt. Zusätzlich zu diesen natürlichen Gefahren droht menschengemachtes Leid: Straßenverkehr und Umweltgifte können Füchse nicht nur das Leben kosten, sondern sie auch schwer verletzt oder krank zurücklassen. Viele (Stadt-)Füchse werden in Verkehrsunfälle verwickelt, erleiden dabei Knochenbrüche[2] und müssen – wenn sie nicht an den Verletzungen sterben – ihr ohnehin kurzes Leben fortan mit einer Behinderung bestreiten.

An der Spitze der Todesursachen steht für Füchse hierzulande jedoch die Jagd. Die offizielle Jagdstrecke umfasst in Deutschland rund eine halbe Million Füchse jährlich.[3] Das ist statistisch gesehen etwa ein toter Fuchs pro Minute! Dabei kommt der Tod durch Jägerhand meist keineswegs »sofort und schmerzlos«: Häufig werden Füchse nur angeschossen.[4] Selbst wenn das Tier nachgesucht wird, können qualvolle Stunden vergehen, bis es schließlich erlöst wird. Geschieht dies nicht, kann ein tagelanger Todeskampf folgen, oder das Tier überlebt mit bleibenden Behinderungen. Alle diese Faktoren tragen dazu bei, dass Füchse in Deutschland nicht nur eine sehr geringe Lebenserwartung haben, sondern auch zu Lebzeiten oft Leid erfahren.

Wenn sich Füchse einer Gefahr bewusst sind, passen sie ihr Verhalten an, um zu verhindern, dass aus dieser Gefahr eine leidvolle Erfahrung wird. Das haben wir bereits bei den Landfüchsen gesehen, deren große Scheu und weitgehend nachtaktiver Lebensstil eine Reaktion auf die Gefahrenquelle Mensch ist. Aber nicht nur solche langfristigen Anpassungen, sondern auch individuelle Erlebnisse beeinflussen, wie Füchse mit Bedrohungen umgehen.

In einem seiner Experimente führte David Macdonald eine zahme Füchsin regelmäßig an einer Leine durch ihr Revier. Vor dem Rundgang verteilte er Beute auf dem Weg. Die Füchsin fand diese, fraß, so viel sie gerade wollte, und vergrub den Rest nach Fuchsmanier für später. Doch der Überfluss an bereitgelegter Nahrung machte sie nachlässig. Sie ließ tote Mäuse achtlos liegen und gab sich beim Vergraben nur noch wenig Mühe. Offenbar verließ sie sich darauf, beim nächsten Spaziergang wieder reichlich Futter zu finden. Eines Tages legte Macdonald jedoch vor dem Spaziergang keine Beute auf dem Weg bereit. Die zuletzt halbherzig angelegten Futterverstecke, die sie nun eilig aufsuchte, waren von Elstern geplündert worden. So fand die Füchsin an diesem Tag nichts zu fressen und musste hungern. Als Macdonald ihr erst beim Spaziergang am nächsten Tag wieder wie gewohnt Beute bereitlegte, hatte sie dazugelernt. Nun gab sie sich größte Mühe, die überschüssige Beute sorgfältig zu vergraben und die Verstecke zu tarnen.[5] Für die Reaktion in diesem

Beispiel muss die Füchsin den Hunger verspürt haben. Sie muss begriffen haben, dass ihr eigenes Verhalten sie in diese Situation gebracht hatte und welche Konsequenzen sie daraus ziehen musste. Bereits das vergleichsweise geringe Leid eines knurrenden Magens hat sofort zu einer deutlichen Verhaltensänderung geführt.

Natürlich kann man nicht allen Risiken im Leben durch Vorsorge und gute Planung aus dem Weg gehen, und so ist selbst der vorsichtigste und intelligenteste Fuchs nicht vor Verletzungen sicher. Die häufigsten Verletzungen bei Füchsen betreffen nach meiner Erfahrung ihre Beine oder Pfoten, wobei das Spektrum von einer harmlosen Verstauchung bis hin zur Amputation reicht. Bemerkenswert ist, wie Füchse mit einer vorübergehenden oder auch dauerhaften Behinderung umgehen: Während das verletzte Bein notgedrungen geschont wird, muss das Leben so normal wie möglich weitergehen. Aufgrund ihres geringen Körpergewichts können Füchse bei Verlust eines Hinterbeins oft noch gut rennen oder sogar kleine Sprünge bewältigen. Verletzungen an einem Vorderbein schränken sie hingegen beim Graben und der Mäusejagd erheblich ein: Sie sind nicht mehr in der Lage, ihre Sprünge ausreichend abzufangen und die Beute sicher zu fixieren.

Doch selbst dann geben Füchse sich nicht auf, sondern umgehen ihr Handicap, indem sie auf andere Nahrungsquellen zurückgreifen. Haben Füchse die Schmerzen einmal überwunden und sich mit den praktischen Einschränkungen arrangiert, gibt es laut Rebecca McCloskey, Pflegerin im Denver Zoo, keine Hinweise darauf, dass sie unter dem Verlust eines Beins emotional ähnlich leiden würden wie mancher Mensch: »As far as we can tell, they don't miss it at all.«[6]

Auch andere Behinderungen scheinen Füchse wenig zu beeindrucken, wie das Beispiel des blinden Fuchses im Kapitel zur Kommunikation gezeigt hat. Füchse gehen also sehr pragmatisch mit Einschränkungen um. Wo ein Wille ist, ist für einen Fuchs meist auch ein Weg.

Erstaunlicherweise führt dieser Weg manchen Fuchs in seiner Not direkt zu uns Menschen – und das trotz seiner durchaus berechtigten Angst und Scheu vor uns. Es wäre falsch, zu behaupten, dass Füchse sich unnatürlich verhalten oder gar krank sein müssen, wenn sie sich in Menschennähe wagen. Andererseits ist es aber durchaus so, dass hilfsbedürftige, verletzte oder kranke Füchse die Nähe zum Menschen bisweilen suchen. Wagen sie sich in Menschennähe, um dort zum Beispiel von leicht verfügbarer Nahrung zu profitieren? Oder hoffen sie gar darauf, dass ihnen aktiv geholfen wird? Während die erste Option sicherlich in vielen Fällen eine plausible Erklärung ist, halte ich es nicht für völlig abwegig, dass manche Füchse bei Menschen tatsächlich Hilfe suchen. So gehen schon wenige Wochen alte verwaiste Fuchswelpen in ihrer Not jammernd auf Menschen zu und suchen Anschluss. Mir wurde auch schon von erwachsenen Füchsen berichtet, die sich halb tot in einen Garten oder ein Gartenhaus schleppten, wo sie davon ausgehen mussten, von Menschen gefunden zu werden. In einigen dieser Fälle wurden die Füchse dann tatsächlich auch von freundlichen Menschen versorgt, bis die Krankheit überstanden oder die Verletzung abgeheilt war.

Beobachtungen aus der Wildtierhilfe deuten darauf hin, dass Füchse bisweilen verstehen, wenn ihnen geholfen wird: Ilka Pissin berichtete mir von einem erwachsenen wilden Fuchsrüden, den sie zur Behandlung seiner Räudeerkrankung in ihrer Wildtierstation aufgenommen hatte. Da es sich bei der von Milben verursachten Räude um eine schwere, ansteckende Hautkrankheit handelt, war er allein in einem großen Gehege untergebracht. Er zeigte sich sehr freundlich und ließ schon am zweiten oder dritten Tag zu, dass seine verkrustete Haut gewaschen und eingecremt wurde. In der zweiten Woche der Behandlung hatte er so viel Vertrauen gefasst, dass er die Pfleger sogar zum Spielen aufforderte. In der dritten Woche freute er sich sichtlich, wenn Ilka zu seinem Gehege kam, und zeigte das, indem er sich auf den Rücken warf und nach Fuchsmanier winselte. Offenbar hatte er verstanden, dass er Hilfe bekam.

Dass es beim Wohlergehen von Füchsen nicht nur um körperliche, sondern auch um mentale Aspekte gehen kann, zeigt die berührende Geschichte des Fuchses Sweetie Scarface.[7] Mike Towler hatte für die britische Fuchsschutzorganisation »The Fox Project« bereits einige Füchse gepflegt. Als er Sweetie aufnahm, war der Körper des Fuchses mit blutenden Wunden übersät. Sein Fell war an einigen Stellen ausgerissen, sein Unterkiefer gebrochen und eine Pfote verletzt. Zusätzlich litt er an Toxoplasmose, einer parasitären Erkrankung, die das Gehirn schädigt und betroffenen Füchsen die Scheu vor Menschen nimmt. Sweeties Wunden heilten, doch er wirkte unglücklich. Er hatte kaum Appetit und war so lethargisch, dass er an den ungewöhnlichsten Orten einschlief. Es war klar, dass Sweetie mit seiner Erkrankung nie mehr ausgewildert werden konnte, doch einschläfern wollte man ihn auch nicht. Nach fünfzehn Jahren Erfahrung im Umgang mit Füchsen befürchtete Towler jedoch, dass Sweetie jede Hoffnung aufgegeben hatte und nur noch auf seinen Tod wartete. Towler musste also einen Weg finden, Freundschaft mit dem Fuchs zu schließen und ihm neuen Lebensmut zu geben. So verfolgte er einen ungewöhnlichen Ansatz, indem er den Patienten bei sich zu Hause aufnahm und dort weiterpflegte. Der Durchbruch gelang jedoch eher zufällig, als er Sweetie eines Tages zu einem Besuch bei einer anderen Fuchspflegestelle mitnahm. Dort war ein Fuchswelpe eingeliefert worden, der aufgrund seiner Verletzungen nicht mit den anderen Welpen vergesellschaftet werden konnte. Spontan kam man auf die Idee, Sweetie zu dem einsamen Welpen zu lassen und zu sehen, wie die beiden aufeinander reagieren würden. Innerhalb von nur zehn Minuten adoptierte Sweetie den Welpen, und Towler fand die beiden zusammengekuschelt im Gehege wieder. Von da an war Sweetie wie ausgewechselt. Offenbar hatte die Freundschaft zu dem verwaisten Welpen und vielleicht auch das Gefühl, nützlich zu sein und gebraucht zu werden, Sweetie einen neuen Lebenssinn gegeben. Sein Zustand verbesserte sich drastisch. Er zeigte wieder Lebensfreude und war von da an deutlich aktiver.

Wie sich der Gemütszustand von Füchsen verändern kann, hat auch Ilka Pissin schon erlebt. Gerade bei älteren Füchsen konnte sie beobachten, dass diese oft mit der Gefangenschaft und der Nähe zum Menschen überfordert und dadurch verunsichert sind. Die Symptome ähneln jenen einer Depression: Sie verkriechen sich oder liegen apathisch in einer »Lieblingsecke«. Wenn es den füchsischen Patienten dann im Rahmen ihrer Behandlung besser geht, verbessert sich auch ihr Gemütszustand. Offenbar können Füchse wie wir Menschen in schwierigen Lebenssituationen den Mut verlieren – ihn aber auch wiedergewinnen, wenn es wieder aufwärts geht und sich die Aussichten verbessern.

Mitgefühl und Trauer

Füchse haben kaum eine Möglichkeit, Schwächen vor ihren Artgenossen zu verbergen. Aufgrund ihrer hervorragend ausgeprägten Sinne sind sie in der Lage, selbst subtile Anzeichen für Krankheiten wahrzunehmen. Wie aber gehen Füchse damit um, wenn sie erkennen, dass ein Artgenosse gehandicapt ist?

Solange etwa ein Welpe keine Anzeichen einer schweren Erkrankung zeigt, hält die Familie zu ihm. Die Welpen liegen dann wie üblich eng aneinandergekuschelt, um sich gegenseitig zu wärmen. Abgesehen davon unterstützt die Gruppe den kranken Welpen aber nicht mehr als alle anderen.

Deuten die Anzeichen jedoch auf eine ernsthafte Krankheit hin, sondern sich die restlichen Welpen von ihrem kranken Geschwisterchen ab, indem sie sich etwa in eine andere Ecke des Baus oder Geheges begeben. Sie nehmen an seinem Zustand also scheinbar keinen Anteil. Diese Ausgrenzung ist vermutlich ein Überlebensmechanismus, denn schließlich könnte die Krankheit ja ansteckend sein. Es kann sogar vorkommen, dass die Fähe kranke Welpen aus der Gruppe ausschließt, beim Umzug in einen anderen Bau zurücklässt oder tötet. Trauerverhalten kann man unter Fuchswelpen in der Regel nicht beobachten. Wenn ein Welpe stirbt oder in einer Wildtierstation zur Intensivpflege aus der Gruppe genommen wird, vermissen die übrigen Welpen ihn offenbar nicht. Es ist für die Welpen wohl kein Anlass zur Trauer, wenn ein krankes Geschwisterchen »verschwindet«.

Verlieren Füchse jedoch alle Angehörigen, leiden sie durchaus unter Einsamkeit. Das einzige sinnvolle Mittel dagegen ist, sie langfristig wieder in die Gesellschaft von Artgenossen zu bringen. So berichtet Les Stocker, der Gründer des renommierten St. Tiggywinkles-Wildtierkrankenhauses, wie seine verwaisten Pflegewelpen besonders in den ersten Tagen nach ihrer Einlieferung herzerweichend nach ihrer Familie rufen. Hat ein Jungfuchs bereits eine gewisse Scheu entwickelt, gibt es für einen Menschen kein Mittel, um ihn zu trösten. Die Anwesenheit oder gar die Berührung eines Menschen lösen sogar zusätzliche Ängste aus. Bei ganz jungen Welpen ist das anders: Auch sie sind offensichtlich traurig und jammern in der Pflege oft noch tagelang nach ihrer Familie. Doch hier können die körperliche Nähe zum Menschen und dessen Zuwendung helfen.

Mehrere Pflegekräfte haben mir schon berichtet, dass junge Welpen ruhiger werden, besser schlafen und weniger trauern, wenn sie einen Herzschlag und Wärme spüren. Viele Pflegestellen geben den kleinen Waisenkindern auch Stofftiere zum Kuscheln, und tatsächlich werden sie dadurch ruhiger. Offenbar hilft ihnen das Stofftier dabei, sich geborgen und weniger einsam zu fühlen. Allerdings versagt es, wenn es darum geht, die Spielaufforderungen der Welpen zu erwidern oder ihnen aktiv Aufmerksamkeit zu schenken.[8] Kommen verwaiste Füchse dann unter ihresgleichen, sieht man schnell, wie unersetzlich die Beziehung zu Artgenossen für sie ist: Die Welpen kuscheln, toben und spielen ausgelassen miteinander, und es bilden sich enge Freundschaften zwischen ihnen.

Während bei Fuchswelpen eindeutige Anzeichen für Mitgefühl und Trauer schwer auszumachen sind, zeigen erwachsene Füchse sie umso deutlicher. Immer wieder erlebe ich es in der Wildtierhilfe, dass gesunde Fuchswelpen unnötig aus der Natur entnommen werden. Wenn beispielsweise ein Welpe in einem Garten angetroffen und in eine Wildtierstation gebracht wird, kommt es häufig vor, dass die Fuchseltern noch Tage später rastlos im Garten umherwandern und nach ihrem verlorenen Kind rufen. Wenn eine Fuchsmutter solch einen vermissten Welpen wiederfindet und trotz menschlicher Gerüche auch nach Tagen der Trennung wiedererkennt und annimmt, ist das ein sehr bewegender Anblick.

Doch nicht nur zwischen Fuchseltern und Welpen existieren enge Bindungen, die bei Trennung oder Verlust zu Trauerverhalten führen. Marc Bekoff, emeritierter Professor für Ökologie und Evolutionsbiologie an der Universität von Colorado, berichtet beispielsweise von folgender Begebenheit: Ein Nachbar hatte ihn auf einen Tierkadaver aufmerksam gemacht. Als er sich das tote Tier näher anschaute, stellte er fest, dass es sich um einen Fuchsrüden handelte, der von einem Puma getötet worden war. Interessanterweise war der Körper des Fuchses von einigen Zweigen, Erde und Fell bedeckt. Zwei Tage später konnte er eine Füchsin dabei beobachten, wie sie den toten Rüden weiter mit Erde bedeckte. Als Bekoff wenige Stunden später erneut nach dem toten Fuchs schaute, war dieser vollständig begraben.

Da der Kadaver inzwischen zum Teil angefressen war, könnte man vermuten, die Füchsin habe ihren toten Artgenossen schlicht als Nahrungsquelle betrachtet und – wie Füchse es bekanntermaßen tun – die überschüssige Beute vergraben. Doch Bekoff war sich sicher, in ihrem Verhalten klare Anzeichen von Kummer und Trauer zu erkennen. Er vermutete deshalb, dass es sich bei dem toten Fuchs um den Gefährten der Füchsin handelte und sie ihn nicht als Nahrungsreserve betrachtete, sondern möglicherweise – ähnlich wie bei einer menschlichen Beerdigung – begraben wollte.[9] Er habe keinen Zweifel daran, dass Füchse und andere Tiere ein reichhaltiges und tief emotionales Leben führen.

Bekoff berichtet in diesem Zusammenhang auch davon, dass bereits im Jahr 1947 ein Fuchsrüde dabei beobachtet worden sei, wie er seine tote Gefährtin beleckte und heftig verteidigte.[10] Auch bei dieser Beobachtung könnte man zunächst denken, der Fuchs habe den toten Artgenossen vielleicht schlicht als Beute angesehen und deshalb den Zugriff anderer verhindert. Doch damit ließe sich nicht erklären, dass sich Füchse auch um lebendige Familienmitglieder in Not sorgen und sie beschützen.

Ein Beispiel dafür beschreibt Macdonald:[11] Eine in seiner Obhut aufgewachsene, aber inzwischen freilebende Füchsin war – vermutlich durch eine Mähmaschine – schwer verletzt worden. Ihr Bein war fast vollständig abgetrennt und hing nur noch an einem kleinen Fetzen Haut. Jenny, Macdonalds Lebensgefährtin, hatte die verletzte Füchsin gerade auf den Arm genommen, um sie zum Tierarzt zu bringen, als plötzlich deren Partner vor ihr stand. Er war rasend, offensichtlich vor Sorge um seine Gefährtin. Immer wieder sprang er an der jungen Frau hoch und versuchte, ihr die Füchsin zu entreißen. Schließlich gelang es Jenny doch, die verletzte Füchsin ins Auto zu laden und davonzufahren. Im Rückspiegel sah sie, wie der nun einsame Fuchs ihr nachblickte. Als sie später zum Ort des Geschehens zurückkehrte, war der Rüde verschwunden. Er wurde nie mehr gesehen.

Zwei weitere Fähen aus der Familiengruppe zeigten sich infolge dieser Ereignisse ebenfalls sichtlich aufgewühlt. Sie liefen unentwegt entlang der üblichen Fuchspfade und schnüffelten dabei aufgeregt. Dieses Verhalten lässt vermuten, dass sie ihre Artgenossen vermissten und womöglich um sie trauerten.

Hilf deinem Nächsten

Offensichtlich sind manche Füchse also bereit, ihren Artgenossen bei Gefahr zu Hilfe zu eilen. Darauf gibt es noch eine ganze Reihe weiterer Hinweise.

So wurden früher im Rahmen der Tollwutbekämpfung Fuchsbaue mit todbringendem Gas befüllt. Damals beobachtete man, wie überlebende Mitglieder der Fuchsfamilie versuchten, ihre toten Artgenossen aus dem begasten Fuchsbau auszugraben[12] – womöglich in der Hoffnung, sie retten zu können.

Tatsächlich scheinen bereits Fuchswelpen ihre Artgenossen zu verteidigen. Auf einem Gnadenhof in Niederbayern, wo regelmäßig verwaiste Fuchswelpen aufgezogen werden, konnten wir schon oft beobachten, wie besonders mutige Welpen sich in bedrohlichen Situationen keifend und fauchend vor ihre scheueren Gefährten stellten. Ängstlichere Jungfüchse kauerten sich ihrerseits schutzsuchend hinter selbstbewusstere Tiere.

Ein schönes Beispiel für selbstloses Verhalten abseits von Gefahr finden wir in einer süddeutschen Fuchsauffangstation, wo ein Altfuchs namens Balu jedes Jahr fleißig bei der Aufzucht der Welpen hilft. Dabei verausgabt er sich regelrecht: Jeder Brocken Futter muss sofort zu seinen Adoptivkindern getragen werden. Tote Eintagsküken, die es tiefgekühlt im Zoofachhandel zu kaufen gibt, stellen in vielen Wildauffangstationen einen Großteil der artgerechten Nahrung für Beutegreifer dar. Legt man Balu ein Dutzend solcher Eintagsküken hin, versucht er eilig, alle gleichzeitig aufzusammeln. Bei den ersten drei bis vier Küken gelingt ihm das noch ganz gut, doch bei dem Versuch, weitere aufzunehmen, fällt meist ein anderes wieder zu Boden. So verzweifelt Balu fast daran, möglichst viel Futter auf einmal in sein Maul zu stopfen. Wenn er endlich einsieht, dass nun wirklich kein weiteres Küken mehr hineinpasst, eilt er zielstrebig zu den scheuen Welpen. Dort angekommen, legt er ihnen stolz seine komplette »Beute« vor die Pfoten und zieht sofort wieder los, um weiteres Futter zu sammeln. Er selbst frisst in dieser Zeit kaum etwas und auch erst dann, wenn die Welpen versorgt sind. Seine selbstlose Fürsorglichkeit führt dazu, dass er in dieser Zeit des Jahres erschreckend dünn aussieht.

Balu

Wenn man weiß, wie verfressen Balu sonst ist und wie futterneidisch Füchse im Allgemeinen sind, erscheint dieses Verhalten besonders bemerkenswert. Normalerweise wird alles, was ein Fuchs nicht gleich fressen kann, eilig weggeschleppt und vor den anderen Füchsen versteckt. Dieses Verhalten ist nachvollziehbar, denn Zugang zu Nahrung bedeutet für einen Fuchs in der Natur letztendlich Überleben. Nahrung nicht zu teilen, sondern überschüssige Beute lieber für sich selbst zu verstecken, ist mit einer privaten Lebensversicherung vergleichbar – eine Investition in die Zukunft.[13] Macdonald formuliert es wie folgt: »Das Sittengesetz der Fuchsgesellschaft schreibt vor, dass keine Freundschaft tief genug gehen kann, um auch nur einen Gedanken an das Futter des anderen zuzulassen.«[14] Der vielleicht deutlichste Beleg für selbstloses Verhalten bei Füchsen ist daher, wie sie als Stiefeltern oder gegenüber hilfsbedürftigen Familienangehörigen mit Nahrung umgehen.

Wie wir schon im Kapitel über füchsische Familienbande gesehen haben, helfen Familienangehörige nicht nur dabei, die

Welpen des dominanten Paares zu bewachen und zu versorgen. Sie können diese sogar nach dem Tod der dominanten Fähe adoptieren. Aus einem evolutionstheoretischen Blickwinkel ließe sich das Verhalten damit erklären, dass durch die Adoption verwandter Füchse das Fortbestehen zumindest eines Teils der eigenen Gene sichergestellt wird. Insofern wäre dieses Verhalten nicht völlig altruistisch. Allerdings integrieren Füchse teilweise auch familienfremde Artgenossen in ihre Gruppe und unterstützen sie, etwa wenn sie – wie Balu – völlig fremde Welpen adoptieren.[15] Ähnlich aufopferndes Verhalten wie das von Balu lässt sich auch bei vielen anderen erwachsenen Füchsen in Auffangstationen beobachten.

In der Wildtierpflege macht man sich dies oft zunutze, indem man verwaiste Welpen nach der Entwöhnung in Gruppen gemeinsam mit Altfüchsen vergesellschaftet. So erhalten Füchse, die nicht mehr ausgewildert werden können, eine unschätzbar wichtige Aufgabe, die sie dann auch hingebungsvoll wahrnehmen. Der Betreiber einer kleinen Fuchsauffangstation in Thüringen vertraut einer nicht mehr auswilderbaren Fähe jährlich Welpen zur Aufzucht an und berichtet von herzerwärmenden Adoptionen. Die Fürsorge geht sogar so weit, dass die Fähe ihre adoptierten Welpen gegenüber dem Pfleger verteidigt.

Wie stark die Bindung zwischen erwachsenen Füchsen und fremden Welpen sein kann, zeigt uns auch das Beispiel von Füchsin Elfi. Viele Jahre lebte sie im Freigehege einer süddeutschen Wildtierstation. Elfi war eine ausgesprochene Einzelgängerin, der keiner – auch kein anderer Fuchs – zu nahe kommen durfte. Die einzige Ausnahme von dieser Regel waren Welpen. Sie konnten sich fast alles erlauben, wurden rührend umsorgt und hatten Narrenfreiheit. Einmal konnte der Betreiber der Station sogar beobachten, wie Elfi auf dem Rücken lag und zwei Welpen auf ihr herumturnten.

Zeigen Füchse dieses selbstlose Verhalten lediglich Welpen

gegenüber, weil diese über das Kindchenschema den Schutz- und Fürsorgeinstinkt erwachsener Füchse ansprechen?

Weiter oben haben wir von der verletzten Füchsin erzählt, die gegen den Widerstand des Rüden zum Tierarzt gebracht werden musste. Dort geschah am nächsten Tag etwas Unerwartetes. Eine Schwester der verletzten Füchsin kam mit Futter im Maul zu dem Platz, an dem diese tags zuvor gelegen hatte und der noch immer mit ihrem Blut verschmiert war. Sie äußerte dabei denselben Lockruf, mit dem erwachsene Füchse normalerweise Welpen herbeirufen, wenn sie ihnen Futter bringen. Doch in diesem Fall galt der Lockruf offenbar ihrer verschwundenen Schwester. Es sah ganz so aus, als wollte sie ihr Nahrung bringen, um sie in ihrer Not zu unterstützen. Schließlich vergrub sie das Futter an genau dieser Stelle.[16]

Macdonald berichtet von weiteren Fällen, in denen Füchse ihr Futter an erwachsene Artgenossen abgaben. So brachte die dominante Fähe einer Familiengruppe einem Fuchsrüden Futter, der durch eine Entzündung stark geschwächt war.[17] In einem anderen Fall konnte Macdonald beobachten, wie ein Rüde nach einigem Zögern entschied, einer rangniedrigen hungrigen Fähe sein Futter zu überlassen.[18]

Gegenüber erwachsenen Artgenossen können sich Füchse also ebenso besorgt und fürsorglich zeigen wie gegenüber Welpen. Wenn ein Familienmitglied Hunger leidet oder gar zu sterben droht, halten Füchse zusammen und teilen sogar ihre Nahrung – trotz des sonst so großen Futterneids. Bei Afrikanischen Wildhunden[19] oder auch Wölfen, die in Rudeln leben und jagen, ist dieses Verhalten bekannt. Da die Stärke des Rudels unter anderem von der Zahl seiner Mitglieder abhängt, ist es im Sinne aller Rudelmitglieder, einem geschwächten Mitglied zu helfen. In Fuchsgruppen, in denen insbesondere die rangniedrigeren Füchse weniger an der Verteidigung des Reviers beteiligt sind und Füchse normalerweise individuell für die eigene Nahrungsbeschaffung sorgen, ist der evolutionäre Vorteil dieses Verhaltens jedoch weit weniger offensichtlich.

Hana Tebelmann von der zoologischen Forschungsgruppe Mammalia untersucht selbstloses Verhalten und Kooperationsbereitschaft bei verschiedenen Hundeartigen.[20] Im Rahmen einer dreijährigen Versuchsreihe soll ermittelt werden, inwieweit unter anderem Füchse dazu bereit sind, ihren Artgenossen Zugang zu Futter zu ermöglichen, auch wenn sie selbst nichts davon abbekommen. Der Versuchsaufbau ist wie folgt gestaltet: Indem ein Fuchs auf der einen Seite der Apparatur an einem langen Seil zieht, kann er dafür sorgen, dass auf der anderen Seite, einige Meter von ihm entfernt, Futter aus einem Rohr in das Gehege fällt. Um eine weitere Portion Futter freizugeben, muss das Seil zur anderen Seite hin gezogen werden. Das Futter kommt dann allerdings aus einem anderen Rohr und landet damit wieder in einiger Entfernung von dem Fuchs, der gerade am Seil zieht. Jedes Mal, wenn ein Fuchs mit dem Auslösen der Apparatur beschäftigt ist, hätte also ein anderes Gruppenmitglied aus dem Gehege die Chance, sich zuerst am gerade freigegebenen Futter zu bedienen.

Seit Anfang 2019 hat Tebelmann mit diversen Wildparks und Zoos in Deutschland, Schweden und den USA zusammengearbeitet und das Verhalten der Tiere am Versuchsaufbau beobachtet. In solchen Einrichtungen spielt der Futterneid eine geringere Rolle, da den Füchsen ständig ausreichend Nahrung zur Verfügung steht. Die bisherige Erkenntnis aus den Versuchen ist, dass die Füchse nicht nur bereit sind, am Seil zu ziehen und so dem jeweils anderen Fuchs Futter zu beschaffen. Sie verzichten sogar zugunsten des Futterbeschaffers auf die freigegebene Nahrung oder treten beiseite, um ihn ebenfalls fressen zu lassen. »Es ist beeindruckend zu sehen, dass es den Wildcaniden weniger um den eigenen Vorteil geht, sondern das Füreinandersorgen und die gegenseitige Kooperation eine große Rolle spielen«, so die Forscherin.[21]

All diese Beispiele für kooperatives oder gar altruistisches Verhalten unter Füchsen sind ziemlich beeindruckend, wenn man bedenkt, dass die Wissenschaft diese Tiere noch vor wenigen Jahrzehnten für unsoziale Einzelgänger hielt. Doch damit nicht genug: Immer mehr Verhaltensforscher, Neurowissenschaftler, Biologen und Philosophen bringen dieses Verhalten inzwischen mit Empathie, Fairness, Vertrauen, Gerechtigkeitssinn und Moral in Verbindung.[22, 23] Soziale Hundeartige, zu denen auch die Füchse zählen, könnten laut Bekoff vielleicht sogar der Schlüssel sein, der uns die Tür zum Verständnis der Feinheiten tierischer Moral öffnen wird.[24]

Das Beste draus machen

Bei vielen der Beispiele, mit denen wir uns in diesem Kapitel beschäftigt haben, steht im Mittelpunkt, wie Füchse mit schwierigen Situationen umgehen. In den letzten Jahrzehnten hat die Verhaltensforschung viel über die Gefühlswelt von Tieren herausgefunden und ist zu dem Schluss gekommen, dass ihre Empfindungen den unseren wesentlich ähnlicher sind, als wir lange Zeit angenommen hatten. Allerdings unterscheiden sich Tier und Mensch maßgeblich darin, wie sie mit diesen Empfindungen umgehen. Sachser schreibt dazu: »Zwar können Tiere denken, und vielleicht ist bei ihnen ein Ich-Bewusstsein vorhanden, aber sie scheinen, wenn überhaupt, dann nur in sehr geringem Maß über sich und die Welt zu reflektieren. Zwar können Tiere für einige Stunden oder wenige Tage im Voraus planen, sie können aber nicht auf Wochen, Monate oder Jahre bewusst in die Zukunft projizieren.«[25]

Tiere führen also ihr Leben weitgehend in der Gegenwart, während wir Menschen sehr viel Zeit mit unseren Gedanken in der Vergangenheit oder Zukunft verbringen. Unsere Fähigkeit zu analysieren, zu planen und zu bewerten ist aber ein zweischneidiges Schwert: Im besten Fall kann sie uns dabei helfen, Leid und Schmerz einzuordnen und besser damit umzugehen. Andererseits führt sie uns aber auch vor Augen, dass die Zukunft allzu oft nicht planbar ist und vieles, was geschieht, außerhalb unserer Kontrolle liegt.

Schmerz, Verlust, Leid und Tod gehören zum Leben. Niemand beschäftigt sich gerne damit, und gerade in unserer schnelllebigen Zeit sind viele von der schier endlosen Flut an schlechten Nachrichten, die aus aller Welt auf sie einströmen, überfordert. Interessanterweise wecken Themen wie Armut, Hunger, Kriege, Pandemien, Klimawandel, Umweltzerstörung oder Umweltkatastrophen bei vielen Menschen kaum mehr Emotionen. Auf der anderen Seite bricht für dieselben Zeitgenossen bei einem verlorenen Fußballspiel der Lieblingsmannschaft regelrecht die Welt zusammen. Woher aber kommt dieser scheinbare Widerspruch?

Große Krisen überfordern uns. Wir können sie in ihrer Komplexität nicht fassen und fühlen uns ihnen gegenüber vollständig machtlos. Aus reinem Selbstschutz neigen wir dazu, unser Wissen über sie zu verdrängen. Stattdessen befassen wir uns lieber mit Dingen, die uns überschaubar erscheinen oder uns Zerstreuung versprechen. Wir verlieren uns im Trott unseres Alltags oder folgen blind den von unserem Umfeld übernommenen Wegen, anstatt zu hinterfragen, wer wir sind oder sein wollen. Viele machen sich vielleicht nicht einmal bewusst, was ihre Ziele sind und was ihnen im Leben wirklich wichtig ist. Das kann zu Selbstzweifeln und tiefer innerer Unzufriedenheit führen. Die selektive und oft künstlich überhöhte Selbstdarstellung anderer Menschen in den sozialen Medien kann diese Gefühle noch zusätzlich verstärken.

Die australische Autorin Bronnie Ware, die acht Jahre als Palliativkrankenschwester gearbeitet hat, berichtet in ihrem Buch *5 Dinge, die Sterbende am meisten bereuen* über bewegende Einblicke in die Gedankenwelt Sterbender.[26] Demnach bereuen

Menschen am Ende ihres Lebens weniger, was sie im Leben getan haben, sondern mehr, dass sie etwas nicht getan haben. Sich selbst treu zu bleiben, den eigenen Gefühlen mehr Ausdruck zu verleihen, Kontakt zu Freunden zu halten und sich mehr Freude im Leben zu gönnen sind Dinge, die sich Sterbende rückblickend für ihren Lebensweg gewünscht hätten.

Erst durch seine Endlichkeit erhält das Leben Bedeutung und einen besonderen Wert. Es fällt schwer, sich Leid und die Zerbrechlichkeit des Lebens bewusst zu machen. Aber es kann auch als Chance verstanden werden und uns dabei helfen, wichtige Fragen des Lebens rechtzeitig zu stellen und den Lebensweg zu beschreiten, der vielleicht nicht der gesellschaftlichen Norm, dafür aber umso mehr den eigenen Wünschen und Idealen entspricht. Schlimme Erfahrungen können weniger schlimme Erlebnisse, alltägliche Problemchen oder unbedeutende Streitereien in ein gesundes Verhältnis setzen und uns so den Blick auf das Wesentliche in unserem Leben öffnen. Vieles, was uns im Alltag als großes Ärgernis erscheint, verblasst in Relation zu den Herausforderungen, die man in der Vergangenheit bereits erfolgreich gemeistert hat. Wer um sein Leben bangen musste, Einschränkungen, Verzicht und Verlust erlebt hat, weiß die einfachen Dinge des Lebens besser zu schätzen.

Die Auseinandersetzung mit schwierigen Themen kann also helfen, sich der eigenen Lebensziele bewusst zu werden und beständig darauf hinzuarbeiten. Das folgende Zitat von Albert Einstein finde ich in diesem Zusammenhang sehr treffend: »Der Sinn des Lebens besteht nicht darin, ein erfolgreicher Mensch zu sein, sondern ein wertvoller.« Es ist sicher kein Zufall, dass kranke Menschen, die aufgrund ihrer Einschränkungen keiner regulären Arbeit mehr nachgehen können, oft im Rahmen ehrenamtlicher Tätigkeiten zum Gemeinwohl beitragen. Denn wer Leid erfahren hat, kann Empathie entwickeln. In diesem Sinne dienen ehrenamtliche Tätigkeiten, etwa die Arbeit mit kranken

Menschen oder Tieren, nicht nur dem Gemeinwohl, sondern können auch die Helfenden zu empathischeren, wertvolleren, ausgeglicheneren und letztendlich glücklicheren Menschen machen.

Als ich damals auf dem Ergometer saß und an den Fuchs auf der Flucht vor den Hunden denken musste, wurde mir einiges klar. Ich erkannte, dass es in schwierigen Situationen nicht hilft, wenn man sich vom Schicksal bestraft oder benachteiligt fühlt, die Schuld auf andere schiebt oder sich selbst bemitleidet. Ich war nicht der Einzige, der um sein Leben kämpfen musste. Um zu überleben, waren Eigenverantwortung, ein starker Wille und kompromissloses Handeln gefragt. Also nahm ich mir ein Beispiel an den Füchsen, die sich täglich dem Überlebenskampf stellen müssen, und ließ mich von ihrer Leidensfähigkeit, ihrer Hartnäckigkeit und ihrem Überlebenswillen motivieren.

Schließlich landete ich aufgrund meines zunehmend lebensbedrohlich werdenden Zustands zur stationären Betreuung im Krankenhaus. Das drohende Ende rückte näher, begleitet von Erstickungsanfällen und Panikattacken. Trotzdem kämpfte ich so gut es ging weiter. Bald stand ich vor der Entscheidung, ob ich mich zur Beatmung auf die Intensivstation verlegen lassen sollte. Diese Maßnahme hätte jedoch wahrscheinlich zur Folge gehabt, dass man mich von der Transplantationsliste gestrichen hätte – was einem Todesurteil gleichgekommen wäre. In der Hoffnung, dass doch noch der ersehnte Anruf kommen würde, lehnte ich ab, und man entließ mich aus dem Krankenhaus. Ich hatte damals den Eindruck, man hätte mich zum Sterben nach Hause geschickt.

Doch mein Entschluss, nicht aufzugeben, wurde belohnt: Tatsächlich stand bereits in der folgenden Nacht – rund zwei Jahre nach meiner ersten Transplantation – ein neues Spenderorgan für mich bereit! Mit neuem Mut, wenn auch stark untergewichtig und geschwächt, wurde ich in das Transplantationszentrum gebracht. Die OP verlief gut, ich kämpfte mich zurück ins Leben, und es kam bis heute, mehr als zehn Jahre nach der ersten Transplantation, zu keinen Komplikationen mit meiner dritten Lunge. Ich bin überzeugt davon, dass ich ohne das harte Training und meinen Überlebenswillen die zweite Transplantation nicht erlebt hätte. Noch heute hängt deshalb gegenüber von meinem Ergometer ein Bild von einem Fuchs, der mir bei meinem Training tief in die Augen blickt und mich daran erinnert, dass es sich lohnt, in schweren Zeiten nicht aufzugeben.

Wider den tierischen Ernst

Wie Füchse ihre Freizeit gestalten

(Daniel Peller)

> *»Alle Lebewesen außer den Menschen wissen, dass der Hauptzweck des Lebens darin besteht, es zu genießen.«*
>
> Samuel Butler

Nach allem, was wir bisher erzählt haben, könnte man meinen, Füchse seien den lieben langen Tag nur damit beschäftigt, nach Nahrung zu suchen, ihr Revier zu verteidigen und Feinden aus dem Weg zu gehen. Das mag bisweilen zwar durchaus zutreffen, aber in den meisten Fällen bleibt den Füchsen im Laufe des Tages reichlich freie Zeit. Das tägliche Markieren der Reviergrenzen kann bei einem Rundgang recht flott abgehakt werden. Ein Stadtfuchs kann die Grenze seines Reviers oft innerhalb einiger Minuten ablaufen. Bei den größeren Fuchsrevieren auf dem Land oder in Waldgebieten dauert das natürlich etwas länger, aber auch hier ist die Revierabgrenzung kein Vollzeitjob. Die Pflege der Sozialkontakte in der Familiengruppe beschränkt sich im einfachsten Fall auf einige flüchtige Begegnungen über den Tag verteilt oder zeitweise auch lediglich auf Kontakte über Laute oder Duftstoffe. Wenn nicht gerade Welpen zu versorgen sind, nimmt auch die Nahrungssuche oft nur wenig Zeit in Anspruch. Ein ausgewachsener Fuchs benötigt zum Leben gerade mal 330 bis 550 Gramm Nahrung pro Tag.[1] Das entspricht etwa fünfzehn bis zwanzig Mäusen, die ein erfahrener Mäusejäger unter günstigen Bedingungen quasi im Vorbeigehen erbeuten kann: Naturfilmer Helmut Sütsch konnte auf Video festhalten, wie ein Fuchs innerhalb von nur sechs Minuten ganz entspannt sieben Mäuse fing![2]

Natürlich passiert auch im Leben von Füchsen immer wieder Unvorhergesehenes, was zusätzlich Zeit kostet. Mal müssen sie sich mit fremden Artgenossen auseinandersetzen, mal müssen sie Menschen oder Hunden aus dem Weg gehen oder auf ein sicheres Zeitfenster warten, um von A nach B zu gelangen. Hinzu kommen im Jahresverlauf gelegentlich noch eher selten anfallende Aufgaben wie etwa im Winter das Graben oder der Ausbau eines Fuchsbaus für die nächste Welpensaison. Alles in allem bieten die vierundzwanzig Stunden eines Tages Füchsen neben ihren Aufgaben und dem notwendigen Schlaf noch jede Menge Zeit für andere Dinge.

Was also machen Füchse, wenn sie gerade nichts Wichtigeres zu tun haben? Genau wie wir Menschen nutzen sie ihre Freizeit für Dinge, die sie freiwillig und daher offenbar gerne tun. Und bei ihren Beschäftigungsideen sind Füchse ebenso vielseitig und kreativ wie im übrigen Leben. Es gibt unter ihnen sogar regelrechte Adrenalinjunkies die offenbar bewusst den Nervenkitzel suchen und dabei ihr Leben aufs Spiel setzen … Aber beginnen wir zunächst mit den weniger riskanten Arten der füchsischen Freizeitgestaltung.

Probier's mal mit Gemütlichkeit

Den größten Teil des Tages verbringt ein Fuchs mit Schlafen oder Dösen. Doch er schläft keine zehn Stunden am Stück. Vielmehr wechseln sich kürzere Phasen der Ruhe und Aktivität ab. Zur Dämmerungs- und Nachtzeit ist ein Fuchs allgemein aktiver, legt aber auch dann gerne zwischendurch immer wieder

Ruhepausen von 30 bis 60 Minuten ein – ganz ähnlich, wie wir es auch von Hunden und Katzen kennen.

Vor allem im Frühjahr lieben Füchse es, sich die wärmende Sonne auf den Pelz scheinen zu lassen. Im Siedlungsraum können Gartenbesitzer die ihnen vertrauten Füchse häufig beim Dösen und Sonnenbaden auf dem Rasen beobachten. Ein friedlich schlafender wilder Fuchs im Garten ist für mich wie ein Gütesiegel für Grundstück und Eigentümer, denn wo sich ein Fuchs zum Ruhen niederlässt, muss die Welt noch halbwegs in Ordnung sein. Man kann davon ausgehen, dass er seinen Ruheplatz ausgiebig erkundet und auf Störungen oder Gefahren geprüft hat, bevor er ihn als sicher genug ansieht, um sich dort niederzulassen.

Der Anblick eines schlafenden Fuchses hat auf mich eine unglaublich beruhigende Wirkung und lässt mich oft schmunzeln: Ab und zu bewegt er eine Pfote, als wolle er im Schlaf loslaufen. Wovon er wohl träumt? Ohren, Stirn, Nase oder Schwanz zucken gelegentlich, wenn ein Insekt die Ruhe stört. Trotz Entspannung stets wachsam, weckt ihn manchmal unvermittelt ein Geräusch aus dem Halbschlaf und veranlasst ihn dazu, mit allen Sinnen die Lage zu prüfen. Er hebt den Kopf, schaut sich um und schnuppert ausgiebig nach verdächtigen Gerüchen. Die Ohren drehen sich in alle Richtungen. Alles in Ordnung.

Da er nun schon einmal wach ist, steht der Fuchs jedoch vor der schwierigen Entscheidung: Soll er sich noch mal eine halbe Stunde hinlegen oder die gemütliche Ruhezeit doch besser beenden? Entscheidet der Fuchs sich für letztere Option, wird man Zeuge des Aufstehrituals. Falls er auf der Seite liegend geschlafen hat – was ein besonders großes Gefühl der Sicherheit voraussetzt –, dreht er sich zunächst auf den Bauch. Dann steht er auf, drückt die Beine durch und macht einen Katzenbuckel. Die Müdigkeit steckt ihm noch sichtlich in den Knochen. Er lehnt sich zurück, senkt den Oberkörper bis auf den Boden, streckt die Vorderpfoten weit nach vorne und das Hinterteil so weit es geht in die Höhe. In dieser Pose verharrt er kurz und gähnt mit zugekniffenen Augen, weit geöffnetem Maul und ausgestreckter, nach oben gerollter Zunge. Gleichzeitig greifen die Vorderpfoten abwechselnd mit weit gespreizten Zehen nach dem Erdboden. Dann schiebt der Fuchs seinen Körper über die Vorderpfoten hinweg, drückt die Vorderbeine durch, senkt das Hinterteil, sodass sich ein tiefes Hohlkreuz ergibt, und streckt dabei die Hinterbeine weit nach hinten aus. Erneut verharrt er in dieser Pose einen Moment, macht mit den Hinterpfoten noch ein paar Ausfallschritte und beendet damit seine Dehnübungen. Die Bewegungsabfolge erinnert auffällig an die beiden Yoga-Stellungen »Herabschauender Hund« und »Cobra«. Schließlich beißt er sich noch ein Insekt aus dem Fell und kratzt sich kurz. Als wollte er damit die letzte Müdigkeit endgültig aus dem Körper vertreiben, schüttelt er sich ausgiebig. Dann macht er sich auf den Weg.

Nicht jeder Gang durch das Revier muss einem klaren Zweck wie etwa der Nahrungssuche oder Revierabgrenzung dienen. Manchmal gehen Füchse auch einfach gerne etwas spazieren. Zu dieser Überzeugung bin ich zumindest bei meinen Beobachtungen gekommen: Ich habe schon öfter Füchse regelrecht durch die Natur schlendern sehen. Wenn sie dann auch noch innehalten, um an einer Blume zu schnuppern oder das Gesicht mit geschlossenen Augen minutenlang der Sonne zuzuwenden, lässt sich das Verhalten kaum anders deuten.

Sonnenbad im Blumenmeer

Auch die Ernährung kann für Füchse mehr sein als reine Notwendigkeit: Wenn sie alleine sind und eine Maus gefangen haben, setzen sie sich gerne kurz hin, um ihre Mahlzeit zu genießen. Das ist umso bemerkenswerter, als sie in Gesellschaft ihre Nahrung oft so schnell wie möglich herunterschlingen, was dann natürlich dem Zweck dient, selbst so viel wie möglich davon abzubekommen. Sofern sie die Wahl haben, zeigen sie auch Vorlieben für bestimmte Nahrung. Sie ziehen etwa manche Mäusearten geschmacklich anderen vor.[3] Auch Süßes wie etwa Obst oder Honig steht bei Füchsen hoch im Kurs.

Obwohl Essen für Füchse ein Genuss sein kann, habe ich in freier Wildbahn – auch im Stadtgebiet – noch nie einen übergewichtigen Fuchs gesehen. Selbst wenn Füchse dort ein Überangebot an beliebter Nahrung vorfinden, halten sie die Menge, die sie fressen, offenbar stets im Gleichgewicht mit ihrem Energiebedarf. Nur bei überreifem Obst sind mir gelegentliche Exzesse bekannt geworden: Bereits vergorenes Fallobst schmeckt manchen Füchsen offenbar besonders gut. Allerdings enthält es Alkohol, wovon ein Fuchs aufgrund seiner geringen Körpermasse nicht allzu viel verträgt. Da kann es schon mal vorkommen, dass im Herbst der eine oder andere Fuchs leicht angeschickert durch die Gärten zieht. Und so berichtete die *Hessische/Niedersächsische Allgemeine (HNA)* im November 2016 über »Betrunkene Tiere: Anwohner in Lispenhausen sehen torkelnde Füchse«.[4]

Auch sollen Füchse angeblich schon dabei beobachtet worden sein, Teile von Fliegenpilzen zu essen, um sich in einen Rausch zu versetzen. Ein bewusster Drogenkonsum wurde zwar bei einigen Tierarten schon belegt,[5, 6] bei Füchsen fehlen hierzu jedoch gesicherte Erkenntnisse. Immerhin findet man im Internet Fotos von Füchsen, die beherzt in einen Fliegenpilz beißen.[7] Ob an dieser Geschichte wirklich etwas dran ist oder ob alle derartigen Fotos gestellt sind, bleibt allerdings umstritten.

Eine ungleich bessere Beschäftigung ist es sicherlich, Familie oder Freunde zu besuchen und gemeinsam etwas zu unternehmen. Wenn zwei miteinander gut vertraute Füchse sich treffen, etwas Zeit übrig haben und in der richtigen Stimmung sind, können die sonst oft nur flüchtigen Sozialkontakte auch zu längeren Begegnungen ausgeweitet werden. Dass körperliche Zuwendungen der Festigung des Sozialverbands unter Füchsen zuträglich sind, haben wir bereits thematisiert. Füchse genießen die Nähe und vor allem die gegenseitige Fellpflege sehr – so sehr, dass sie Letztere bei anderen Gruppenmitgliedern hartnäckig einfordern: Macdonald berichtet von einer Beobachtung, in der eine Fähe über zehn Minuten hinweg immer wieder ihren Kopf unter die Nase ihrer Schwester drückte, um diese zur Fellpflege zu animieren. Als die Schwester der Bitte schließlich nachkam, genoss die Füchsin die Zuwendung mit geschlossenen Augen. Wollte ihre Schwester aufhören, wurde sie erneut so lange angestupst, bis sie weitermachte.[8]

Füchse suchen also in ihrer Freizeit Entspannung, Ruhe, Genuss und Gesellschaft. Als tagfüllende Beschäftigung reicht aber auch das noch nicht aus, denn so sehr Füchse auch in der Lage sind, zu entspannen und zu genießen, so groß ist andererseits auch ihr Bewegungsdrang. Bei Füchsen kann nämlich auch schnell Langeweile aufkommen, und dann gilt es, einer aktiveren Art der Freizeitgestaltung nachzugehen: dem Spielen.

Spiel und Spaß mit Freunden

Füchse sind wahre Energiebündel. Die Umweltforscherin Adele Brand drückt in ihrem Buch *The Hidden World of the Fox* ihren besonderen Respekt für Fuchsmütter aus, die ihre Welpen beaufsichtigen müssen: Der durchschnittliche Fuchswelpe habe die Energie von zehn Hundewelpen.[9] Und beim Spielen in der Gruppe scheint sich diese Energie nochmals zu potenzieren. Wie ein »orangefarbener Wirbelwind« springen, rennen, raufen, klettern, graben sie, stellen allerlei Unfug an und bringen sich beim übermütigen Spiel auch in manche Gefahr. Wer einmal die Gelegenheit hatte, eine Gruppe junger Füchse über längere Zeit zu beobachten, wird das gerne bestätigen.

Doch nicht nur Welpen, sondern auch Altfüchse zeichnen sich durch Energie und Bewegungsfreude aus. Solange sie nicht von Verletzungen oder Gebrechen ausgebremst werden, bewahren sich Füchse bis ins hohe Alter eine erfrischende Neugierde und Verspieltheit. Wenn sie nichts Wichtigeres zu tun haben oder sich ausruhen, spielen sie, und zwar am liebsten mit dem vertrauten Partner,[10] mit den Welpen oder mit anderen Mitgliedern der Familiengruppe.

Ist ein Fuchs zum Spielen aufgelegt, lässt er sich nur schwer bremsen und kann bei der Suche nach einem Spielkameraden recht hartnäckig sein. Das kann mit der sogenannten Spielverbeugung beginnen, die viele von Hunden kennen dürften. Dabei legt ein Fuchs sein Spielgesicht auf und den Oberkörper sowie die leicht gespreizten Vorderläufe flach auf dem Boden ab, während Hinterteil und Schwanz nach oben gestreckt werden. Wird auf die Aufforderung nicht eingegangen, macht sich mancher Fuchs einen Spaß daraus, den potenziellen Spielgefährten ein wenig zu ärgern, indem er sich wiederholt anschleicht, um ihn schließlich mit einem Mäusesprung anzuspringen und unsanft auf ihm zu landen. Auch Scheinangriffe sollen zum Spiel locken: In vollem Tempo rennt er dabei auf den anderen Fuchs zu, nur um im letzten Moment auszuweichen und somit einen Zusammenstoß zu verhindern.[11] Aufmerksamkeit kann er auch erlangen, indem er sich vor den Spielgefährten auf den Rücken wirft und mit den Vorderpfoten gegen dessen Brustkorb und Kinn drückt.[12] Wiederholtes Anstupsen mit der Schnauze oder sanfte Bisse in Flanke, Beine, Schwanz oder Ohren können ebenfalls Versuche der Spielaufforderung sein. Und wenn nichts davon hilft, setzt er sich einfach frech und trotzig auf den anderen Fuchs drauf. Solche energischen und wiederholten Spielaufforderungen können sicherlich sehr nervig sein. Man kann sich denken, dass es einem Fuchs schwerfällt, darauf nicht zu reagieren. Und so gibt er meist doch irgendwann nach, springt auf und lässt sich auf das wilde gemeinsame Spiel ein.

Ein gutes Beispiel für Spielaufforderungen und Spielverhalten zweier Altfüchse zeigt das Video eines britischen Gartenbesitzers auf der Facebook-Seite »Mr Fox's Foxes«[13]. Darin ist zu

sehen, wie ein Fuchspärchen sich vor den Kameras im Garten dem ausgelassenen Spiel hingibt. Auf einer relativ kleinen Rasenfläche liefern sich die beiden wilde Verfolgungsjagden mit blitzschnellen Richtungswechseln. Zwischendurch legt oder setzt sich einer der Füchse immer wieder kurz hin, nur um sofort wieder aufzuspringen und das Spiel fortzusetzen. Es wird gerannt und gerangelt, mit der Flanke geschubst, mit der Schnauze gestupst, mit den Pfoten gestoßen, mit den Zähnen gezwickt, sich auf dem Boden gerollt, und das Ganze in unberechenbarer Abfolge innerhalb weniger Sekunden.

Die Fairness im gegenseitigen Umgang, die Füchse – wie im Kapitel zur füchsischen Streitkultur beschrieben – sogar bei ernsten Revierstreitigkeiten in Form von meist unblutigen Ritualkämpfen zeigen, wird auch im gemeinsamen Spiel sehr deutlich. Hier geht es nämlich im Gegensatz zu Rangordnungsstreitigkeiten keineswegs immer darum, der Beste zu sein oder ein rangniederes Familienmitglied zu dominieren. Ein schönes Beispiel dafür wurde in einem anderen Video von »Mr Fox's Foxes« festgehalten:[14] Zwei Füchse spielen, toben und rangeln wild und ausgelassen miteinander. Plötzlich verschluckt sich einer der beiden und beginnt zu husten. Er wendet sich von dem anderen Fuchs ab – eine Geste, die dieser sofort versteht und seinerseits die gerade neu angesetzte spielerische Attacke abbricht. Statt die Schwäche seines Kameraden auszunutzen und ihn so im spielerischen Kampf zu übertrumpfen, lässt er ihn sofort in Ruhe und gibt ihm Zeit, sich zu erholen. Rücksichtnahme und Fairness sind auch bei ungleichen Spielkameraden – wie etwa Alt- und Jungfüchsen oder gesunden und behinderten Füchsen – zu beobachten. Der stärkere, schnellere Spieler nimmt sich offenbar bewusst zurück, um ein gemeinsames Spiel zu ermöglichen und den unterlegenen Partner weder zu dominieren noch zu verletzen. Ich finde das sehr bemerkenswert, weil es letztendlich ein gewisses Verständnis für die eigenen Fähigkeiten sowie die Einschränkungen des Partners voraussetzt.

Neben spielerischen Kämpfen erfreuen sich bei Füchsen zwei echte Spiel-Klassiker besonderer Beliebtheit, die wir alle selbst aus unserer Kindheit kennen dürften: Zunächst wäre da das Nachlaufen oder Fangen.[15] Im einfachsten Fall jagen sich zwei Füchse gegenseitig. Einer versucht, dem anderen zu entkommen; wird er erwischt, werden die Rollen vertauscht und der Jäger wird zum Gejagten. Füchse können diese einfachen Regeln allerdings auch erweitern, sodass sich eine Variante des beliebten Spiels ergibt: In einer Fuchsauffangstation hatte ich öfter Gelegenheit, die zwei Altfüchse Balu und Günther zu beobachten. Zunächst lagen beide wenige Meter voneinander entfernt im Gras. Jeder schien darauf zu warten, dass der andere das Spiel beginnt. In diesem Fall rührte sich Günther zuerst, täuschte aber nur kurz einen Start an, um Balu erfolgreich zu narren. Dann schoss er in die andere Richtung los. Die anschließende Verfolgungsjagd führte in atemberaubendem Tempo einmal hin und einmal zurück quer durch das Gelände, zwischen Bäumen und Sträuchern hindurch, über Felsen und Fuchsbaue hinweg. Dicht gefolgt von Balu steuerte der deutlich zierlichere Günther schließlich auf eine kleine Hütte zu und schaffte es, im letzten Moment darin zu verschwinden. Balu folgte ihm allerdings nicht dorthinein, sondern wartete geduldig draußen auf die nächste Spielrunde. Offenbar galt Günther in der Hütte als »sicher« und durfte von Balu nicht weiter bedrängt werden. Wie die beiden sich auf diese Spielregeln geeinigt haben, bleibt ihr Geheimnis. Dass sie die Regeln streng beachteten und Spaß an ihrem Spiel hatten, war aber offensichtlich.

Ebenso beliebt wie das Fangen ist unter Füchsen das Versteckspiel. Allerdings sind sie darin meiner Erfahrung nach nicht besonders gut: Ich habe schon Füchse beobachten können, die sich hinter einem schmalen Baumstamm verstecken wollten. Kopf und Augen waren für mich tatsächlich nicht zu sehen, wohl aber der Rest des Körpers. Offenbar denkt mancher Fuchs, ähnlich wie ein kleines Kind: »Wenn ich dich nicht sehen kann, kannst du mich auch nicht sehen.« Im Spiel mit Artgenossen würden Füchsen aber auch bessere Verstecke nichts nützen. Da ein Fuchs den Spielgefährten auch ohne ihn zu sehen anhand seiner Fährte mühelos aufspüren kann, ist das Versteckspiel für Füchse keine echte Herausforderung. Ich habe ohnehin den Eindruck, dass es ihnen im Spiel gar nicht darum geht, *nicht* gefunden zu werden. Der »versteckte« Fuchs scheint geradezu darauf zu warten, verfolgt und gefunden zu werden. Der eigentliche Reiz liegt wohl vielmehr darin, hinter einer Ecke zu verschwinden, den anderen Fuchs neugierig zu machen, dem Suchenden aufzulauern, und ihn schließlich aus dem Versteck heraus anzuspringen und zu erschrecken. Oft schließt sich dann eine wilde Verfolgungsjagd oder eine spielerische Rangelei an.

In ganz ähnlicher Weise können Füchse die Neugierde ihrer Artgenossen zum Einleiten eines gemeinsamen Spiels ausnutzen, indem sie Interesse an einem Objekt demonstrieren: Ein Stock oder ein alter Beuterest kann wochenlang unbeachtet am

Bau herumliegen. Doch wenn sich ein Welpe dazu entschließt, damit zu spielen, gewinnt der Gegenstand schlagartig an Bedeutung. Wie bei kleinen Kindern will plötzlich jeder genau dieses Spielzeug für sich haben. Dies kann dann entweder die Basis für einen handfesten Streit oder für ein gemeinsames Spiel sein, etwa ein »Tauziehen« mit dem Objekt der Begierde. Dieses Prinzip nutzen auch Altfüchse noch ganz bewusst, um andere Füchse zum Spielen zu animieren. David Macdonald berichtet von einem Beispiel:[16] Füchsin Big Ears forderte ihren Freund Smudge nicht direkt zum Spiel auf. Stattdessen ging sie zu einem ganz bestimmten Grasbüschel. Während sie darauf achtete, dass Smudge ihr zusah, sprang sie wie beim Mäusesprung darauf herum. Das weckte Smudges Interesse so sehr, dass er nicht widerstehen konnte, sich zu ihr gesellte und mitspielte.

Derselbe Rüde Smudge liebte es auch, mit seinen Welpen zu spielen, und die Welpen genossen das ausgelassene Spiel mit ihrem Vater. Doch leider erschien Big Ears, die als Helferfähe das Babysitting übernahm, das Spiel offenbar zu wild und sie unterband den Kontakt des Vaters zu seinen Welpen mit Nachdruck. Smudge reagierte darauf friedlich und schlau: Er versteckte sich in der Nähe der Welpen und wartete ab, bis Big Ears einschlief. Dann rief er seine Kinder mit einem leisen Lockruf zu sich. Die Welpen schlichen daraufhin zu ihrem Vater, um heimlich mit ihm zu spielen.[17]

Das Spiel mit dem Feuer

Die Hartnäckigkeit, mit der Füchse sich um Spielgefährten bemühen, lässt erahnen, wie viel ihnen das Spiel mit Artgenossen bedeutet. Nun ist leider nicht immer ein anderer Fuchs da, mit dem man spielen könnte. Und es kommt natürlich vor, dass der auserwählte Artgenosse selbst das verlockendste Spielangebot nicht annimmt, weil er gerade einfach keine Lust zum Spielen hat. Doch auch das ist kein Problem – schließlich gibt es ja noch viele andere Tiere:

Auch wenn Hunde Füchsen durchaus als Todfeinde begegnen können, eignet sich andererseits ein freundlich gesinnter Hund wunderbar als Spielgefährte. Füchse und Hunde haben viele Gemeinsamkeiten, und obwohl sich die Körpersprache der entfernten Verwandten in einigen Details unterscheidet, wird eine aggressive Haltung ebenso gut verstanden wie eine harmlose Aufforderung zum Spielen. Und so kommt es immer wieder vor, dass besonders unbedarfte Füchse und besonders gutmütige Hunde miteinander spielen. Die Art des Spiels unterscheidet sich dabei kaum von dem Spielverhalten zweier Füchse. Man läuft sich nach, weicht aus, versteckt sich voreinander oder verliert sich zwischenzeitlich in einer wilden aber harmlosen Rangelei. Allerdings kann der Hund bei alledem von Tempo und Energie des Fuchses schnell überfordert sein.

Fuchs und Hund – nicht immer Feinde

Trotzdem können aus solchen Begegnungen echte Freundschaften entstehen. Von einem schönen Beispiel erzählt Autorin Berit Helberg in ihrem Buch über die Schäferhündin Tinni und den Fuchs Sniffer aus Norwegen:[18] Eines Tages, als Tinni mit ihrem Herrchen Torgeir Berge spazieren ging, stürzte plötzlich ein junger Fuchs aus dem Gebüsch auf die Hündin zu, versuchte an ihr hochzuspringen, sie anzustupsen und zu zwicken. Die Hündin blieb verdutzt und regungslos stehen, schaute fragend zu ihrem ebenso erstaunten Menschen hoch. Es stellte sich heraus, dass der kleine Fuchs wahrscheinlich verwaist war und deshalb Anschluss suchte. Also wurde er von nun an regelmäßig in freier Wildbahn besucht und mit Futter unterstützt. Der Dank dafür war ein tiefes Vertrauen, und so entwickelte sich eine langjährige Freundschaft zwischen Mensch, Hund und wild lebendem Fuchs.

Doch nicht nur Hunde, sondern viele andere ähnlich große Beutegreifer wie Katzen, Dachse und Waschbären können friedlich mit Füchsen spielen. Bei diesen Tieren sind Füchse meiner Erfahrung nach allerdings meist deutlich vorsichtiger als bei Hunden, bleiben lieber etwas auf Abstand und vermeiden den direkten Körperkontakt. Den Grund dafür vermute ich darin, dass Füchse die Körpersprache und Fähigkeiten dieser Tierarten anfangs vielleicht nicht so gut einschätzen können, sich aber deren Wehrhaftigkeit bewusst sind. Der respektvollere Umgang dient also ihrer eigenen Sicherheit. Hier besteht das Spiel für den Fuchs meist darin, vor dem anderen Tier stets gerade so weit wegzulaufen oder auszuweichen, dass er die Situation noch kontrollieren kann. Gelegentlich entsteht aber auch zwischen diesen Tierarten ein engeres Vertrauensverhältnis, und so können sich dann sogar Fuchs und Katze beim Spiel näherkommen – wie bei Katze Sooty und den Füchsen Snapper und Warren, die wir im Kapitel zur füchsischen Streitkultur kennengelernt haben.

Sogar Menschen können von besonders zutraulichen Füchsen zum Spielen aufgefordert werden. Ich musste schon oft herzhaft lachen, wenn sich ein Fuchs einen Golfball oder die achtlos abgelegte Ledergeldbörse schnappte und damit davonlief – gefolgt von einem wild gestikulierenden, aber ziemlich chancenlosen Menschen. Nun könnte man argumentieren, dass es den Füchsen in diesen Fällen um die Objekte selbst ging und nicht darum, die Menschen zu einem Nachlaufenspiel zu veranlassen. Es gibt allerdings auch Beispiele für unmissverständlichere Spielaufforderungen. Ilka Pissin berichtete mir, dass manche der füchsischen Pflegefälle in ihrer Wildtierstation Spielsachen vor den Füßen der Pfleger ablegen – ganz ähnlich wie ein Hund, der seinem Herrchen einen Ball bringt, damit er ihn wirft.

Natürlich ist ein solches Verhalten außergewöhnlich. Im Gegensatz zu Füchsen in menschlicher Obhut sind wild lebende Füchse auch nur sehr selten derart zutraulich. Auf der anderen Seite berichten Jogger immer mal wieder davon, wie Füchse ihnen nach- oder neben ihnen herlaufen. Ein Jogger aus Berlin erzählte mir gar, dass er über Wochen immer wieder an derselben Stelle von einem Fuchs abgepasst wurde, der ihn dann eine längere Strecke begleitete und schließlich wieder im Gebüsch verschwand. Warum der Fuchs das tat, ist schwer zu sagen – vielleicht war es tatsächlich eine Art Spiel für ihn.

Wenn Füchse Spielangebote jedoch an den Falschen richten, kann es gefährlich für sie werden. Menschen, die sich bedroht fühlen, rufen womöglich den Stadtjäger, und eine Katze, die nicht zum Spielen aufgelegt ist, zeigt schnell ziemlich unwirsch ihre Krallen. Daher bewahren sich Füchse beim Spiel mit Fremden ihre Vorsicht, testen die Stimmung und vertrauen darauf, dass ihre Sinne und Reflexe sie im Notfall vor ernsten Verletzungen bewahren. Neben der Freude am Spiel mit anderen Tieren bereiten die Erfahrungen aus dem gegenseitigen »Beschnuppern« sie womöglich auch auf ernste Situationen vor. Beispielsweise lernen sie dabei, dass sie vielen Hunden in einem wichtigen Punkt überlegen sind: Aufgrund ihres leichten Knochenbaus sind Füchse wesentlich wendiger, und entsprechend gut sind sie darin, Hunden auszuweichen. Mike Towler berichtet davon, wie junge Füchse mit einem Hund Fangen spielten.[19] Der Hund rannte einem Fuchs hinterher. Dieser steuerte, den Hund dicht auf den Fersen, in vollem Tempo genau auf eine Hecke zu. Im letzten Moment schlug der Fuchs jedoch einen Haken. Während der Blick des Hundes dem Fuchs noch folgte, gehorchte sein Körper den Gesetzen der Massenträgheit und landete ungebremst in der Hecke.

Mag das Risiko beim Spiel mit einem freundlichen Haushund noch überschaubar sein, so gibt es unter Füchsen offenbar auch regelrechte Adrenalinjunkies, die den Nervenkitzel mit weitaus gefährlicheren »Spielpartnern« suchen: Erinnern wir uns zurück an die Hyänen aus dem Kapitel »Alles fließt«, die ihr Futter vor Füchsen verteidigen mussten. Die Füchse kamen den Hyänen dabei immer wieder gefährlich nahe und wichen ihren zornigen Angriffen oft erst in letzter Sekunde aus. Überraschenderweise zeigten die Füchse ein ganz ähnliches Verhalten jedoch auch abseits der Futterstelle, wo keine Nahrung im Spiel war. So beschreibt Macdonald, wie ein Fuchs sich einer Hyäne immer wieder näherte und sie umkreiste, als würde er es darauf anlegen, sie zu provozieren. Wenn die Hyäne schließlich auf den Fuchs losging, wich dieser gekonnt aus und brachte mit einem kurzen Sprint wieder einige Meter Abstand zwischen sich und den Angreifer. Dann wartete er, bis die Hyäne zu ihm aufgeschlossen hatte, und das Spiel begann von Neuem. Ein falscher Tritt, eine Unaufmerksamkeit, und der Fuchs wäre zwischen den gewaltigen Kiefern der Hyäne gelandet – ein Schicksal, das manchen Fuchs bei diesem Spiel mit dem Tod auch tatsächlich ereilte. Nicht jedoch in diesem Fall: Irgendwann hatte der Fuchs offenbar genug und ging einfach seines Weges.

Am anderen Ende des Gefährlichkeitsspektrums finden sich beispielsweise viele der Beutetiere von Füchsen. Diese werden jedoch nicht nur gejagt und gefressen, sondern bisweilen auch kurzerhand zum Spielzeug umfunktioniert. Das beginnt bereits im Welpenalter. Fuchseltern bringen gelegentlich lebende Kleintiere mit zum Bau, an denen sich der Nachwuchs spielerisch im Beutemachen üben kann. Dass der Aspekt des Spiels dabei im Vordergrund steht, legt eine interessante Beobachtung nahe: Maulwürfe etwa sind bei Füchsen als Nahrung alles andere als beliebt. Trotzdem finden sich an Fuchsbauen bisweilen tote Maulwürfe, die Bissspuren von Welpenzähnen tragen. Bei genauerer Untersuchung stellte sich heraus, dass die Tiere noch am Leben waren, als die Welpen sie in die Fänge bekamen.[20]

Auch Altfüchse spielen manchmal mit lebender Beute. So wurde eine Füchsin dabei beobachtet, wie sie eine Spitzmaus fing und immer wieder mit dem Maul in die Luft warf. Kaum war die Maus gelandet und wollte flüchten, wurde sie erneut eingefangen. Wenn die Spitzmaus vom Aufprall benommen war, legte sich die Füchsin mit der Nasenspitze nur wenige Zentimeter von ihr entfernt flach auf den Boden und wartete, bis ihre Beute wieder auf den Beinen war.[21]

Für die Kleintiere endet ein solches Spiel nicht zwangsläufig mit Verletzung oder Tod. Füchse können dabei dasselbe Feingefühl an den Tag legen, das es ihnen beispielsweise auch erlaubt, bei vollem Lauf ein rohes Ei unversehrt im Maul zu transportieren. Der kanadische Biologe J.D. Henry beobachtete etwa, wie ein junger Fuchs eine Spitzmaus aufnahm, die er gerade gefangen hatte. Er lief zu einer Straße und ließ die Maus auf der Fahrbahnmitte laufen. Während die Maus versuchte, zum Straßenrand zu gelangen, sprang und tanzte der Fuchs um sie herum, bevor er sie erneut zur Mitte der Straße dirigierte. Eine knappe Minute später nahm er sie erneut ins Maul, jedoch ohne sie zu fressen. Stattdessen brachte er sie dorthin zurück, wo er sie gefangen hatte. Augenscheinlich unversehrt verzog sich die Maus in ihren Bau.[22]

Dass der Fuchs die Maus nicht getötet und gefressen hat, mag daran liegen, dass Spitzmäuse – ähnlich wie Maulwürfe – üblicherweise nicht auf dem füchsischen Speiseplan stehen. Die Maus konnte das natürlich nicht wissen und hatte in dieser Situation höchstwahrscheinlich trotzdem Todesangst. Warum der Fuchs sie jedoch nicht einfach auf der Straße zurückgelassen, sondern zu ihrem Bau zurückgebracht hat, lädt zu interessanten Spekulationen über Motive und Gedankenwelt des Fuchses ein.

Spielsachen

Auch wenn es für Füchse ein Leichtes ist, sich ein Beutetier allein »zum Zeitvertreib« zu fangen, bevorzugen sie meistens ganz andere Beschäftigungen, wenn mal kein Artgenosse oder ebenbürtiges Tier als Spielkamerad zur Verfügung steht. Allerlei Gegenstände können untersucht, auseinandergenommen oder auf die eine oder andere Art zum Spielen genutzt werden. Ein Zweig oder Ast kann als Kauspielzeug dienen, von dem die Rinde abgeknabbert wird.[23] Ein vom Wind umhergewehtes Blatt kann anstelle einer Maus »gejagt« werden. Praktisch jeder Gegenstand oder auch ein markanter Punkt wie ein Grasbüschel kann spielerisch angepirscht und mit einem zielgenauen Mäusesprung getroffen werden. In gleicher Weise spielen Füchse auch sehr gerne mit allerhand Dingen, die wir achtlos in unseren Gärten liegen lassen.

Füchse beim Spielen im Garten zu beobachten, ist für viele Menschen zu einem regelmäßigen Naturerlebnis geworden. Dementsprechend viele lustige Geschichten und Videos findet man darüber im Internet. Eine Britin wurde etwa frühmorgens geweckt, als ein verspielter Jungfuchs im Garten das Quietsche-Spielzeug ihres Collies Bonny entdeckt hatte. Bonny hatte den Fuchs bemerkt und rannte nun winselnd im Haus umher. Der Fuchs spielte derweil draußen ausgelassen mit dem Spielzeug, warf es in die Luft, fing es auf und brachte es immer wieder zum Quietschen. Als der Fuchs seine Beobachter bemerkte, flüchtete er über den Zaun. Das lieb gewonnene Hundespielzeug nahm er mit …[24]

Ein Fuchs weiß natürlich, dass ein Stock, ein Blatt oder ein Gummiball keine Beute, sondern leblose Objekte sind. Diese Gegenstände anzupirschen und zu »erbeuten«, mag daher wenig reizvoll erscheinen. Um sie in Bewegung zu bringen und anschließend »jagen« zu können, nimmt er etwa kleine Äste mit den Zähnen auf und wirft sie in die Luft.[25] Dieses Verhalten lässt sich nicht mehr allein als genetisch vorgegebene Reaktion auf einen Beutereiz deuten, da sich der Fuchs diesen Reiz hier erst selber erschafft. Kreativität und Fantasie sind meines Erachtens wichtige Voraussetzungen für dieses sogenannte Objektspiel. Es wirkt so, als würde der Fuchs in diesem Moment bewusst so tun, als sei das Objekt ein Beutetier. Vielleicht ist diese Art des Spielens also gar nicht so verschieden von den Spielfantasien menschlicher Kinder: Wo für ein Kind eine Pappkiste zum Raumschiff, ein Haufen Kissen zu einer Höhle oder ein Stofftier zum besten Freund werden kann, wird im Spiel für einen Fuchs möglicherweise ein Stock zu einer Maus.

Dass man zu einem Spielobjekt, das Freude verspricht und mithilfe der Vorstellungskraft eine besondere Bedeutung erhalten hat, auch eine gewisse emotionale Verbindung aufbaut, liegt nahe. Es verwundert daher auch nicht, dass ein Fuchs ein solches Spielzeug schätzt, es sich für zukünftige Spiele sichern und daher mitnehmen möchte. Wenn Balu nicht mit Günther Fangen spielt, kann man ihn oft dabei beobachten, wie er sehr ausdauernd mit seinem Lieblingsball im Maul durch das Freigehege läuft. Und wenn er Lust zum Spielen hat, trägt er den Ball einen Hügel hinauf, um ihn herunterrollen zu lassen und zu jagen.

Bei den meisten Fuchsspielen geht es um spielerische Varianten des Kampfes, des Ausweichens, des Jagens oder Erbeutens. Doch so mancher Zeitvertreib lässt sich nicht so einfach einem sinnvollen Anwendungsfall für den Ernst des Lebens zuordnen. Viele Füchse haben im Winter zum Beispiel sichtlich Spaß am Rodeln. Sie suchen sich einen geeigneten Hügel, laufen hinauf und werfen sich dann auf die Seite, um mit der Schnauze voran wieder hinunterzurutschen. Ist der Hügel nicht steil genug, wird dabei auf der Seite liegend mit den Pfoten für neuen Schwung gesorgt. Besonders übermütige Zeitgenossen machen dabei auch die eine oder andere Rolle seitwärts oder überschlagen sich gar in einem Purzelbaum.

Aber auch wenn es keine Gelegenheit zum »Schlittenfahren« gibt, finden sich in einigen Gärten oder auf Spielplätzen Rutschen, die Jung- und Altfüchse zu einem ganz ähnlichen Vergnügen einladen. Den Startpunkt für die Rutschpartie zu erreichen, erweist sich hier jedoch als echte Herausforderung für die Vierbeiner: Da sie sich mit dem Erklimmen einer freistehenden Leiter sehr schwer tun, bleibt ihnen oft nur der Weg über die Rutschfläche. Also versuchen sie, die glatte Bahn von vorne mit Anlauf hinaufzurennen oder seitlich daraufzuspringen, nur um nach kurzer Rutschpartie unsanft Bekanntschaft mit dem Boden der Tatsachen zu machen. Davon lassen sich die Füchse jedoch nicht entmutigen. Das Scheitern scheint eher zu immer neuen Anläufen zu reizen und andere Füchse zum Mitmachen zu verführen. Die Vorliebe, die Füchse für Rutschen zeigen, hat sogar einige Wildtierstationen dazu veranlasst, ihren Dauerpflegefällen eine Rutschbahn zur Beschäftigung ins Gehege zu stellen.[26]

Seitdem Outdoor-Trampoline erschwinglich geworden und in vielen Gärten zu finden sind, haben auch Füchse sie für sich entdeckt: Der unnatürlich federnde Untergrund hat offenbar eine besondere Anziehungskraft auf die Tiere – jedenfalls hüpfen sie oft ausgelassen auf der Sprungfläche herum. Die Vorliebe von Füchsen und anderen Tieren für Trampoline war 2016 sogar Thema eines liebevoll animierten (und überaus sehenswerten!) Weihnachtswerbespots einer großen britischen Kaufhauskette.[27]

Weil sich die meist schwarze Sprungfläche tagsüber in der Sonne aufheizt, ist das Trampolin für Füchse zudem ein warmer und bequemer Liegeplatz. Auch Liegestühle – insbesondere solche, die mit Kunststoffgewebe bespannt sind – üben eine große Anziehungskraft auf Füchse aus. Beide bieten den Tieren zusätzlich noch Gelegenheit zu interessanten Gruppenspielen: Beliebt ist, dass sich ein Fuchs auf ein Trampolin oder eine Gartenliege[28] stellt und ein anderer sich darunterlegt. Beide können dann mit ihren Pfoten Dellen in das Maschengewebe drücken, die der jeweils andere Fuchs von unten mit der Schnauze anstupsen oder von oben mit einem Mäusesprung »jagen« kann – ein Reaktionsspiel, das an den Arcade-Spiel-Klassiker *Whac-A-Mole* erinnert. Auch hierzu finden sich im Internet diverse Videos.[29, 30, 31, 32]

Bewegungsdrang und Spielfreude von Füchsen kennen kaum Grenzen. Ich habe sogar schon gesehen, wie Gartenfüchse nachts mit dem fokussierten Lichtkegel einer Taschenlampe oder einem Laserpointer[33] zum Spielen verlockt wurden und wie ein Fuchs versuchte, eine ferngesteuerte Kameradrohne zu einer Verfolgungsjagd aufzufordern.

Carpe diem!

Spielen ist nicht nur Ausdruck von Lebensfreude, sondern erfüllt auch viele wichtige Funktionen – bei Füchsen wie bei Menschen: Welpen trainieren im Spiel ihre Kraft, Feinmotorik, Koordination und Ausdauer. Sie lernen und verfeinern spielerisch Jagd- und Kampftechniken, die ihnen als überlebensnotwendige Grundlagen zur Nahrungssuche, Feindvermeidung und Revierverteidigung dienen. Sie entwickeln Verständnis für den eigenen Körper, andere Lebewesen und ihre Umwelt. Durch ihren Bewegungsdrang und ihre Neugierde geraten sie in immer neue Situationen, bei deren Bewältigung sie ihre Problemlösefähigkeiten schulen. Außerdem sammeln sie Erfahrungen mit den sozialen Normen der Fuchsgesellschaft. Im spielerischen Kräftemessen testen sie Grenzen aus, etablieren eine Rangordnung und festigen ihre Charaktereigenschaften. Zum Gelingen dieser Sozialisation ist vor allem der Kontakt zu gleichaltrigen Artgenossen wichtig, aber auch die Eltern sowie andere Familienmitglieder tragen dazu bei.

Für die Entwicklung von Menschenkindern sind das Spielen, ein intakter Sozialverband und der Kontakt zu anderen Kindern ebenfalls von großer Bedeutung. Im gemeinsamen Spiel lernen sie neben dem Umgang miteinander nicht zuletzt auch den Umgang mit Neid, Zorn, Verlangen (z. B. nach einem Spielzeug), Erfolg und Misserfolg, Bestätigung und Enttäuschung. Nicht ohne Grund heißt ein bekannter Brettspiel-Klassiker *Mensch ärgere Dich nicht*. Am fairen Wettkampf und Spiel der Füchse könnte sich sicherlich mancher menschliche Spieler ein Beispiel nehmen: Wer einmal zu einem echten Gewinner werden will, sollte zuerst lernen, ein guter Verlierer zu sein.

Füchse gestalten ihre Freizeit nicht in der bewussten Absicht, Fähigkeiten zu erlernen oder zu trainieren. Sie bewegen sich, spielen und lernen ganz natürlich, aus Interesse und weil es ihnen Freude macht. Kinder lernen auf ganz ähnliche Weise, spielerisch und unbeschwert. In meinen Augen ist das die beste und schönste Art des Lernens. Als Erwachsene können wir uns davon inspirieren lassen: Wer etwas mit mehr Freude und weniger Mühe lernen will, der kann nach Wegen suchen, sich dafür zu begeistern und ein spielerisches Interesse daran zu entwickeln. Wenn das gelingt, fällt es automatisch leichter, sich mit dem Lernstoff auseinanderzusetzen, egal wie langweilig oder unbequem das Thema ursprünglich erscheinen mag.

Unabhängig vom Alter profitieren wir davon, uns einerseits nötige Ruhephasen zu gönnen, uns andererseits aber auch immer neu zu fordern, Neues zu lernen und einfach insgesamt aktiv zu sein. Das ist anregend für Körper und Geist und kann dazu beitragen, dass wir bis ins hohe Alter fit und gesund bleiben. Auch muss nicht alles, was uns Freude macht, unbedingt einen Zweck erfüllen. Ganz im Gegenteil: Selbst gut sozialisierte Altfüchse, die sich auf dem Höhepunkt ihrer Leistungsfähigkeit befinden und alle nötigen Fähigkeiten perfekt beherrschen, bleiben neugierig und verspielt. Bis ins hohe Alter probieren Füchse immer wieder neue Dinge aus, untersuchen fremdartige Gegenstände und kosten unbekannte Nahrung, wenn sich ihnen die Gelegenheit dazu bietet. In ihrer Freizeit ruhen und genießen sie, spielen ausgelassen oder suchen gar den Nervenkitzel.

»Das Leben ist kurz, weniger wegen der kurzen Zeit, die es dauert, sondern weil uns von dieser kurzen Zeit fast keine bleibt, es zu genießen.« Diese Aussage, die der Philosoph Jean-Jacques Rousseau bereits im 18. Jahrhundert formulierte, hat im 21. Jahrhundert keineswegs an Aktualität verloren. Heute stehen uns unzählige Freizeitaktivitäten zur Verfügung – von der stillen Meditation über einen geselligen Abend mit Freunden bis hin zum Extremsport. Was könnten wir alles tun, wären da nicht unsere Alltagspflichten. Viele Menschen sind in ihrem durchgetakteten Berufsleben, dem Leistungsdruck und den gesellschaftlichen Erwartungen regelrecht gefangen. Koffeingestärkt schleppen sie sich entgegen ihrem biologischen Rhythmus von einer Aufgabe zur nächsten. Um die erwartete Leistung zu bringen, ignorieren sie die Signale ihres Körpers. Sie erlauben sich keine Ruhe, wenn sie müde sind, und essen nicht, wenn sich der Hunger meldet. Oft werden sogar Pausen durchgearbeitet, während Bewegung, gesunde Ernährung oder gar eine ausreichende Flüssigkeitsaufnahme vernachlässigt werden.

Falls nach getaner Arbeit und zusätzlichen privaten Verpflichtungen überhaupt noch Zeit übrig bleibt, fehlt vielen Menschen die Energie zur aktiven Freizeitgestaltung. Erschwerend kommt hinzu, dass man als Erwachsener für vieles, was einem als Kind ein unbeschwertes Vergnügen versprach, belächelt wird. Bisweilen scheint die Gesellschaft von Erwachsenen zu verlangen, sich voll und ganz dem »Ernst des Lebens« zu widmen. Jede Minute des Lebens muss einen Zweck erfüllen und von Produktivität, Stärke und Erfolg geprägt sein. Scheitern ist verpönt, und so trauen sich viele Erwachsene nicht mehr, etwas Neues auszuprobieren. Auch das Bedürfnis, einfach mal albern zu sein und sich gehen zu lassen, scheint allenfalls in Verbindung mit Alkoholkonsum, auf Partys oder an Fasching als akzeptabel zu gelten. Selbst von Humor, Comedy, Satire und Witz wird meist ein ernster Bezug gefordert – sei es zum politischen Geschehen oder zur Gesellschaftskritik. Die Gesellschaft vermittelt ein strenges Bild davon, welches Verhalten in welcher Situation und in welchem Alter als angemessen gilt. Wer sich anderen Aktivitäten widmet, wird ausgegrenzt oder muss seine Interessen verbergen. Mancher mag also tatsächlich »zum Lachen in den Keller gehen«, sofern er überhaupt noch etwas zu lachen hat.

Gewiss leisten sich viele Menschen auch ihre Auszeiten und Hobbys. Doch selbst diese werden oft in den vorgegebenen Ablauf und die gesellschaftlichen Erwartungen gezwängt: Wer sich im Beruf nicht körperlich betätigt, fühlt sich genötigt, dieses Defizit mit einem Gang ins Fitnessstudio oder einem Yoga-Kurs auszugleichen. Der Jahresurlaub und jeder freie Tag müssen minutiös durchgeplant werden, um die kostbare Zeit möglichst gut auszunutzen. Und so steht auch in der Freizeit oft ein gewisser Zwang über dem eigentlichen Erholungszweck. Aber ist es nicht völlig absurd, unser Effizienzdenken sogar auf unsere Freizeit und Erholungsphasen anzuwenden? Können wir bei dieser Art der Freizeitgestaltung überhaupt noch abschalten und den gesuchten Ausgleich finden?

Schon bei unseren Kindern zeigen sich die Folgen dieser »optimierten« Lebensgestaltung: Ihre Freizeit nach der Schule wird mit Kursen, Tanz- oder Musikunterricht, einem Sportverein oder ähnlichem verplant, wobei diese Tätigkeiten gar nicht immer ihren tatsächlichen Interessen entsprechen. Viele sind von einem solch streng getakteten Alltag überfordert und leiden zusätzlich zum Schulstress unter der Pflicht, in den selbst oder durch ihre Eltern auferlegten »Hobbys« voranzukommen oder dem Leistungsdruck im Verein gerecht zu werden.

Oft müssen sie schon früh »funktionieren«, während ihre Eltern beschäftigt sind. Der Spaß und die gemeinsame Familienzeit bleiben dabei leider allzu oft auf der Strecke. Und wenn mit dem Erwachsenwerden und schließlich dem Eintritt in das Berufsleben der »Ernst des Lebens« vollends zuschlägt, rücken freie Zeiteinteilung, Schlaf, Erholung, Genuss, Bewegung, Spaß und Spiel noch weiter in den Hintergrund. Wenn ich dann einen alten Menschen sehe, der sich vom Gesang der Vögel oder dem ausgelassenen Spiel eines Nachbarkindes gestört fühlt, lässt mich das erschrecken. Denn vielleicht verbergen sich hinter der mürrischen Fassade tatsächlich tiefe Traurigkeit, Verbitterung und Neid, weil man die kindliche Unbeschwertheit und Lebensfreude im Laufe des Lebens verloren hat.

Auch Füchse haben ihre Pflichten, aber sie erledigen diese mit Disziplin, Zielstrebigkeit und Effizienz. Ja, auch Füchse müssen planen. Sie legen Nahrungsvorräte an und schaffen es ganz ohne Uhr und Terminkalender, an Futterstellen stets die Ersten zu sein. Sie folgen jedoch keinem festen Lebensplan, sondern nutzen spontan die Gelegenheiten, die sich ihnen bieten – nicht nur bei der Nahrungsbeschaffung, sondern in allen Lebenslagen. Und selbst in ihrem harten Überlebenskampf in freier Natur, umgeben von Gefahren und Feinden, finden Füchse immer wieder Möglichkeiten für Erholung, Genuss und Spiel.

Ich glaube, das Geheimnis ihrer Ausgeglichenheit und Lebensfreude liegt vor allem darin, dass sie mit sich selbst zufrieden sind. Füchse eifern keinem Schönheitsideal, keiner Gehaltsklasse und keinen Besitztümern nach. Sie müssen sich für niemanden verstellen und akzeptieren sich, wie sie sind. Die niederländische Fotografin Roeselien Raimond beschreibt es so: »Füchse hören auf ihren Körper und verstehen dessen Botschaften. Während wir ständig nach Erfüllung hasten, leben die Füchse einfach ihr Leben.«[34] Die glücklichen und entspannten Gesichtsausdrücke dieser »Zen-Füchse« – wie sie ihre Motive liebevoll nennt – hat sie in zahlreichen Fotos festgehalten. »Zen-Füchse sind voll und ganz ›im Moment‹ […]. Sie denken nicht stundenlang darüber nach, wie sie ein erfülltes Leben führen könnten, sondern nutzen ihre Zeit lieber, es einfach zu tun.«[35]

Wem es gelingt, diese Einstellung auf seinen Alltag zu übertragen, der profitiert unmittelbar und nachhaltig davon. Sie führt zu mehr Gelassenheit, lenkt den Blick weg von Sorgen und Zukunftsängsten und wieder mehr zu uns selbst im Hier und Jetzt. Das beinhaltet auch den Gedanken, in sich hineinzuhören, wieder mehr Spontaneität zuzulassen und somit das eigene Handeln daran auszurichten, was wir in genau diesem Moment brauchen und wirklich tun möchten.

Natürlich gibt es Situationen, in denen unser Leben aus dem Gleichgewicht gerät und wir vorübergehend zum Überschreiten unserer Grenzen gezwungen sind. Nicht immer ist dafür der Beruf verantwortlich. Die Pflege eines Angehörigen oder auch Verpflichtungen im Ehrenamt können dafür sorgen, dass wir unser eigenes Wohl aus den Augen verlieren. Angesichts der Not anderer haben wir oft ein schlechtes Gewissen, wenn wir uns doch einmal Zeit für uns selbst nehmen. Ich habe viele Bekannte und Freunde, die neben Beruf und Familie geradezu Übermenschliches leisten und sich dabei sowohl körperlich als auch seelisch verausgaben.

Doch niemand kann die Welt alleine retten. Es ist wichtig, die eigenen Grenzen zu kennen und zu respektieren, denn schließlich ist niemandem geholfen, wenn man sich überarbeitet und dann völlig ausfällt. Daher ist es auch wichtig, mal Nein zu immer neuen Verpflichtungen und öfter Ja zu sich selbst zu sagen. Legen Sie Ihr Smartphone beiseite, gehen Sie raus in die Natur und versuchen Sie, wieder etwas mehr zu sich selbst zu finden. Das mag egoistisch klingen, aber letztendlich ist es doch für alle von Vorteil, von glücklicheren und ausgeglicheneren Menschen umgeben zu sein. Und es wäre sicher auch der in der Menschenwelt so wichtigen Produktivität zuträglich. Dauerstress und verbissenes Durcharbeiten machen nämlich nicht produktiver – eher im Gegenteil. Nicht ohne Grund gehören in anderen Kulturen Siesta, Powernaps und sportliche Übungen bereits zum Arbeitsalltag.

Letztendlich haben wir es meist selbst in der Hand, über unser Glück zu entscheiden. Vielleicht fehlen uns oft nur Selbstbewusstsein und Mut, uns nicht aufgrund sozialer Normen oder des Alters in ein zu ernstes Leben zwingen zu lassen. Die pure Freude darf Grund genug sein, etwas zu tun – vorausgesetzt natürlich, man schadet damit weder sich noch anderen. Egal, in welchem Alter man ist oder mit welchen Einschränkungen man zu kämpfen hat: Es nie zu spät, etwas Neues zu beginnen und Freude zu finden. Und wenn das eigene Umfeld diese Einstellung oder bestimmte Interessen nicht teilt, muss man nur offenen Herzens weitersuchen und wird Gleichgesinnte finden – wie ein Fuchs, der auf der Suche nach Spielgefährten sogar bereit ist, auf fremde Tierarten zuzugehen.

Wie die Füchse sollten wir unsere Lebensfreude und Neugierde in jedem Alter bewahren und nicht das Kind in uns vergessen. Wir sollten nie aufhören zu spielen, mit offenen Augen durchs Leben gehen, Gelegenheiten ergreifen, Neues wagen und uns auch an kleinen Dingen erfreuen. Die schönsten Augenblicke sind oft diejenigen, in denen wir uns ohne große Pläne und Absichten auf den Moment einlassen und das Leben einfach genießen.

Foxy Lady

Von der Last, ein Sexsymbol zu sein

(Dag Frommhold)

»Foxey, foxey
You know you're a cute little heart breaker, ha
Foxey, yeah
And you know you're a sweet little love maker, ha«

Jimi Hendrix, *Foxey Lady*, 1967

Schon seit Stunden folgt er ihrer Spur durch die kalte Winternacht. Wo unberührter Schnee Felder und Wiesen bedeckt, kann er ihre Pfotenabdrücke gut erkennen – wie an einer Perlenschnur aufgereiht weisen sie ihm den Weg zu ihr. Hier im Wald jedoch ist es für ihn weitaus schwerer, sie zu finden; er muss sich auf seine Nase und auf seine Ohren verlassen.

Hier und da hält er an, um die Botschaften zu beschnuppern, die sie ihm hinterlassen hat. Sie macht es ihm nicht leicht, ist ständig unterwegs und verrät nur dann und wann durch ihr heiseres Bellen, wo sie sich gerade befindet. Noch als der Morgen dämmert und die Sonne die schneebedeckte Landschaft in ihr warmes Licht taucht, ist er auf den Beinen, angetrieben von Rastlosigkeit und Erregung, den Duft der Füchsin in seiner Nase.

Als er eine schneebedeckte Hügelkuppe überquert, wird seine Hartnäckigkeit endlich belohnt. Dort sitzt sie: Ihr dichtes rostrotes Fell leuchtet im Schein der aufgehenden Sonne. Mit herausforderndem Blick sieht sie zu ihm hinauf auf den Hügel, dann springt sie unvermittelt auf. Ihr prächtiger Schwanz mit der weißen Spitze pendelt kokett hin und her. Noch einmal blickt sie zu ihrem Verfolger zurück, ruft ihm einladend zu und verschwindet dann eilig in den Wald.

So unwiderstehlich, wie die Fuchsfähe hier auf unseren Rüden wirkt, muss der bekannte Rockmusiker Jimi Hendrix jene Dame gefunden haben, die ihn zu seinem Song »Foxey Lady« inspirierte. Das Stück, das von dem renommierten Musikmagazin *Rolling Stone* auf Platz 153 der 500 besten Songs aller Zeiten eingeordnet wurde,[1] hat unmissverständlich erotischen Inhalt: Es handelt davon, wie Hendrix beim Anblick einer äußerst attraktiven Dame derart in Wallung gerät, dass er sie – Widerspruch nicht gestattet – unbedingt mit zu sich nach Hause nehmen muss.

Im Laufe der Jahre haben mehrere Frauen aus Hendrix' Leben für sich in Anspruch genommen, die Inspirationsquelle für »Foxey Lady« gewesen zu sein.[2, 3, 4] Das ist kaum verwunderlich – immerhin wünschen sich vermutlich so einige Menschen, einen der berühmtesten Rockmusiker aller Zeiten mit ihrem Sex-Appeal beinahe um den Verstand gebracht zu haben. Auf der anderen Seite zeigt dieser Dissens aber auch, dass es wohl äußerst erstrebenswert ist, als »fox(e)y« zu gelten.

Das Adjektiv »foxy« bedeutet im Englischen umgangssprachlich so viel wie »schlau« oder »listig« – wenig überraschend, gilt der Fuchs doch seit jeher als besonders cleveres Tier. Nun ist allerdings ziemlich offensichtlich, dass in »Foxey Lady« nicht unbedingt die kognitiven Fähigkeiten der besungenen Dame im Vordergrund stehen. Auf die Qualitäten, um die es hier geht, weist vielmehr eine andere Bedeutung des Worts »foxy« hin: Vor allem im amerikanischen Slang ist es nämlich ein Synonym für »sexy«. Wer als »fox« oder »vixen« (dt. Füchsin) bezeichnet wird, ist sexuell anziehend, ohne dem Stereotyp dümmlicher Schönheit zu entsprechen.

Hendrix' Song hat sicher dazu beigetragen, dass die Verbindung zwischen Fuchs und attraktiver Frau Eingang in die Popkultur gefunden hat. Tatsächlich sind Fuchsmetaphern mit erotischem Kontext im englischen Sprachraum aber weitaus älter – älter sogar als der Staat, in dem Jimi Hendrix geboren wurde.

Bereits in der ersten Hälfte des 17. Jahrhunderts verfasste der englische Dramatiker Richard Brome das Schauspiel *The Novella.* Darin kommt die sagenhaft schöne Victoria als neue Kurtisane nach Venedig und zieht dort sofort die Aufmerksamkeit der Männerwelt auf sich. Das kollektive Begehren steigert sich weiter, als bekannt wird, dass Victoria für eine exorbitante Summe ihre Jungfräulichkeit feilbietet. Die Männer gieren nach ihr, doch niemand kann oder will den geforderten Preis bezahlen.

Als einer der männlichen Protagonisten beobachtet, wie Victoria auf dem venezianischen Markt von Männern umringt und umgarnt wird, vergleicht er diese mit Jagdhunden, die versuchen, »die hübscheste Füchsin Venedigs aus ihrem Bau zu treiben«. Victoria ist jedoch kein naives Opfer, sondern eine selbstbewusste Dame, die die nach ihr lechzenden Männer geschickt manipuliert. Brome greift damit also das klassische Bild vom gejagten Fuchs auf, der die Meute an der Nase herumführt. Die Fuchsjagd wird zu einer Metapher für die Gier der Männer nach begehrenswerten Frauen, der Fuchs zu einem Symbol für die bedrängte Dame.

Dieses Motiv findet sich auch bei Jimi Hendrix, wenn er seiner Angebeteten in einer der letzten Zeilen von »Foxey Lady« ankündigt: »I'm coming to get you!« Seitdem haben viele seiner Kollegen es ihm gleichgetan. Der Popmusiker Den Harrow erzählt in seiner Hit-Single »Catch the Fox« von 1986, wie »foxy ladies« ihn beinahe um den Verstand bringen: Sie machen ihn zu einem Jagdhund, der gar nicht anders kann, als ihnen nachzustellen. Freddie Mercurys »Foolin' Around« von 1985 dreht sich um eine ebenso selbstbewusste wie hedonistische »foxy lady«, die es genießt, Männer um den Finger zu wickeln. Doch auch Mercury kommt nicht ohne Jagdanalogie aus: »You're the catch of the season«, heißt es in seinem Liedtext, »Du bist der Fang der Saison«. In all diesen Fällen geht es für den (männlichen) Liebhaber darum, die Angebetete zu besitzen, so wie es das Ziel des Jägers ist, sich den verfolgten Fuchs anzueignen.

Auch beim Liebesspiel zwischen Fuchs und Füchsin folgt der Rüde seiner Angebeteten auf Schritt und Tritt. Doch so sehr seine Hartnäckigkeit auch Assoziationen an die Lieder von Hendrix und Harrow wecken mag: Bei Füchsen gleicht die Rolle der Fähe eher jener von Bromes Victoria oder Mercurys »foxy lady«.

Der Ruf der Fuchsfrau

Der Rüde, vom Duft und Anblick der Fähe elektrisiert, ist sofort auf den Beinen. Er eilt den Hügel hinab und folgt der Füchsin in den Wald. Sie scheint es eilig zu haben; mehrmals verliert er sie aus den Augen und muss schnuppern, um ihre Spur wieder aufzunehmen. Schließlich erspäht er die Fähe auf einer Lichtung. Mit Schnauze und Vorderpfoten stößt sie in den Schnee, und als sie den Kopf wieder hebt, hält sie eine Maus zwischen den Zähnen. Sie blickt beiläufig zu ihm hinüber, bevor sie ihre Beute hinunterschlingt. War sie einfach nur hungrig oder hat sie dort auf ihn gewartet?

Auf jeden Fall lässt sie ihn diesmal näher herankommen, die Ohren aufgerichtet, die schlanken, schwarzgestiefelten Läufe durchgedrückt. Sie springt spielerisch zur Seite, wendet sich von ihm ab, hebt den Schwanz für einen kurzen Moment einladend an. Kaum hat der Rüde sie jedoch erreicht, stellt die Fähe sich keckernd auf die Hinterbeine und verpasst ihm einen schmerzhaften Hieb über die Schnauze. Er lässt von ihr ab und begnügt sich vorerst damit, sich ein paar Schritte von ihr entfernt in den Schnee zu setzen. Doch so unvermittelt die Wut der Fähe gekommen ist, so rasch ist sie auch wieder verflogen. Einladend bellt die Füchsin ihm zu und huscht mit wehendem Schwanz ins Unterholz.

Dies ist der Beginn eines tage-, manchmal wochenlangen Werbens, bei dem Spannungen und Distanz zwischen den Tieren nach und nach abgebaut werden. Was sich zwischen ihnen abspielt, ist ein permanenter Wechsel zwischen mal vorsichtiger, mal forscher Annäherung des Rüden und mal zögerlichem, mal sichtbar gereiztem Sichentziehen der Fähe. Diese provoziert den Rüden ihrerseits mit koketten Aufforderungen, nur um ihn wieder und wieder mit spitzen Fängen und wütendem Keckern in die Flucht zu schlagen, wenn er zu aufdringlich wird.

So wie die Füchsin beim Liebesspiel mit ihrem Gefährten bestimmen auch die Frauen bei Brome und Mercury das Geschehen. Und was auf sie zutrifft, gilt erst recht für die Fuchsfrauen der fernöstlichen Mythologie. Wie wir schon zu Beginn dieses Buchs erwähnt haben, verwandeln Füchse sich in vielen japanischen und chinesischen Geschichten in schöne Frauen, um in dieser Gestalt Männer zu verführen. Der Ursprung dieser Mythen liegt in China, wo sie bereits im 4. bis 6. Jahrhundert geläufig waren. Ab dem 8. Jahrhundert verbreiteten sie sich dann auch in Japan. Dort hatte man Füchsen schon länger übernatürliche Fähigkeiten zugeschrieben, und so passte die Fähigkeit zum Gestaltwandeln gut in das Bild, das der Volksglaube von »Kitsunes« (japanisch für Fuchs) hatte.[5]

Wie sehr diese Vorstellungen von gestaltwandelnden Füchsen mit Erotik verbunden waren, zeigt ein Blick auf einige bedeutende ostasiatische Texte: Rund ein Sechstel der fünfhundert Erzählungen im chinesischen *Liaozhai Zhiyi* (dt. etwa »Seltsame Geschichten aus einem chinesischen Studierzimmer«), einer Geschichtensammlung aus dem 17. Jahrhundert, hat im weitesten Sinne mit Füchsen zu tun. Immerhin siebzehn davon erzählen von erotischen Erlebnissen mit Füchsen oder Fuchsgeistern. Im *T'ai-p'ing kuang-chi*, einer Enzyklopädie aus dem 10. Jahrhundert, gibt es sage und schreibe achtundachtzig Eintragungen über Füchse, und die Hälfte davon dreht sich um Liebesbeziehungen zu Menschen.[6] Fast allen diesen Gestaltwandlern ist gemeinsam, dass ihre menschliche Erscheinungsform eine äußerst attraktive Frau ist.

Ihre Motive könnten jedoch kaum unterschiedlicher sein. Einige von ihnen haben schlichtweg Spaß daran, Männern einen harmlosen Streich zu spielen. Andere wollen zu Macht oder Wohlstand gelangen, indem sie Einfluss auf die Menschenwelt nehmen. Manche Füchse nehmen Leiden und Tod von Menschen dabei auch für vergleichsweise banale Gewinne billigend in Kauf. Die Bösartigsten schließlich stiften Unglück und Chaos und ergötzen sich am Leid ihrer Opfer, wie die zu Beginn dieses Buchs erwähnte fuchsbesessene Konkubine Daiji. In dieselbe Kategorie fallen die koreanischen Kumihos. Dabei handelt es sich um formwandelnde neunschwänzige Geisterfüchse, die in der Gestalt schöner Frauen arglose Männer verführen und sie dann während des Akts mit bloßen Händen töten. Bisweilen sind ihre Opfer noch am Leben, wenn die Kumihos beginnen, ihre Herzen oder Lebern zu fressen.[7]

Auf der anderen Seite gibt es in der asiatischen Mythen- und Geschichtenwelt aber auch viele Fuchsfrauen, die weise, selbstlos und umsichtig handeln. Zu dieser Kategorie gehört Frau Ren, Protagonistin von *Renshi zhuan* (dt. »Die Fuchsfee«), einer der bekanntesten altchinesischen Fuchsgeschichten. Die Erzählung wurde im 8. Jahrhundert von dem Schriftsteller und Hofbeamten Shen Jiji verfasst und gilt heute als vielleicht bedeutendste in der langen Tradition asiatischer »Fuchsromanzen«. Sie erzählt davon, wie der Protagonist Zheng sich in eine wunderschöne Dame namens Ren verliebt. Zheng findet jedoch bald heraus, dass Ren eine gestaltwandelnde Füchsin ist. Diese schämt sich ihrerseits zutiefst, ihren Geliebten belogen zu haben, und hat große Angst davor, nun von ihm zurückgewiesen zu werden. Aus lauter Verzweiflung flüchtet Ren in die Wälder.

Unterdessen wird Zheng von seinem einflussreichen und wohlhabenden Freund Yin eindringlich davor gewarnt, sich mit einer Füchsin einzulassen. Zheng jedoch gibt seinen Gefühlen nach und sucht überall nach ihr. Als er sie schließlich findet, kommt es zur Aussprache mit Ren: Sie entschuldigt sich bei Zheng für die Täuschung und versichert ihm, dass sie keine bösen Absichten verfolgt. Zudem schwört sie, lebenslang seine Gefährtin zu bleiben, wenn er ihr nur verzeiht. Glücklich und erleichtert willigt Zheng ein, und die beiden sind fortan ein Paar.

Ren ist dabei alles andere als eine naive Schönheit. Im weiteren Verlauf der Geschichte beweist sie ein Händchen als Heiratsvermittlerin und verschafft dem zuvor so skeptischen Yin eine Partnerin. Auch ihr Geschäftssinn ist beeindruckend: Die

Ratschläge, die sie dem fast mittellosen Zheng gibt, machen ihn im Laufe der Zeit zu einem wohlhabenden und erfolgreichen Mann. So leben Zheng und Ren jahrelang glücklich zusammen. Die Geschichte endet jedoch tragisch, als die kaiserlichen Jagdhunde während einer Reise auf Ren aufmerksam werden. Sie versucht in Fuchsgestalt zu fliehen, doch die Jagdhunde holen sie ein und töten sie.[8]

Auch wenn Formwandler mit füchsischer und menschlicher Gestalt besonders oft in Asien zu finden sind, gibt es sie durchaus auch in der europäischen Sagenwelt. So war der Fuchs im alten Griechenland eng mit Dionysos verbunden, dem Gott des Weines, der Freude, der Fruchtbarkeit und der Ekstase. Der Fuchs war ein Symboltier des Dionysos, und dieser wiederum hatte die Fähigkeit, sich in einen Fuchs zu verwandeln. Zu seinem Gefolge gehörten die berüchtigten Mänaden – Frauen, die sich in Fuchsfelle hüllten und die aufgrund dessen auch Bassariden (von *bassaros* – Rotfuchs) genannt wurden. Der Dionysoskult feierte damals wilde Orgien, bei denen ungezügelt freie Liebe genossen und rohes Fleisch verzehrt wurde.[9]

Ob gut, böse oder irgendwo dazwischen, ob Gestaltwandlerin oder Bassaride, etwas eint sie alle: Sie sind keine Kinder von Traurigkeit und lassen sich vom vermeintlich starken Geschlecht nicht die Butter vom Brot nehmen.

Die Macht der Weiblichkeit

Inzwischen ist er seiner Angebeteten schon tagelang gefolgt, ist ihr kaum von der Seite gewichen. Wieder und wieder hat er ihre Duftbotschaften gelesen. Noch ist es zu früh, was sie ihm auch mit wütendem Keckern und spitzen Fängen deutlich macht. Da sie nur für wenige Tage empfängnisbereit ist, muss er aber im richtigen Moment zur Stelle sein.

Erschöpft rollt der Rüde sich im Schnee zusammen. In letzter Zeit hatte er kaum Gelegenheit zur Mäusejagd; ein paar vertrocknete Beeren sind alles, was er heute zwischen die Zähne bekommen hat. Die ganze Nacht und sogar den Großteil des Tages war er unterwegs, jetzt sehnt er sich nach einem Moment der Ruhe. Doch die ist ihm nicht vergönnt – verspielt schnappt die Fähe nach seinem schützend über die Schnauze gelegten Schwanz und zwickt ihn in die Flanke, nur um sofort wieder einen Satz von ihm weg zu machen. Ihr Schweif wedelt den Duft ihrer Viole in seine Nase. Für einen Moment sind alle Entbehrungen und alle Müdigkeit vergessen; er springt auf, setzt ihr nach und wirft ihr die Vorderpfote über den Rücken. Doch sie duckt sich geschmeidig weg und erinnert ihn einmal mehr mit weit aufgerissenem Maul und angelegten Ohren daran, dass einzig und allein sie bestimmt, wann es so weit ist.

Nicht nur in der realen Welt ist das Liebesspiel mit einer Füchsin ziemlich anstrengend für ihren Partner. Auch die alten asiatischen Geschichten erzählen oft davon, dass der Sex mit einer Fuchsfrau wunderschön, aber auch außergewöhnlich zehrend ist. Dass die asiatische Mythologie Füchsen ein so starkes Bedürfnis zuschreibt, sich mit menschlichen Männern zu verbinden, geht wohl nicht zuletzt auf das bekannte philosophische Konzept von Yin und Yang zurück. Yin und Yang sind zwei entgegengesetzte Kräfte, die einander jedoch nicht bekämpfen, sondern ergänzen. Während das weiße Yang für Eigenschaften wie hell, warm und extrovertiert steht und mit Männlichkeit assoziiert wird, repräsentiert das schwarze Yin die Weiblichkeit. Es ist mit Eigenschaften wie dunkel, kühl und introvertiert verbunden. Weil Füchse nachtaktiv sind und vermeintlich einen Großteil des Tages unter der Erde verbringen, haben sie dieser Philosophie zufolge einen Überschuss an Yin-Energie. Um sich spirituell zu vervollkommnen, brauchen sie daher Yang-Energie, die sie sich, so die Vorstellung, durch den Geschlechtsakt mit Männern beschaffen.[10]

Wer sich jetzt an unsere europäischen Vampirsagen erinnert fühlt, hat damit nicht ganz unrecht. Immerhin geht es hier wie dort um einen Energietransfer, der mit dem Austausch von Körperflüssigkeiten einhergeht und der für die Opfer äußerst zehrend sein kann. Um ihre Yang-Lieferanten dennoch bei Laune und Potenz zu halten, sind Fuchsfrauen nicht nur Expertinnen in der Kunst der Verführung, sondern auch sehr versiert darin, regenerierende Medizin für sexuell erschöpfte Männer herzustellen.[11]

So wie die Fähe den Rüden in der Paarungszeit praktisch nach Belieben necken, herausfordern oder abstrafen kann, haben Fuchsfrauen kraft ihrer Verführungskunst große Macht über das vermeintlich starke Geschlecht. Sexuelle Gelüste machen Männer manipulierbar und anfällig für Hexerei. Die Geschichten thematisieren damit eine Achillesferse männlicher Macht und sind als Warnung der (männlichen) Autoren an ihre Geschlechtsgenossen gedacht: Diese sollen widerstehen, wenn Frauen versuchen, ihre sexuellen Bedürfnisse auszunutzen oder gegen sie einzusetzen. Während der Fuchs in europäischen Fabeln List und Schläue nutzt, um seine körperlich überlegenen und sich oft selbst überschätzenden Widersacher auszutricksen, erreicht er in Asien durch Attraktivität und Verführungskunst sein Ziel. Dabei nutzt er hier wie dort stereotyp männliche Schwächen zu seinem Vorteil aus. Er wird damit nicht nur zu einem Symbol für die Macht der Frauen über die Männer, sondern legt auch deren bisweilen panische Angst vor weiblichem Einfluss bloß.

Wo Frauen im alten China zu echter Macht aufstiegen, waren Männer daher schnell mit Fuchs-Assoziationen bei der Hand, um den weiblichen Machtanspruch als unrechtmäßig darzustellen. Mehrere Kaiserwitwen führten nach dem Tod ihrer Gemahle stellvertretend die Amtsgeschäfte, weil der männliche Thronfolger noch nicht alt genug war, um selbst die Herrschaft zu übernehmen. Dabei mussten sie sich gegen die Beamtenschaft behaupten, die weibliche Macht grundsätzlich als illegitim betrachtete. Obwohl etwa die Kaiserin Ling im 6. Jahrhundert ihre Arbeit objektiv betrachtet nicht schlechter machte als ihre männlichen Vorgänger, war ihre Herrschaft den konfuzianischen Beamten ein Dorn im Auge. Bald kursierten Geschichten, die die Kaiserin mit unheilvollem Fuchszauber in Verbindung brachten: So hätten Füchsinnen in mehreren Städten des Reichs etwa unbemerkt (!) Männern die Haare abgeschnitten. Nun muss man wissen, dass die Haarpracht im alten China mit Potenz assoziiert war. Der unerhörte »Haarraub« wird dadurch zu einem unmissverständlichen Hinweis auf die Beschneidung männlicher Macht. Die entsprechende Eintragung in den Annalen der Wei-Dynastie schließt mit der Feststellung, dies sei ein Beweis, dass unter Lings Herrschaft »vieles nicht mit rechten Dingen zugegangen« sei.[12] Damit trugen solche Geschichten dazu bei, die Regentschaft weiblicher Herrscher zu diskreditieren und diese letzten Endes zu beseitigen.

Die haarraubenden Füchsinnen, die mit der Kaiserin unter einer Decke stecken, stellen als staatszersetzende Wesen das Patriarchat infrage. Das weckt Erinnerungen an den rebellischen Reineke aus dem europäischen Mittelalter: Hier wie dort ist der Fuchs ein Außenseiter, ein subversives Element, das die geltende Ordnung untergräbt. Die Darstellung der Füchsinnen als unabhängige, selbstbewusste Frauen, die gesellschaftliche Konventionen bewusst miss- und verachten, steht im krassen Gegensatz zu dem traditionellen Frauenbild, das damals in China oder Japan verbreitet war. Zudem haben die asiatischen Verführerfüchsinnen genau wie Reineke, der seine Familie liebt und schützt, aber vor Mord und Vergewaltigung nicht zurückschreckt, einen höchst ambivalenten Charakter. Sie können große Lust, aber auch den

Tod bringen, treten als vampirhafte Nymphomaninnen ebenso auf wie als treue Ehefrauen, weise Beraterinnen oder schlicht als ungezügelt-verspielter One-Night-Stand. Und wie bei Reineke mischt sich in die Warnung vor Verschlagenheit und Skrupellosigkeit unübersehbar auch Respekt und Bewunderung für die Freiheitsliebe, Unabhängigkeit und Schläue der mythischen Füchsinnen. Auch hier zeigt sich also die enorme kulturelle Ambivalenz, die der Fuchs – vielleicht mehr als jedes andere Tier – innehat.

Der Fuchs und die Fruchtbarkeit

Die Fähe sitzt auf einem großen schneebedeckten Findling in der Abendsonne. Sie hat ihren buschigen Schwanz um den zierlichen Körper gelegt und sieht den Rüden abwartend an. Vorsichtig nähert er sich ihr, jeden Moment die Strafe für seine Unverfrorenheit erwartend, doch nichts dergleichen passiert. Sie gestattet ihm tatsächlich, bis auf eine halbe Schwanzlänge heranzukommen. Weil sie ihm keine eindeutigen Signale sendet, entscheidet er sich dafür, es mit Zärtlichkeit zu versuchen. Vorsichtig leckt er ihr über die Schnauze, und zu seiner Überraschung erwidert sie seinen Kuss.

Wenig später sitzen die beiden Seite an Seite auf dem Findling und belecken und beknabbern einander liebevoll. Der Duft des anderen ist ihnen inzwischen wohlbekannt; Distanz und widersprüchliche Gefühle sind Vertrauen gewichen. Einige Zeit verharren sie so und tauschen Zärtlichkeiten aus, bis der Rüde die wachsende Unruhe der Fähe bemerkt. Schließlich erhebt sie sich, springt behände vom Findling herab und markiert. Erregt folgt der Rüde ihr, schnuppert – und erkennt sofort, dass es so weit ist. Sie wirft ihm unterdessen einen herausfordernden Blick zurück und hält ihren Schwanz zur Seite. Der Rüde zögert nicht, umfasst nach Hundeart mit den Vorderpfoten ihren Körper und besteigt sie.

Die hitzige Paarung der Füchse in den Wintermonaten ist vermutlich einer der Gründe dafür, warum Füchse etwa in Japan als Fruchtbarkeitsbringer gelten. Dort wollte es der Volksglaube einst, dass die Reisfeldgottheit Ta No Kami jedes Jahr zu Beginn des Frühlings von den Bergen auf die Felder hinabstieg und über das Gedeihen der Reispflanzen wachte. In den Wochen vor diesem Ereignis waren die Füchse für die Menschen besonders sichtbar, während sie ihr Liebesspiel auf den Reisfeldern trieben. Zudem waren frühe Kultstätten Ta No Kamis oft natürliche oder künstlich angelegte Erdhügel, an denen man dem Reisfeldgott auch Opfergaben darbrachte.[13] Diese dürften Füchse geradezu magisch angezogen haben, sei es als idealer Ort für einen Fuchsbau oder um die geopferten Reiskuchen zu vernaschen. All das machte den Fuchs letztlich zu Ta No Kamis Botentier.

Angesichts dessen, aber auch wegen der magischen Fähigkeiten, die man ihnen zuschrieb, wurden Füchse in Japan vielerorts verehrt. Das zeigt zum Beispiel eine bei der japanischen Landbevölkerung einst besonders beliebte und in vielen Varianten verbreitete Geschichte. Zentrales Motiv dieser Erzählungen ist, dass aus der Verbindung zwischen einem Menschen und einer Kitsune eine Familie hervorgeht. Eines Tages wird die Mutter jedoch als Füchsin enttarnt. Aus Scham oder Angst vor Repression muss sie fliehen, doch sie lässt ihre Familie keineswegs im Stich: Nach der Reisaussaat sorgt sie mit ihrer Magie erst einmal dafür, dass der Reis auf den Feldern ihrer Familie nur schlecht gedeiht. Der Steuerschätzer, der das Dorf bald besucht, legt aufgrund des kümmerlichen Anblicks der Reisfelder entsprechend niedrige Abgaben fest. Nach seiner Abreise lässt die Fuchsfrau den Reis jedoch so rasch wachsen, dass ihr Mann und ihre Kinder doch noch eine reiche Ernte einbringen können.[14]

Der Einfluss des Fuchses und seiner Verwandten auf den Ertrag der Felder ist dabei keinesfalls nur auf die asiatische Mythologie beschränkt – vielmehr ist der Fuchs in vielen Kulturen ein Symbol für die Fruchtbarkeit. In Südamerika etwa ist der unserem Rotfuchs ähnliche Culpeo mit Vegetation, Fruchtbarkeit und Regen assoziiert, und der Anblick von Culpeos bei der Paarung auf den Feldern galt auch dort als gutes Omen für die zukünftige Ernte. In der Region Cusco im zentralen Andenhochland des heutigen Peru waren die Aufseher der Felder mit Culpeo-Fellen bekleidet, weil die Tiere dort Regen und guten Ernteertrag ankündigten.[15]

In Japan war der Aufstieg des Fuchses indes keinesfalls mit der Beförderung zum Botentier Ta No Kamis beendet. Vielmehr trat schon bald ein noch einflussreicherer Arbeitgeber auf den Plan und rief nach seinen Diensten – und dabei handelte es sich um niemand Geringeren als den Gott Inari. Dieser begann seine imposante Karriere zunächst ebenfalls als bescheidene Reisgottheit. Über die Jahrhunderte entwickelte er sich jedoch zu einer der wichtigsten Figuren im shintoistischen und buddhistischen Glauben. Dabei weitete sich auch sein Zuständigkeitsbereich kontinuierlich aus: Inzwischen ist er nicht mehr nur die Gottheit von Reis, Füchsen und fruchtbaren Feldern, sondern auch jene von Tee und Sake, der Landwirtschaft, der Industrie, des Wohlstands und des weltlichen Erfolgs. Zwischenzeitlich beanspruchten auch Schmiede, Händler und Soldaten seine Schutzherrschaft für sich – Langeweile dürfte Inari (von dem es übrigens sowohl weibliche als auch männliche Darstellungen gibt) also äußerst selten verspürt haben.

Offensichtlich waren seine Verehrer jedoch mit den Diensten der viel beschäftigten Gottheit zufrieden, denn heutzutage sind in Japan etwa 32 000 der rund 100 000 Shinto-Schreine Inari gewidmet.[16] In nahezu jeder dieser Stätten finden sich Statuen der weißen Füchse, die Inari als Botentiere dienen, oft als Paar aus einem männlichen Fuchs und einer Füchsin. Manchmal wird das Weibchen dabei auch von einem Welpen begleitet. Viele dieser Steinfüchse zieren rote Lätze oder Halstücher, denn rot ist nicht nur die natürliche Farbe des Fuchses, sondern wird auch mit Inari assoziiert. Im Laufe der Zeit ist die Verbindung zwischen Inari und Füchsen so eng geworden, dass die Gottheit – sehr zum Missfallen ihrer Priester – oftmals selbst als Fuchs dargestellt wird.

Angesichts seiner wachsenden Bedeutung war Inari schließlich nicht mehr nur für die Fruchtbarkeit von Gärten und Feldern zuständig, sondern auch für jene der Menschen. So wurden an manchen Inari-Schreinen bis weit ins 20. Jahrhundert hinein Opfergaben dargebracht, die menschlichen Geschlechtsteilen nachempfunden waren. Ihre Spender erhofften sich dadurch Potenz und Fruchtbarkeit. Einigen Fuchsdarstellungen in Inari-Schreinen werden zudem bis heute magische Kräfte nachgesagt: Manche der Statuen, die eine Füchsin gemeinsam mit einem Welpen zeigen, sollen etwa in der Lage sein, kinderlosen Frauen den Wunsch nach Nachwuchs zu erfüllen.

Die Inari-Expertin Karen Ann Smyers berichtet in ihrem Buch *The Fox and the Jewel* von einem Teehausbesitzer, der sie am Toyokawa-Inari-Tempel in der japanischen Präfektur Aichi in eine alte Tradition einführt: Dort befindet sich ein Pfad, der

Statuen wie diese finden sich in vielen Inari-Schreinen.

von einem eindrucksvollen Paar steinerner Füchse flankiert wird. Der Name des männlichen Fuchses ist Jugoro, jener der Füchsin, die einen Welpen unter ihrer Pfote hält, Jurokuro. Die Frau des Teehausbesitzers habe bereits viele Besucher in die magischen Kräfte Jurokuros eingeweiht, und ihre Gebete seien oftmals erhört worden, so heißt es – viele der Bittstellerinnen hätten sogar Zwillinge bekommen.[17]

Einen neugierigen Menschen fordert das natürlich förmlich dazu heraus, die Wirksamkeit der Fuchsmagie statistisch zu überprüfen. Nun gibt es leider keine wissenschaftlichen Untersuchungen dazu, ob Gebete an Fuchsstatuen tatsächlich die Fruchtbarkeit erhöhen. Dafür können wir aber regionale Besonderheiten von Inari-Schreinen für unsere Analyse nutzen: Während Füchsinnen mit Welpen in Tokioter Schreinen zahlreich sind, findet man sie in Kyoto nur sehr selten. Trotzdem hat ausgerechnet Tokio die niedrigste Geburtenrate aller japanischen Präfekturen, und zumindest im frühen 20. Jahrhundert gab es in Tokio auch weniger Zwillingsgeburten als in Kyoto.[18]

Der Popularität Inaris tat dies jedoch keinen Abbruch. Im Gegenteil: Angesichts seiner Verbindung zu Fruchtbarkeit und Sexualität blieb es nicht aus, dass auch Geishas und Prostituierte seinen Schutz und Segen suchten, damit er ihnen großzügige Freier sandte und sie vor Krankheiten schützte. So kam es, dass Inari-Schreine oft in der Nähe von Vergnügungsvierteln zu finden waren. Humoristische Gedichte aus der Edo-Zeit (1603–1868) verwenden den Ausdruck »am Masaki Inari beten« als Euphemismus für eine ausgelassene Nacht in Yoshiwara, dem seinerzeit einzigen lizenzierten Bordelldistrikt.[19]

In jedem Geisha-Haus und jedem Bordell Yoshiwaras wurde Inari verehrt, und Füchse waren als seine Botentiere dabei stets präsent. Oft schmückten Prostituierte sich mit Fuchsemblemen als Glücksbringer.[20] Andernorts kam der Bezug zwischen Prostituierten und Füchsen sogar ohne den Umweg über eine separate Gottheit aus: In Nordchina und der Mandschurei errichteten Prostituierte und Bordellbesitzer in ihren Etablissements spezielle Fuchsaltäre. Sie verehrten Füchse als Schutzgottheiten, von denen sie sich magische sexuelle Künste und viele wohlhabende Kunden erhofften.[21] In Japan wurden und werden Geishas und Prostituierte darüber hinaus auch direkt mit Füchsen in Verbindung gebracht: Frauen dieser Professionen, die auf Männer besonders bezaubernd wirken, wurden dort einst auch als »o no nai kitsune« (Fuchs ohne Schwanz) bezeichnet. Noch heute ist »Kitsune« als – wenn auch abschätzige – Bezeichnung für Sexarbeiterinnen geläufig.[22]

Von Liebeszaubern und Potenzmitteln

Angesichts der verbreiteten Assoziation zwischen Füchsen und Sexualität ist es wenig überraschend, dass über die Jahrhunderte hinweg alle erdenklichen füchsischen Körperteile zur vermeintlichen Steigerung der menschlichen Fruchtbarkeit verwendet wurden. So gab im 16. Jahrhundert der polnische Rabbi Elijah Ba'al Shem einer unfruchtbaren Frau den Rat, ein Fuchsfell zu verbrennen, die Asche in Wasser zu geben und drei Tage lang davon zu trinken. Ob es funktioniert hat, ist leider nicht überliefert. Andere Autoren empfehlen stattdessen lieber den Verzehr oder die vaginale Einführung von Fuchsgalle oder -leber.[23] Einem siebenbürgischen Volksglauben zufolge besitzen Blut und Hoden von Füchsen fruchtbarkeits- und potenzsteigernde Wirkung.[24] Etwas weniger blutig, aber auch nicht viel appetitlicher ging es in China zu, wo Fuchsspeichel als Aphrodisiakum eingesetzt wurde.[25] Womöglich hatte man beobachtet, dass Fähen unmittelbar vor und während der Paarungszeit vermehrt mit Speichel markieren. Noch bis ins 20. Jahrhundert hinein galt darüber hinaus das Tragen von (Fuchs-)Pelz in manchen Kreisen als sinnlich und erotisch; die Verbindung von nackter Haut und Pelz war zu dieser Zeit eine gängige Komponente erotischer Porträts.[26]

Dass der Fuchs in den Köpfen der Menschen so eng mit Sexualität und Fruchtbarkeit verbunden war, hatte also beileibe nicht nur Vorteile für ihn. Zwar genoss er in Japan Schutz als magisches Tier[27] oder als Bote Inaris, doch dürfte ihm als vermeintlichem dämonischen Verführer andernorts umso stärker nachgestellt worden sein. Ebenso hat die Verwendung von Fuchskörperteilen als Aphrodisiaka, vor allem aber die Nutzung ihres Pelzes als schmuckes (und bisweilen erotisches) Kleidungsstück viele Füchse das Leben gekostet.

Ob auch moderne Jäger die von ihnen erlegten Füchse zur Herstellung potenzsteigernder Mittel nutzen, ist mir nicht bekannt. Allerdings ist es durchaus gängig, den Penisknochen von Fuchsrüden als Jagdtrophäe zu präparieren. Dieser ist eine Verknöcherung des Schwellkörpers, die bei den Männchen vieler Säugetierarten zu finden ist. Wie die Jäger und Jagdbuchautoren Christof Janko und Konstantin Börner ausführen, handelt es sich dabei um eine »bei uns zumindest regional verbreitete Trophäe […]. Früher als Fruchtbarkeitssymbol geltend, findet dieser Knochen heute immer häufiger seinen Weg als Erinnerungsstück ins Jagdzimmer. […] Der Penisknochen von Füchsen hat eine durchschnittliche Länge von 5,5 Zentimetern.«[28]

Jäger machen sich zudem gerne die Paarungszeit zunutze, um Füchse leichter vor die Flinte zu bekommen. Während der sogenannten Ranz sind Füchse nämlich oft auch am Tag unterwegs, die Erregung vernebelt ihnen die Sinne, und insbesondere die Rüden schlagen ihre sonst so ausgeprägte Vorsicht oftmals in den Wind. Die Paarungszeit ist daher jene Zeit des Jahres, in der Füchse am intensivsten bejagt werden. Vielerorts rufen Jagdvereine dann »Fuchswochen« aus, bei denen es darum geht, revierübergreifend so viele Füchse wie möglich zur Strecke zu bringen. Die *Deutsche Jagdzeitung* veranstaltete im Dezember 2021 gar einen Fuchsjagd-Wettbewerb – mit Urkunden und Medaillen für diejenigen Jäger, die die meisten Füchse töteten.[29]

Um dieses Ziel zu erreichen, gibt es viele Mittel: So nutzen Jäger beispielsweise aus, dass Füchse sich zur Paarung oft im Bau aufhalten. Mit »raubwildscharfen« Hunden werden diese dann aus ihrem Zuhause getrieben, geradewegs vor die Flinten wartender Schützen. Den Harn erlegter Fähen setzen Jäger ein, um Rüden in Schussweite zu locken. Demselben Zweck dienen so genannte Ranzbeller – kleine, aus Holz oder Hirschhorn gefertigte Instrumente, mit denen Jäger die Paarungsrufe von Füchsen nachahmen.

Ganz anders als in den japanischen Kitsune-Mythen sind es im realen Leben also Menschen, die die Sexualität der Füchse gnadenlos ausnutzen – und dabei alles andere als harmlosen Schabernack im Sinn haben.

Füchsisches Liebesspiel: Fakten und Fiktion

Wieder und wieder hat die Fähe während der letzten Nacht den Rüden aufgefordert, und jedes Mal war er sofort zur Stelle. Die Spannung und das wilde, ausgelassene Liebesspiel lassen ihn die winterliche Kälte völlig vergessen. Es gibt in diesen Tagen nichts als sie beide und die aufregende Zweisamkeit, die sie teilen.

Nach der Paarung kann der Rüde sich zunächst noch nicht von der Fähe trennen. Der sogenannte Knoten an der Basis seines Penis ist angeschwollen; für eine Weile bleiben die beiden Füchse dadurch miteinander verbunden. Also hebt er seinen linken Hinterlauf über den Rücken der Füchsin, und so steht das Liebespaar Hinterteil an Hinterteil. Immer wieder versucht einer der beiden, die langsam unbequem werdende Verbindung zu lösen, und zerrt den anderen mal hierhin, mal dorthin. Jede heftige Bewegung ist schmerzhaft, aber Fuchs und Füchsin bleibt nichts anderes übrig, als sich zu gedulden.

Nachdem die beiden sich schließlich voneinander getrennt haben, dauert es nicht lange, bis die Lust die Erinnerung an den Schmerz wieder verdrängt hat. Jetzt, in der Paarungszeit, gilt schließlich noch für ein, zwei Tage: Nach dem Akt ist vor dem Akt.

Für einige Tage bis Wochen dominiert tatsächlich die Sexualität das Leben von Füchsen, und wenn man nur diese Tage betrachtet, könnte man vielleicht zu dem Schluss kommen, dass der Fuchs seinen Ruf zu Recht besitzt. Wie aber sieht es aus, wenn man einen genaueren Blick auf Reinekes Verhalten wirft – hat er all die Zuschreibungen von Fruchtbarkeit, Sexualität und Verführung, aber auch Promiskuität, Zügellosigkeit und sexueller Gewalt wirklich »verdient«?

Füchse werden – im Gegensatz etwa zu Wölfen – bereits in ihrem ersten Lebensjahr geschlechtsreif. Das führt dazu, dass sie bei Bedarf ein höheres Fortpflanzungspotenzial besitzen als ihre größeren Verwandten. Zieht man hingegen andere Spezies zum Vergleich heran, wirkt die füchsische Vermehrungsfreude geradezu zölibatär: Während eine Füchsin nur einmal im Jahr Nachwuchs bekommen kann, sind bei einer Hauskatze zwei bis drei Würfe möglich; von Kaninchen (zehn bis zwölf Würfe mit jeweils bis zu zwölf Jungen) ganz zu schweigen. Hinzu kommt, dass Füchse – wie wir im nächsten Kapitel noch sehen werden – ihre Geburtenrate den sozialen Bedingungen anpassen. Wo die Verluste gering sind und stabile Lebensbedingungen herrschen, wird weniger Nachwuchs geboren. Von einer ausufernden Vermehrungsfreude kann man bei Füchsen also kaum sprechen.

Sind dann vielleicht ausgeprägte Promiskuität und Beliebigkeit in der Partnerwahl Gründe für die Assoziation des Fuchses mit Sexualität? Im Kapitel über das füchsische Familienleben haben wir ja bereits gesehen, dass es bei Füchsen – je nach Lebensumständen und individuellen Vorlieben – ganz unterschiedliche Modelle des Zusammenlebens gibt. Während Polygamie in manchen Fuchsgesellschaften sehr verbreitet ist, stellt sie andernorts die Ausnahme dar. Welche Faktoren die Treue von Fuchs und Füchsin beeinflussen, ist noch nicht endgültig geklärt, aber Nahrungsverfügbarkeit[30], Populationsdichte[31] und Sterberate[32] scheinen allesamt eine Rolle zu spielen.

Auf individueller Ebene gibt es beide Extreme. So brachte eine Fähe aus Bristol in einem einzigen Wurf die Welpen von sage und schreibe sieben verschiedenen Vätern zur Welt.[33] Auf der anderen Seite leben viele Füchse streng monogam und paaren sich über Jahre hinweg immer wieder mit demselben Partner.[34] Das Spektrum zwischen Einehe und freier Liebe ist bei Füchsen also ähnlich breit wie bei uns Menschen.

Alles in allem fallen Füchse verglichen mit anderen Spezies somit nicht durch besonders promiskes Verhalten auf. Im Gegensatz etwa zu Mardern und manchen Vogelarten neigen sie auch nicht zu sexueller Gewalt: Vergewaltigungen der Fähe durch den Rüden sind bei Füchsen nicht üblich. Trotz ihres ausgedehnten Vorspiels dürften Füchse aufs Jahr gerechnet zudem deutlich weniger Zeit mit sexuellen Aktivitäten verbringen als die meisten Menschen.

Betrachtet man das Verhalten von Füchsen in der realen Welt, gibt es alles in allem also wenig Gründe, Füchse stärker mit Sexualität und Fruchtbarkeit zu assoziieren als andere Tiere. Wenn die Umstände es erlauben, sind sie zärtliche Ehepartner und fürsorgliche Eltern. Sex gibt es für sie bestenfalls für ein paar Tage im Jahr, und auch das erst nach langsamer, zehrender Annäherung. Woher also kommt der Gedanke vom Fuchs als »sexy animal«?

Diverse Autoren haben im Laufe der Jahre den Schwanz des Fuchses als Phallussymbol ins Spiel gebracht. Vor allem bei Fuchsstatuen in Inari-Tempeln ist dieser – obwohl die Füchse in der Regel sitzend dargestellt werden – meist unnatürlich hoch aufgerichtet. In vielen Darstellungen ziert ihn zudem ein großer, rund geformter Edelstein.[35] Nun mögen die betreffenden Bildhauer diese Assoziation tatsächlich im Sinn gehabt haben, als sie ihre Kunstwerke schufen, doch ist es unwahrscheinlich, dass der Fuchs nur durch seinen Schwanz zum Fruchtbarkeitssymbol wurde. In der Realität tragen Füchse ihren Schwanz nämlich nur äußerst selten steil nach oben gereckt – und wenn, handelt es sich dabei meist um eine Dominanzgeste ohne sexuelle Konnotation.

Einen weitaus größeren Anteil an seinem Ruf dürften Aussehen und Körpersprache des Fuchses haben. So ist ein Fuchs im dichten Winterpelz für die amerikanische Autorin Rebecca L. Grambo das »Schönheitsideal des Tierreichs«.[36] Selbst nüchterne Wissenschaftler wie der kanadische Biologe J. D. Henry kommen ins Schwärmen, wenn sie über »Anmut und Eleganz« des Fuchses schreiben: »Ästhetik und Anpassung werden im Rotfuchs eins – seine exquisitesten körperlichen Merkmale sind gleichzeitig einige seiner wichtigsten Werkzeuge im Überlebenskampf. Seine langen, zierlichen Läufe, der gazellenähnliche Körper und die listigen gelben Augen bezaubern, aber sie sind zugleich Merkmale, die ihn zu einem effektiven Jäger machen. Wer den auffälligen kürbisfarbenen Pelz, die samtenen schwarzen Ohren und den prachtvollen buschigen Schwanz betrachtet, stellt sich die Frage, warum der Fuchs eine so auffällige Erscheinung ist, während die meisten anderen Beutegreifer auf Tarnung setzen.«[37]

Für Henry ist der Fuchs »die Primadonna unter den Hundeartigen«, eine »geschmeidige, zierliche Gestalt, die sich gleichermaßen mit Eleganz und tödlicher Exaktheit bewegt«. Genau diese perfekt funktionale Anmut des Fuchses macht womöglich seinen besonderen Reiz aus und weckt bei Menschen Assoziationen mit begehrenswerten Vertretern der eigenen Spezies. Selbst die Gangart des Fuchses, das sogenannte Schnüren, bei dem jeweils eine Pfote vor der anderen verschränkt in einer Linie aufgesetzt wird, erinnert an den Laufstil von Models auf dem Catwalk. Und dass der Fuchs dabei auch noch als besonders schlau und gewieft gilt, tut seiner Attraktivität gewiss keinen Abbruch.

All das ist aber eine kulturelle Projektion, die mit der biologischen Realität nur am Rande etwas zu tun hat. Sie sagt letztlich nur wenig über den Fuchs aus – dafür umso mehr über uns Menschen und unser Verständnis von Sexualität.

Die Last, ein Sexsymbol zu sein

Menschen neigen dazu, Attraktivität und Eleganz mit sexueller Aktivität gleichzusetzen, obwohl es zwischen den beiden Eigenschaften keinen Zusammenhang geben muss. Vielmehr ist dabei wohl der Wunsch Vater des Gedankens: Wir projizieren unsere eigenen Sehnsüchte beim Anblick attraktiver Artgenossen voreilig auf das Ziel unserer Begierde. Das führt im einfachsten Fall zu peinlichen, aber schnell ausgeräumten Missverständnissen, und die Beteiligten gehen unbehelligt ihrer getrennten Wege. Problematisch wird es jedoch, wenn ein Nein nicht akzeptiert wird und aus höflichen Avancen aufdringliche Anmache oder sogar Stalking wird. Aus der Ablehnung entsteht bei der Person, die sich einen Korb eingefangen hat, dann Frustration und gekränkte Eitelkeit, die sich schlimmstenfalls in Aggression entlädt. Und je stärker das Begehren, desto größer auch die Frustration.

Insofern kann Schönheit also durchaus auch für Menschen eine Last (oder sogar eine Gefahr) sein. Hinzu kommt, dass vor allem Frauen bisweilen voreilig auf ihr Aussehen reduziert werden – nach dem Motto, dass eine attraktive Frau nicht gleichzeitig auch intelligent sein könne. Wie präsent dieses Klischee sogar in den Köpfen gebildeter Menschen ist, zeigt eine Untersuchung von Forschern der israelischen Ben-Gurion-Universität. Diese sandten Bewerbungen zu insgesamt 2656 Stellenangeboten an verschiedene Unternehmen. Die Unterlagen unterschieden sich nur darin, dass die jeweiligen Lebensläufe entweder kein Foto, ein Foto eines durchschnittlich attraktiven Menschen oder ein Foto einer überdurchschnittlich attraktiven Person enthielten. Während unter den männlichen Bewerbern besonders attraktive Kandidaten mit höherer Wahrscheinlichkeit eine Einladung zu einem Vorstellungsgespräch erhielten, war es bei Frauen bezeichnenderweise genau andersherum – ihre Attraktivität geriet ihnen also zum Karrierenachteil.[38]

Ob Fuchs oder Mensch: Die oberflächliche Fokussierung auf Äußerlichkeiten verstellt den Blick auf wirklich wichtige Qualitäten. Beim Menschen mögen das solche Eigenschaften wie Ehrlichkeit, Gerechtigkeitssinn, Mut, Hilfsbereitschaft oder Selbstlosigkeit sein, aber auch beim Fuchs verbirgt sich hinter dem hübschen Äußeren ein Tier mit vielen anderen faszinierenden Eigenschaften und Fähigkeiten. Und auch, wenn das Image des Fuchses als »Sexsymbol« nur eine menschliche Projektion ist: Es gibt durchaus Gründe, ihn als Fruchtbarkeitsbringer zu feiern. Als eifriger Mäuse- und Rattenjäger auf Feldern und Wiesen ist Reineke nämlich ein ausgesprochener Landwirtschaftsnützling, der dabei hilft, die Ernte zu sichern. Zumindest in diesem Punkt lagen die Menschen im alten Japan also richtig – und sowohl Ta No Kami als auch Inari haben bei der Wahl ihrer Botentiere so viel Weisheit bewiesen, wie ihnen nachgesagt wird.

Der Fuchs als Sündenbock

Warum scheinbar naheliegende Antworten nicht immer die richtigen sind

(Dag Frommhold)

»Fuchs, du hast die Gans gestohlen,
gib sie wieder her!
Sonst wird dich der Jäger holen,
mit dem Schießgewehr.«

Deutsches Kinderlied

Dass es mit unserem Verhältnis zum Fuchs nicht zum Besten bestellt ist, deutet sich schon in einem unserer bekanntesten Kinderlieder an. »Fuchs, du hast die Gans gestohlen«, im Jahr 1824 von dem sächsischen Komponisten und Lyriker Ernst Anschütz ursprünglich unter dem Titel »Warnung« verfasst, porträtiert den Fuchs als unverfrorenen Dieb. Noch heute ist es in fast jedem Liederbuch für Klein- und Kindergartenkinder zu finden, und während manch anderes Kinderlied im Lauf der Jahrzehnte textlich modernisiert und von Gewalt bereinigt wurde, blieben die Zeilen dieses Stücks weitgehend unverändert. Viele dürften den Fuchs also schon in ihrer Kindheit als Verbrecher kennenlernen, den man unter Androhung tödlichen Waffengebrauchs zur Ordnung rufen muss.

Nun gehört der Diebstahl von Hausgeflügel – mit dem wir uns ja bereits in dem Kapitel zur füchsischen Streitkultur befasst haben – bei Weitem nicht zu den schlimmsten Dingen, die man dem Fuchs im Lauf der Jahrtausende angelastet hat. Mag man über manchen Streich japanischer Kitsunes noch schmunzeln, so verging den Menschen im abendländischen Mittelalter spätestens dann das Lachen, wenn der vermeintliche Fluch eines Hexenfuchses sie an Krätze, Pest oder Typhus erkranken ließ. Noch weniger Spaß verstand der menschenfressende Teumessische Fuchs, eine unsterbliche Gestalt aus der griechischen Mythologie, die ganze Landstriche terrorisierte. Und von den chinesischen Fuchsgeistern, deren dämonischer Einfluss das Schicksal von Kaiserdynastien besiegelte, haben wir ja schon zu Beginn dieses Buches gehört. Überhaupt waren der Fuchs und seine mythischen Verwandten verdächtig oft involviert, wenn es galt, Krankheit, unerwartete menschliche Boshaftigkeit und Katastrophen zu erklären – zumindest deutlich häufiger, als man es von einem mittelgroßen mäusejagenden Beutegreifer erwarten würde.

Dabei muss man sich gar nicht in mythische Gefilde oder die ferne Vergangenheit fremder Kontinente begeben, um dem Fuchs als konkreter Bedrohung menschlichen Wohlergehens zu begegnen. Direkt vor unserer Haustür spielten sich in den letzten fünfzig Jahren dramatische Geschichten rund um Meister Reineke ab. Sie handeln von gefährlichen Krankheiten und unerbittlichen Feldzügen, brillanten Wissenschaftlern und zwielichtigen Strippenziehern, opportunistischen Politikern und unterschätzten Verbündeten. Unterwegs begegnen uns aussichtslos erscheinende Kämpfe, die Gier nach Macht und Geld, aber auch viele überraschende Wendungen. Wird der Fuchs am Ende tatsächlich als Übeltäter dastehen, oder entpuppt er sich vielleicht sogar als verkannter Held?

Fuchsteufelswild

Es ist noch gar nicht so lange her, dass der Anblick eines Fuchses in weiten Teilen Europas Furcht, zumindest aber doch ein gewisses Unbehagen auslöste. Ich erinnere mich noch gut daran, wie man meinen Grundschul-Klassenkameraden und mir Mitte der 1980er-Jahre eine gehörige Skepsis vor Füchsen einbläute. Besonders warnte unsere Lehrerin uns vor Tieren, die keine oder wenig Scheu zeigten, sich Menschen näherten und womöglich gar Schaum vor dem Maul hatten. Damals spielte ich gerne mit meinen Freunden auf einem am Waldrand gelegenen Abenteuerspielplatz. Als ich eines Tages vom Klettergerüst aus einen Fuchs erspähte, dauerte es eine ganze Weile, bis wir uns heruntertrauten – und das, obwohl ich Füchse schon damals eigentlich sehr sympathisch fand.

Der Grund für diese Angst vor dem Fuchs war die Tollwut, die damals in Deutschland und vielen anderen europäischen Ländern grassierte. Die Tollwut ist eine heimtückische Viruserkrankung, die warmblütige Lebewesen befällt und zu schweren Gehirnentzündungen führt. Erkrankte Menschen zeigen zunächst Lähmungserscheinungen, wirken verwirrt und verfallen in Angstzustände. Später können dann Wutanfälle und körperliche Aggression hinzukommen. Tiere werden in diesem Stadium bisweilen rastlos und schnappen nach allem, was sich bewegt. Diese »rasende Wut« spielt auch bei der Verbreitung der Krankheit eine wichtige Rolle, weil die Infektion meist durch Bisse übertragen wird. Allerdings zeigen bei Weitem nicht alle erkrankten Tiere diese berüchtigten Symptome: Bei Füchsen etwa sind es nur rund elf Prozent.[1] Der Großteil der Opfer leidet dagegen an fortschreitenden Lähmungserscheinungen und stirbt einen stillen Tod in Apathie.

Wird man von einem tollwütigen Tier gebissen, hat man je nach Ort der Verletzung höchstens einen Tag Zeit, um sich eine rettende Spritze geben zu lassen. Dabei handelt es sich um eine sogenannte postexpositionelle Impfung, die das Überleben sichert. Verpasst man dieses Zeitfenster, endet die Erkrankung nahezu immer tödlich. Jedes Jahr fordert die Tollwut in Afrika und Asien daher noch heute Zehntausende Menschenleben.

Füchse spielten vor allem im Infektionsgeschehen der europäischen Nachkriegszeit eine zentrale Rolle. Sie sind nämlich – wie andere Hundeartige auch – für das Tollwutvirus besonders anfällig und können bereits an einem Zehntausendstel der Virendosis erkranken, die nötig ist, um einen Menschen zu infizieren.[2] So kam es, dass die Tollwut bald ungezügelt in der Fuchspopulation grassierte. Punktuell übertrugen erkrankte Füchse sie durch Bisse auf Haustiere, und diese gaben das Virus dann vereinzelt an Menschen weiter. Zwar kamen die Deutschen mit gerade einmal neun Infektionsfällen zwischen 1947 und 1981 vergleichsweise glimpflich davon,[3] doch die Gefahr schien groß genug, um das Thema Tollwut weit oben auf die politische Agenda zu setzen. Und so gerieten Füchse im wahrsten Sinne des Wortes ins Visier von groß angelegten Kampagnen, die die Eindämmung der Epidemie zum Ziel hatten.

Die Grundidee war damals, Füchse so stark zu dezimieren, dass Begegnungen zwischen ihnen selten werden – so selten, dass ein infizierter Fuchs vor seinem Tod im Durchschnitt weniger als einen anderen Fuchs anstecken kann. Berechnungen zufolge war es dafür notwendig, den Fuchsbestand auf nur 0,3 Füchse pro Quadratkilometer zu reduzieren.[4] Bereits 1959 wurden daher Abschussprämien für Füchse gezahlt;[5] Politiker wiesen die deutschen Jäger an, so viele Füchse wie irgend möglich zu erlegen. Ab 1964 begann man zusätzlich in vielen Bundesländern, die Bewohner jedes bekannten Fuchsbaus mit Giftgas zu töten – eine Praxis, die der damalige FDP-Landwirtschaftsminister (und Hobbyjäger[6]) Josef Ertl mit der Tollwut-Verordnung von 1970 zum bundesweiten Standard erhob. So wurden Füchse dann im doppelten Sinn zu den Hauptopfern der Tollwut: Sie litten und starben zu Hunderttausenden an der Krankheit selbst, und zugleich begann der Mensch nahezu europaweit einen regelrechten Vernichtungsfeldzug gegen sie. Tausende Fuchsfamilien wurden in ihren Bauen vergast, während Jäger mit Flinten und Fallen jeden Fuchs töteten, dessen sie habhaft werden konnten.

Doch die Dinge entwickelten sich anders als erwartet: Verblüffenderweise gab es nach zwanzig Jahren dieses einseitigen Kriegs keineswegs weniger Füchse als zuvor. Die jährlichen Abschusszahlen, die einen groben Anhaltspunkt für die Populationsdichte einer bejagten Tierart geben können, blieben im langfristigen Durchschnitt etwa auf demselben Niveau. Mitte der 1980er-Jahre wurden in Deutschland schließlich sogar mehr Füchse erlegt als noch zwanzig Jahre zuvor – ein Indiz dafür, dass die Population eher zu- als abgenommen hatte.

Unterdessen breitete die Tollwut sich ungebremst weiter aus: Hatte der Seuchenzug im Jahr 1950 von Nordosten her kommend Berlin erfasst, so fraß er sich in den frühen 1960er-Jahren mit einer Geschwindigkeit von etwa 50 Kilometern pro Jahr weiter durch das Land.[7] Bereits in den 1970er-Jahren war die Tollwut in Deutschland ein Flächenbrand, der sich mit unverminderter Geschwindigkeit in unsere Nachbarländer im Westen und Süden ausbreitete.

Bund und Länder gaben viele Millionen an Steuergeldern für Tötungsprämien und Baubegasungen aus.[8] Von 1967 bis 1972 wurden deutschlandweit 63 000 Dosen des berüchtigten Giftgases Zyklon B in 25 000 Fuchsbauen freigesetzt,[9] ohne dass man dem angestrebten Ziel, die Tollwut einzudämmen, auch nur näherkam. Zudem stellten sich dramatische Nebeneffekte ein: Da in der Regel nicht kontrolliert wurde, ob ein Bau tatsächlich von Füchsen oder doch von einer Dachsfamilie bewohnt war, tötete man mit dem Giftgas viele Dachse, obwohl sie eigentlich gar nicht Ziel der Kampagnen waren. Die Auswirkung dieser Kollateralschäden auf die Dachspopulation war verheerend: Vielerorts stand Meister Grimbart in den frühen 1970er-Jahren am Rande der Ausrottung. Wurden etwa in Baden-Württemberg Ende der 1950er-Jahre regelmäßig über sechstausend Dachse pro Jahr erlegt, waren es rund zehn Jahre später nicht einmal mehr ein Zehntel davon.[10] Arten- und Tierschutzbedenken gipfelten 1970 in einer Klage gegen den Giftgaseinsatz vor dem Bundesverwaltungsgericht, doch es dauerte noch weitere vier Jahre, bis die Baubegasungen endlich eingestellt wurden.[11]

So geriet der Versuch, die Tollwut durch das Töten von Füchsen zu bekämpfen, zu einem Desaster sondergleichen – und zu einem Lehrstück über menschliche Vermessenheit. Die Schweizerische Tollwutzentrale fällte schließlich ein vernichtendes Urteil: Sie disqualifizierte die Fuchsbaubegasung als »kurzsichtige Zwängerei eines Scheuklappen-Spezialistentums« und als »Stümperexperiment eines Gaskriegs« gegen die Kleintierwelt.[12] In der Praxis sind die Risiken und Nebenwirkungen menschlicher Eingriffe in die Natur eben oft schwerer kalkulierbar – und folgenreicher –, als wir uns eingestehen wollen.

Geburtenmanagement à la Reineke

So manche Tierart wurde durch menschliche Nachstellungen ausgerottet oder zumindest an den Rand des Aussterbens gebracht. Ganz anders der Fuchs: Er konnte einer höchst ansteckenden Seuche und einer groß angelegten Tötungskampagne zugleich trotzen. Warum aber ist die Fuchspopulation so außerordentlich resistent gegen Dezimierungsversuche? Die Antwort auf diese Frage erfordert einen kleinen Exkurs über Reinekes Familienleben.

Wie wir schon in dem Kapitel »Zu Hause bei Familie Fuchs« gesehen haben, leben Füchse dort, wo die Populationsdichte hoch und die Verluste eher gering sind, oft in größeren Familiengemeinschaften zusammen. Regelmäßig sind solche Konstellationen bei Stadtfüchsen zu beobachten,[13] aber es gibt sie ebenso in freier Natur, wie Untersuchungen im Schweizer Jura[14], im Bayerischen Wald[15] oder in holländischen Dünengebieten[16] zeigen. In diesen Familiengemeinschaften bekommt in der Regel nur die dominante Füchsin Nachwuchs. Das verschafft ihren Welpen einen Überlebensvorteil, weil sie mit weniger Artgenossen um die zur Verfügung stehenden Ressourcen konkurrieren müssen.

Die dominante Fähe hat dabei eine ganze Reihe an Mitteln zur Verfügung, um ihr Exklusivrecht an der Welpenaufzucht durchzusetzen: David Macdonald beobachtete bei seinen Gehegefüchsen zum Beispiel, dass die dominante Füchsin den Rüden so sehr bezirzen konnte, dass dieser nur noch Augen und Ohren für seine Auserwählte hatte und die Annäherungsversuche anderer Fähen stoisch ignorierte.[17] Außerdem ist die dominante Fähe zur Paarungszeit ziemlich eifersüchtig. Ihre rangniedrigeren Artgenossinnen werden angekeift und mit Drohungen auf Distanz gehalten, und wenn eine von ihnen den Fehler begeht, sich dem Rüden zu nähern, bezieht sie auch schon mal eine Tracht Prügel. Dadurch werden die subdominanten Füchsinnen aber nicht nur rein praktisch von der Paarung abgehalten. Der soziale Stress kann sogar so ausgeprägt sein, dass es bei ihnen gar nicht erst zum Eisprung kommt und sie somit quasi hormonell sterilisiert werden.[18]

Selbst wenn es einer rangniederen Fähe gelingt, sich erfolgreich zu paaren (und sei es beim Stelldichein mit einem Rüden aus dem Nachbarrevier), bedeutet das noch nicht, dass ihre Welpen auch tatsächlich geboren werden. Die Ausschüttung von Stresshormonen und die Konzentration der Nahrungsressourcen auf die dominante Füchsin führen bisweilen dazu, dass subdominante Füchsinnen ihren Wurf noch in der Schwangerschaft verlieren.[19, 20] Manchmal kommt es auch vor, dass die Welpen einer rangniederen Fähe zwar geboren, aber nicht erfolgreich aufgezogen[21] oder gar von der dominanten Fähe getötet[22] werden.

Das alles sorgt bei hohen Fuchsbeständen dafür, dass sich nur ein kleiner Teil der Fähen erfolgreich fortpflanzt. Die Geburtenrate ist niedrig, und das reduziert als willkommener Nebeneffekt wiederum die Gefahr von Hungersnöten und Krankheiten. Füchse haben also ausgeklügelte Methoden entwickelt, um ihre Population selbst zu regulieren.

Greift nun jedoch der Mensch mit Flinte und Falle in dieses soziale Gefüge ein, so brechen die Familienstrukturen auf. Die Lebenserwartung sinkt, soziale Beziehungen werden flüchtiger. Die Füchse haben kaum feste Reviere und keine festen Paarbindungen; nahezu jede läufige Fähe findet ihren eher zufälligen Partner, der nach der Paarung gleich weiterzieht, um bei der nächsten sein Glück zu versuchen.[23]

Dadurch steigt der Anteil an Fähen, die Nachwuchs gebären, deutlich an. Hinzu kommt, dass den überlebenden Tieren mehr Ressourcen zur Verfügung stehen – und das wiederum führt meist dazu, dass pro Wurf auch mehr Welpen zur Welt kommen. Als in Dänemark 2012 ein erheblicher Teil der Fuchspopulation einer Staupeepidemie zum Opfer fiel, studierten Forscher das Ausmaß dieser Effekte. Vor dem Staupeausbruch bekam dort nur ein kleiner Anteil der Jährlingsfähen Nachwuchs: Füchsinnen in ihrem ersten Lebensjahr machten gerade einmal sechs Prozent der reproduzierenden Weibchen aus. Nach der Epidemie lag ihr Anteil dagegen bei 61 Prozent. Hatten die allermeisten jungen Fähen sich zuvor also nicht fortgepflanzt, beteiligten sie sich nun rege am Reproduktionsgeschehen. Doch damit nicht genug: Während die mittlere Wurfgröße vor dem Einbruch der Population noch bei 5,6 Welpen gelegen hatte, schnellte sie danach auf sage und schreibe 8,2 in die Höhe.[24] Die Vermehrungsrate der Füchse war also beträchtlich gestiegen.

Eine britische Studie, die die Geburtenraten von Füchsen in Gebieten mit unterschiedlichen Fuchsdichten untersuchte, kam zu ähnlichen Ergebnissen: Wo nur wenig Füchse lebten, verzeichneten die Forscher eine mittlere Wurfgröße von 6,38 Welpen. In einem Gebiet mit hoher Fuchsdichte waren es dagegen nur 4,49.[25] Und im Nationalpark Bayerischer Wald, wo Füchse geschont werden und die Verluste entsprechend gering sind, wurden an den Fuchsbauen im Mittel nur 1,7 Welpen beobachtet.[26]

Stärkere Verluste führen also zu deutlich höheren Geburtenraten. Hochrechnungen zufolge müsste man flächendeckend Jahr für Jahr mehr als 80 Prozent der Füchse töten, um die Fuchspopulation tatsächlich dauerhaft zu reduzieren[27, 28] – eine Zahl, die in der Praxis bei einem so intelligenten und anpassungsfähigen Tier wie dem Rotfuchs schlicht unerreichbar sein dürfte. Das erklärt auch, warum selbst die massiven Tötungskampagnen der 1960er- und 1970er-Jahre der Fuchspopulation wenig anhaben konnten.

Doch das wahre Ausmaß des Desasters offenbart sich erst, wenn man einen Blick darauf wirft, wie Krankheiten sich in der Fuchspopulation verbreiten. Wie wir ja schon gesehen haben, geht das umso schneller, je mehr Tiere zueinander Kontakt haben. Wird nun aber der Inhaber eines Fuchsreviers getötet, lockt das reviersuchende Füchse geradezu magisch an. Diese wandern dann aus angrenzenden Arealen ein und füllen das entstandene »Fuchsvakuum« oft schon binnen weniger Tage wieder auf. Während Reviere in Gebieten mit geringen Verlusten oft über Jahre gehalten werden und die Revierinhaber Konflikte mit Nachbarn nach Möglichkeit vermeiden (wie wir im Kapitel über füchsische Streitkultur gesehen haben), herrscht in Fuchspopulationen mit starken Verlusten soziales Chaos. Wo die Lebenserwartung der Füchse kaum mehr als ein Jahr beträgt, haben stabile Beziehungen und gegenseitig anerkannte Reviergrenzen Seltenheitswert. Und wo viele Füchse getötet werden, gibt es durch die steigenden Geburtenraten mehr reviersuchende Jungtiere, die sich dann – untereinander und mit den jeweiligen Revierinhabern – Territorialkämpfe liefern. Die Kontaktrate zwischen den

Tieren sinkt also nicht, sondern sie steigt an. Revierkämpfe sind dabei natürlich perfekt dazu geeignet, eine ansteckende Krankheit wie die Tollwut von einem Fuchs an den nächsten weiterzugeben. Das Ergebnis ist fatal: Statt die Ausbreitung von Krankheiten einzudämmen, kann das Töten von Füchsen wie ein Brandbeschleuniger wirken, der aus einem lokalen Feuer einen Flächenbrand macht.[29, 30]

Impfen wirkt

Dass die Geschichte mit der Tollwut zumindest in weiten Teilen Europas dennoch ein Happy End fand, ist nicht etwa der Waffenindustrie, der Chemiebranche oder der Jagdlobby zu verdanken, sondern der Veterinärmedizin. Anfang der 1970er-Jahre entdeckten Forscher die Möglichkeit, Füchse per Schluckimpfung gegen die Tollwut zu immunisieren. 1978 wurden in der Schweiz im Rahmen eines Feldversuchs erstmals Köder mit Tollwutimpfstoff eingesetzt, und ab 1983 fanden dann auch in Deutschland Tests damit statt. Zunächst fiel die Wahl des Köders auf Hühnerköpfe, die von Hand mit dem Impfstoff präpariert und dann einzeln ausgelegt wurden. Allerdings kam diese Methode rasch an ihre Grenzen, weil sie extrem zeit- und personalaufwendig war. Ihren Siegeszug trat die Tollwutimpfung schließlich an, als man begann, Impfköder aus Fischmehl, Paraffin und pflanzlichen Fetten industriell zu produzieren und automatisiert aus Flugzeugen abzuwerfen.[31]

Damit war der Weg frei für eine Wildtier-Impfkampagne sondergleichen, die zwei Millionen Quadratkilometer in vierundzwanzig Ländern abdeckte. Ihr Erfolg war durchschlagend: Bereits 1991 erklärte die Internationale Gesellschaft für Tiergesundheit (OIF) Finnland und die Niederlande für tollwutfrei; 1997 folgte Italien, 1998 die Schweiz, 2000 Frankreich, und im Jahr 2008 schließlich Deutschland und Österreich (die Fledermaustollwut kommt zwar noch immer vor, sie wird jedoch von einem anderen Virenstamm verursacht, bei dessen Verbreitung der Fuchs keine Rolle spielt). Dabei beliefen sich die Aufwendungen für die Impfkampagnen nur auf ein Dreizehntel der Kosten, die für die nutzlosen Baubegasungen und Tötungsprämien angefallen waren.[32]

Der Abwurf von Impfködern aus Flugzeugen ermöglichte die flächendeckende Immunisierung von Füchsen gegen die Tollwut.

Epidemiologisch gesehen ist der Spuk der terrestrischen Tollwut bei uns also seit 2008 ausgestanden. Den Ruf des Fuchses hat das heimtückische Virus indes bis heute beschädigt: An so manchem Ortseingang hängt noch immer das in den 1970er- und 1980er-Jahren allgegenwärtige Hinweisschild »Wildtollwut: Gefährdeter Bezirk«, und noch heute wird die Jagd auf den Fuchs manchmal damit begründet, dass man damit einer erneuten

Ausbreitung der Tollwut »vorbeuge« (was natürlich Unfug ist). All das schürt eine diffuse Furcht vor Meister Reineke und hält ihn im kollektiven Bewusstsein der Menschen als gefährlichen Krankheitsüberträger verankert.

Dabei lag der eigentliche Ursprung des Unheils an ganz anderer Stelle – und zwar in unmittelbarer Nähe des Menschen. Vor dem Zweiten Weltkrieg waren nämlich fast ausschließlich Hunde und Katzen von der Tollwut betroffen. Sie lebten in Dörfern und Städten in weit höherer Dichte, als das bei wild lebenden Tieren in freier Natur der Fall ist. Für die Tollwut bildete das einen perfekten Nährboden. Während Wildtiere zunächst noch weitgehend von der tödlichen Krankheit verschont blieben, war sie in der Stadt ein gängiges Phänomen, und ein Impfstoff war noch in weiter Ferne. Erst nach Kriegsende wurde die Tollwut dann von Haustieren in die wild lebende Tierwelt eingeschleppt und verbreitete sich dort – der Ausgang ist bekannt. Allerdings steckte sich selbst zu Hochzeiten der Epidemie kaum jemand durch Fuchsbisse mit der Tollwut an. Weltweit erfolgten und erfolgen rund 99 Prozent der Tollwutübertragungen auf den Menschen durch Haushunde.[33]

Rückblickend betrachtet, hätten meine Freunde und ich unser Klettergerüst damals also bedenkenlos verlassen können.

Gibt es »zu viele« Füchse?

Mit der Tollwut verschwand eine wahre Geißel für die Füchse Mitteleuropas, der Jahr für Jahr unzählige Tiere zum Opfer gefallen waren. Damit hätte eigentlich alles gut sein können – ein Happy End für Mensch und Tierwelt. Doch wer glaubt, dass Meister Reineke fortan von Nachstellungen verschont geblieben wäre, der irrt. Kaum wurden die ersten Erfolge der Impfkampagne gefeiert, braute sich auch schon neues Ungemach über Deutschlands Füchsen zusammen. Jäger begannen Alarm zu schlagen und vor »explodierenden Fuchsbeständen« zu warnen. Einmal mehr gab es nun angeblich »zu viele« Füchse. Hatte man einst Reinekes Dezimierung angestrebt, um der Tollwut Einhalt zu gebieten, machte man ihm nun zum Vorwurf, das Gleichgewicht in der Natur durcheinanderzubringen.

Tatsächlich wuchsen die jährlichen Fuchsstrecken in den 1990er-Jahren deutlich an. Pro Jahr wurde nun mehr als eine halbe Million Füchse erschossen oder in Fallen gefangen, mehr als doppelt so viele wie noch zehn Jahre zuvor. Theoretisch wäre zwar denkbar, dass die höheren Jagdstrecken einer intensiveren Bejagung geschuldet waren. Da Füchse aber schon in den Jahrzehnten zuvor sehr starker Verfolgung ausgesetzt waren, ist das ziemlich unwahrscheinlich. Deutlich plausibler ist, dass die Fuchspopulation zwischen 1990 und 2000 tatsächlich angewachsen ist. Das wiederum wirft natürlich die Frage auf, warum sich die Dinge so entwickelt haben – und ob Füchse nun tatsächlich »zu« zahlreich sind.

Eine gängige These ist, dass die erfolgreichen Tollwutimpfungen das Wachstum der Fuchspopulation ausgelöst haben. Schließlich schalteten sie die Tollwut als damals wohl mit Abstand häufigste Todesursache von Füchsen aus. Für sich allein greift diese Erklärung allerdings zu kurz. Da die Tollwut unter Wildtieren ja erst nach dem Zweiten Weltkrieg grassierte, würde man für die Vorkriegsjahre eine ähnlich große Fuchspopulation erwarten wie nach der Ausrottung der Tollwut. Auf die Landesfläche umgerechnet, lag die Fuchsstrecke vor dem Krieg aber etwa auf demselben Niveau wie im langjährigen Mittel der 1960er- bis 1980er-Jahre (im Jagdjahr 1936/37 z. B. bei 218 000 Tieren[34]). Weitere Hinweise gibt der Blick auf Großbritannien, das aufgrund seiner Insellage und konsequenter Quarantänepolitik von der Tollwut verschont geblieben ist. Dort entwickelten sich die Abschusszahlen – wenn auch zeitversetzt und über eine längere

Spanne – nämlich sehr ähnlich wie bei uns: Von 1961 bis in die frühen 1990er-Jahre haben sie sich etwa verdreifacht,[35] ohne dass die Tollwut dabei eine Rolle gespielt haben kann.

Wenn also die Tollwutimpfung nicht ursächlich für das Wachstum der Fuchspopulation verantwortlich war, was dann? Immer wieder wird der Wegfall natürlicher Feinde wie Wolf oder Luchs damit in Verbindung gebracht. Wäre an dieser Behauptung etwas dran, hätte die vermeintliche Massenvermehrung der Füchse aber schon viel früher einsetzen müssen. Bevor Luchs und Wolf in den letzten Jahrzehnten langsam zurückzukehren begannen, war der Luchs in Deutschland nämlich schon um 1850 weitgehend ausgerottet, der Wolf sogar schon Mitte des 18. Jahrhunderts. Außerdem können Füchse mitunter sogar von größeren Beutegreifern profitieren, indem sie deren Beutereste vertilgen.[36] Warum soll man schließlich selber auf die Mäusejagd gehen, wenn man sich bei den größeren Verwandten an Reh und Wildschwein laben kann?

Tatsächlich sind wohl ganz andere Veränderungen für das Bevölkerungswachstum bei Meister Reineke verantwortlich – und die haben vor allem mit den veränderten Lebensgewohnheiten von uns Menschen zu tun. Durch Auto und öffentlichen Nahverkehr wurden die Menschen nämlich immer mobiler. Das erlaubte es ihnen, im grünen, günstigeren und weniger dicht besiedelten Umland von Städten zu wohnen und zum Arbeiten in die Stadt zu fahren. In der Folge wuchsen umliegende Dörfer, Kleinstädte und Vororte mit ihrer Einzel- und Reihenhausbebauung und vergleichsweise großzügigen Grundstücken und Grünflächen stark an. Wie wir an anderer Stelle gesehen haben, sind solche Lebensräume geradezu ideal für Füchse. Ist ein Fuchsrevier im Wald 100 oder 200 Hektar groß, genügen im Siedlungsraum meist 25 bis 40 Hektar,[37] um eine Fuchsfamilie zu ernähren. Auf derselben Fläche können dort also deutlich mehr Füchse leben.

Warum aber schlägt sich dieses Populationswachstum in den Jagdstrecken nieder, obwohl in Dörfern und Städten in der Regel nicht gejagt werden darf? Vermutlich liegt das an den zahlreichen Grenzgängern zwischen Siedlungsraum und freier Natur. Fuchsreviere in den Randbereichen von Dörfern und Klein- oder Vorstädten schließen oftmals nämlich auch angrenzende Agrarflächen mit ein. Mancher Fuchs, der sich sonst eher am Stadtrand aufhält, wird womöglich vom Jäger erschossen, wenn er doch einmal auf dem angrenzenden Feld nach Mäusen sucht. Hinzu kommt, dass viele dieser Grenzgänger weiter aufs Land abwandern und dort frei gewordene Reviere übernehmen.

Insofern hat die Fuchspopulation sich also ganz einfach an jene Dichte angepasst, die für die moderne Kulturlandschaft nur natürlich ist. Die Tollwut hat diese Entwicklung hierzulande lediglich hinausgezögert. Kaum war sie eingedämmt, holten die deutschen Füchse im Zeitraffer nach, was ihre Artgenossen im tollwutfreien Großbritannien schon rund dreißig Jahre früher begonnen hatten. Um 1990 war diese Anpassung jenseits des Ärmelkanals abgeschlossen, knapp zehn Jahre später dann bei uns.

Seitdem stagnieren die Abschusszahlen; in Deutschland sind sie in den letzten zwanzig Jahren sogar gesunken.[38] Ob das bedeutet, dass die Fuchspopulation tatsächlich wieder geschrumpft ist, ist jedoch umstritten: So ist die Zahl der jährlich tot aufgefundenen Füchse (das sogenannte Fallwild) weitgehend konstant. Auch die Anzahl an Fuchsbauen, die bei Zählungen erfasst werden, ist stabil.[39] Unklar ist dabei allerdings immer, wie verlässlich offizielle Jagdstrecken, Fallwildzahlen oder Baukartierungen sind. Immerhin werden diese Daten nicht von neutralen wissenschaftlichen Instituten erhoben, sondern von Jägern an die Behörden gemeldet. Zukünftige Forschungsarbeiten werden diesen Zusammenhängen hoffentlich auf die Schliche kommen. Denkbar wäre etwa, dass mancher Jäger angesichts wachsender

Kritik an der Fuchsjagd auch mal den Finger gerade lässt. Möglich ist aber auch, dass Füchse einfach besser darin werden, Jäger zu meiden – etwa, indem sie noch heimlicher leben oder ihre Aktivitäten stärker in Siedlungsräume verlagern.

Fuchsstrecken Deutschland Jagdjahre 1959/60 bis 2020/21

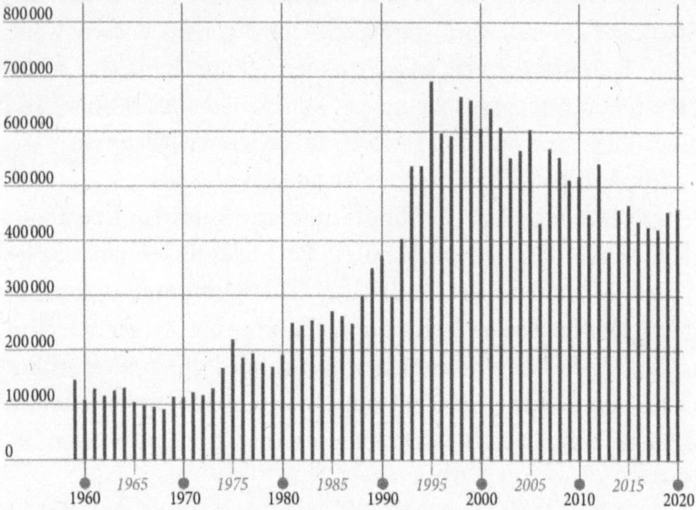

Jagdjahr 1991/92 ohne neue Bundesländer, für die es aus dieser Zeit keine gesichterten Angaben gibt. Jagdjahre vor 1981 ohne DDR (als Referenz: Die Fuchsstrecke in der DDR lag 1981/82 bei 70.641 Tieren).

Obwohl es kein Indiz mehr für eine wachsende Fuchspopulation gibt, werden Jagdverbände und -medien nicht müde zu betonen, dass die Füchse zu zahlreich seien und man ihre Population durch intensive Bejagung »regulieren« müsse. Ein in seiner Zunft sehr angesehener Jagdwissenschaftler ist der Ansicht, dass auf zehn Quadratkilometern Fläche nur ein bis höchstens drei Füchse leben sollten.[40] Damit dürfte die gesamte deutsche Fuchspopulation aus maximal hunderttausend Tieren bestehen – viel weniger, als derzeit jedes Jahr allein von Jägern getötet werden. Betrachtet man Füchse vornehmlich als lästige Beutekonkurrenten, ist diese Sichtweise vielleicht verständlich. Wer sich dagegen am Anblick spielender Fuchswelpen oder mausender Elterntiere erfreut und Wert darauf legt, dass Füchse ihrer angestammten Rolle in der Natur gerecht werden können, vermag über solche Vorstellungen bestenfalls den Kopf zu schütteln.

Wie viele Füchse auf einer bestimmten Fläche leben sollten, ist also ein Thema, über das man trefflich streiten kann. Vermutlich ist dieser Streit – zumindest, wenn man überregionale Maßstäbe betrachtet – aber schlicht Ausdruck menschlicher Selbstüberschätzung. Die Tollwutbekämpfung hat schließlich als gigantischer Feldversuch gezeigt, dass bereits die Annahme irrig ist, man könne Fuchspopulationen flächendeckend »kontrollieren« – und zwar selbst, wenn man alle ethischen Bedenken in den Wind schlägt und zu chemischer Kriegsführung gegen die heimische Tierwelt bereit ist.

Die »richtige« Fuchsdichte ergibt sich ganz ohne menschliches Zutun in Abhängigkeit von Lebensraumgegebenheiten wie Deckung und Vegetation, der Eignung des Bodens zum Graben von Bauen, der Verfügbarkeit von Nahrung zu unterschiedlichen Jahreszeiten oder auch den Wetterbedingungen. Auch das Familienleben der Füchse und die Stabilität der sozialen Bande spielen eine Rolle, wie wir gesehen haben. Die gute Nachricht daran ist, dass es keinen Grund zur Panik vor einer »Explosion« der Fuchsbestände gibt, wenn Füchse nicht oder nicht mehr gejagt werden: Da die Jagd in aller Regel keinen Einfluss auf die Größe der Fuchspopulation hat, führt ihr Wegfall auch nicht dazu, dass es auf einmal mehr Füchse gibt.

Betrachtet man eine größere Fläche, entwickelt sich die Fuchspopulation also weitestgehend unabhängig von unseren Versuchen, sie zu regulieren – ob uns das nun passt oder nicht. Da ist er wieder, der rebellische Reineke, der sich nicht nach menschlichem Belieben einhegen lässt, der aller Verfolgung trotzt und sich unserem Kontrollwahn erfolgreich widersetzt.

Vielleicht begreift der Mensch diese Widerstandsfähigkeit als Provokation. Diesen Eindruck könnte man jedenfalls gewinnen, wenn man unsere Reaktionen auf *Echinococcus multilocularis* betrachtet, einen Parasiten, in dessen Entwicklungszyklus mäusefressende Beutegreifer wie der Fuchs eine wichtige Rolle spielen.

Klein und gemein

Echinococcus multilocularis ist ziemlich mickrig – sein aus mehreren Segmenten bestehender Körper misst in der Länge nur ein paar Millimeter, während andere Bandwurmspezies es auf das Tausendfache bringen können. Was ihm an Größe fehlt, macht er aber durch Heimtücke wett. Verzehrt ein Fuchs eine Maus, die mit seinen Larven befallen ist, reifen diese im Darm des Beutegreifers – des sogenannten Endwirts – zu erwachsenen Würmern heran. Diese produzieren winzige Eier, die der Endwirt mit dem Kot ausscheidet. Nehmen Nagetiere (die Zwischenwirte) diese Eier nun mit der Nahrung auf, gelangt die Larve des Bandwurms durch die Darmwand in deren Blutbahn. Von dort aus richtet sie durch die Zersetzung des Gewebes in Leber, Lunge oder Milz schwere Schäden an. Eine derart erkrankte Maus wird wiederum zur leichten Beute für Füchse und andere Beutegreifer – und der Zyklus beginnt von Neuem. Während der Bandwurmbefall für den Endwirt kaum schädlich ist, verläuft er für den Zwischenwirt tödlich.

Viele werden an dieser Stelle bereits erraten haben, dass es sich bei *Echinococcus multilocularis* um jenen Parasiten handelt, der im Volksmund »Fuchsbandwurm« genannt wird. Auch Menschen können sich mit ihm infizieren, wenn sie versehentlich seine Eier aufnehmen. Eine solche Infektion äußert sich im Krankheitsbild der alveolären Echinokokkose, die unbehandelt zur Zerstörung lebenswichtiger Organe und nach zehn bis fünfzehn Jahren zum Tod führen kann. Zwar vermag die moderne Medizin ihr Einhalt zu gebieten, wird sie jedoch erst spät diagnostiziert, muss der betroffene Patient lebenslang Medikamente einnehmen, um ein weiteres Fortschreiten der Krankheit zu verhindern.

So schlimm eine solche Erkrankung für die betroffenen Menschen sein kann, ist die alveoläre Echinokokkose glücklicherweise aber auch extrem selten. Zwischen 2015 und 2020 wurden in Deutschland pro Jahr etwa dreißig bis fünfzig Erkrankungen diagnostiziert[41] und an das Robert Koch-Institut in Berlin gemeldet, das über alle meldepflichtigen Krankheiten Buch führt. Damit zählt sie zu den seltensten Parasitenerkrankungen Europas. Zur Einordnung: Sich mit dem Fuchsbandwurm zu infizieren ist hierzulande ähnlich unwahrscheinlich, wie vom Blitz getroffen zu werden[42] – oder, um einen anderen Vergleich zu bemühen: In Deutschland dürften deutlich mehr Menschen durch Jagdwaffen zu Schaden kommen als durch *Echinococcus multilocularis.*[43]

Weil zwischen Infektion und Diagnose meist viele Jahre vergehen, ist es im Einzelfall praktisch unmöglich, herauszufinden, wie genau es zu einer Echinokokkose-Infektion gekommen ist. Bisweilen wird der Verzehr von bodennah wachsenden Beeren und Pilzen dafür verantwortlich gemacht. Das ist zwar nicht vollkommen ausgeschlossen, aber doch extrem unwahrscheinlich.[44] Voraussetzung dafür wäre schließlich, dass ein vom Bandwurm befallener Fuchs sein Geschäft genau auf jenen Früchten verrichtet, die ein Pilz- oder Beerensammler pflückt und ungewaschen verzehrt.

Schaut man sich an, in welchen Personengruppen Fuchsbandwurmerkrankungen vergleichsweise häufig auftreten, rücken ganz andere Zusammenhänge in den Fokus. Der allergrößte Teil der Infektionen entfällt nämlich auf Jäger, Landwirte – und nicht zuletzt auf Halter von Hunden und Freigängerkatzen.[45, 46, 47]

Es gehört nicht allzu viel Fantasie dazu, sich vorzustellen, wie ein Jäger sich mit dem Fuchsbandwurm infizieren kann. Wer regelmäßig mit toten Füchsen hantiert, ihnen das Fell über die Ohren zieht oder sie verwendet, um seinen Jagdhunden das Apportieren beizubringen, gehört naturgemäß zur Risikogruppe. Bei Landwirten wird es schon deutlich schwieriger – gesicherte Daten gibt es nicht, denkbar ist aber, dass mit Fuchskot verunreinigtes Erdreich eine Rolle spielt. Verzichtet man auf angemessene Handhygiene bei der Feldarbeit, können Bandwurmeier von den Händen in den Mund gelangen. Was aber hat es mit dem erhöhten Risiko von Haustierbesitzern auf sich?

Genau wie der Fuchs können Katzen und Hunde durch den Verzehr infizierter Mäuse zu Endwirten des Fuchsbandwurms werden. Das bedeutet auch, dass sie mit dem Kot Bandwurmeier ausscheiden. Nun teilen wir mit unseren vierbeinigen Hausgenossen aber nicht nur die Wohnung, sondern pflegen oft auch einen innigen Umgang mit ihnen. Wer es mit dem Händewaschen und mit dem Entwurmen von Haustieren nicht so genau nimmt, läuft dann unter Umständen Gefahr, bei der nächsten Mahlzeit unbemerkt Bandwurmeier mit zu verspeisen.

Trotzdem spielen Haustiere in unserer Risikowahrnehmung kaum eine Rolle. Während man nur selten etwas über das Infektionsrisiko durch Hunde oder Katzen liest, sind Warnungen vor kontaminierten Waldfrüchten nahezu allgegenwärtig. Und ganz davon abgesehen, suggeriert ja bereits der Begriff »Fuchsbandwurm«, wer Schuld an dem ganzen Schlamassel hat. Da überrascht es kaum, dass mancher Jagdfunktionär (wie auch einst bei der Tollwut) den passenden Lösungsansatz umgehend parat hat. Er besteht – wie sollte es anders sein – im Töten von Füchsen. Wo es weniger Füchse gibt, so der Kern der Argumentation, werden schließlich auch weniger Bandwurmeier ausgeschieden.[48]

Belege dafür, dass das tatsächlich funktioniert, gibt es nicht. Das ist auch wenig überraschend, da Bejagung die Fuchspopulation ja eben nicht reduziert. Das ist jedoch nur ein Teil der Wahrheit.

Bereits in den 1990er-Jahren machten Forscher bei der Untersuchung des Darmtrakts von Füchsen nämlich eine interessante Beobachtung. Sie stellten fest, dass Jungfüchse nicht nur deutlich häufiger von Bandwürmern befallen waren als ältere Tiere, sondern ihr Darm auch weitaus mehr Exemplare von *Echinococcus multilocularis* beherbergte.[49, 50] Offensichtlich entwickeln Füchse im Laufe ihres Lebens also eine gewisse Resistenz gegen den Parasiten. Wie wir bereits gesehen haben, führt das Töten von Füchsen nun aber dazu, dass die Geburtenrate und mit ihr der Anteil junger Füchse an der Gesamtpopulation steigt. Bewirkt die Fuchsjagd also am Ende auch hier genau das Gegenteil dessen, was sie eigentlich erreichen soll?

Dieser Frage ging ein französisches Forscherteam nahe der Stadt Nancy in einem vierjährigen Projekt nach. Auf einem Areal von 693 Quadratkilometern wurde die Fuchsjagd dafür unter erheblichem Aufwand intensiviert. Füchse wurden mit allen in Frankreich legalen Methoden bis hin zum nächtlichen Abschuss aus Autos heraus getötet. Obwohl in dem Untersuchungsgebiet dadurch die Anzahl der jährlich getöteten Füchse um 35 Prozent anstieg, gelang es nicht, die Fuchspopulation zu reduzieren. Vor allem aber ist bemerkenswert, dass die Befallsrate, also der Anteil der mit dem Fuchsbandwurm infizierten Füchse, von zuvor 40 auf 55 Prozent anstieg. In einem angrenzenden Vergleichsareal ohne verstärkte Bejagung blieb er dagegen konstant.[51] Offensichtlich gibt es in Gegenden mit besonders intensiver Fuchsbejagung also nicht weniger, sondern *mehr* Bandwürmer – was wiederum auch die Gefahr für den Menschen erhöhen dürfte.

Es ist ein typisch menschlicher Reflex, bei Bedrohungen nach einem Schuldigen zu suchen, den man zur Rechenschaft ziehen kann. Die Furcht erhält dadurch ein Ventil, und der Gedanke, dass man nur den Übeltäter zur Strecke bringen muss, um Sicherheit und Ordnung wiederherzustellen, ist allzu verlockend. Für manchen Jäger mag dabei die Versuchung groß sein, sich durch das Töten von Füchsen als selbstloser Diener an der Volksgesundheit zu profilieren. Allerdings interessiert die Natur sich nicht sonderlich dafür, was für uns Menschen bequem ist. Die Natur kennt keine Sündenböcke und nur selten einfache Lösungen. Biologische oder epidemiologische Zusammenhänge dieser Größenordnung sind komplex, und wir benötigen oft jahre- oder jahrzehntelange Forschung, um sie zu durchdringen. Wer das fahrlässig oder vorsätzlich ignoriert, läuft Gefahr, Öl ins Feuer zu gießen, statt es zu löschen – und hat im schlimmsten Fall Menschenleben auf dem Gewissen.

Dabei gibt es schon seit geraumer Zeit erfolgreiche Ansätze, den Fuchsbandwurm zu bekämpfen, ohne dass dafür auch nur ein Fuchs sterben muss. So wie bei der Impfkampagne gegen die Tollwut lassen sich nämlich auch Medikamente zur Entwurmung von Füchsen großflächig verteilen. Im Landkreis Starnberg wurde genau das in einem Pilotprojekt in den Jahren 2005 bis 2007 gemacht. Bereits im ersten halben Jahr gelang es, den Anteil an Füchsen mit Fuchsbandwurmbefall von zunächst 42 Prozent auf zwölf Prozent zu drücken. Ein weiteres Jahr später trug sogar nur noch ein einziger von 116 untersuchten Füchsen Exemplare von *Echinococcus multilocularis* in seinem Darm.[52] In einem Folgeprojekt im Jahr 2008 wurden Häufigkeit und Dichte der Beköderung erhöht, und die Entwurmungsköder wurden erstmals auch in Siedlungen ausgelegt. Dadurch ging die Befallsrate innerhalb von nur vier Monaten von 35 Prozent auf ein Prozent zurück.[53] Inzwischen gibt es sehr ähnliche Forschungsergebnisse aus vielen anderen Ländern, darunter Frankreich[54], die Schweiz[55], Japan[56] und die Slowakei[57].

Am besten funktionieren solche Entwurmungskampagnen übrigens dann, wenn die Füchse nicht bejagt werden. Die Auswirkungen der Jagd – mehr Jungfüchse und stärkere Wanderbewegungen – wirken nämlich dem Ziel entgegen, auf der beköderten Fläche einen möglichst großen Anteil der Füchse zu entwurmen.[58]

Im Gegensatz zur Tollwut ist leider nicht zu erwarten, dass der Fuchsbandwurm sich durch derartige Entwurmungskampagnen ausrotten lassen wird. Ein entwurmter Fuchs ist nämlich nicht gegen den Bandwurm immun und kann sich, wenn er wenig später mit einer Maus neue Larven aufnimmt, erneut infizieren. Daher ist fraglich, ob Entwurmungskampagnen eines Tages wirklich flächendeckend durchgeführt werden – sie wären nämlich eine Daueraufgabe und daher mit erheblichen Kosten verbunden. Die gute Nachricht ist jedoch, dass jeder Mensch sich selbst wirksam vor dem Fuchsbandwurm schützen kann. Am wichtigsten ist dabei die Hygiene im Umgang mit Haustieren – insbesondere Hunden und Katzen – und deren Entwurmung. Wer Fuchskot im Garten findet, sollte diesen mit einem Kotbeutel für Hunde aufnehmen und in der Mülltonne entsorgen. Nach der Gartenarbeit ist gründliches Händewaschen ohnehin empfehlenswert, und wer Beeren in Bodennähe pflückt, kann auf Nummer sicher gehen, indem er diese vor dem Verzehr gründlich wäscht oder einkocht. Fuchsbandwurmerkrankungen treten also nicht nur extrem selten auf, sondern lassen sich durch das Befolgen einfacher Regeln auch zuverlässig verhindern.

Der Fuchs und der Artenschutz

Mit dem Erkenntnisgewinn über Tollwut und Fuchsbandwurm ist immer deutlicher geworden, dass man die Rolle des Fuchses, vor allem aber jene der Fuchsbejagung, falsch eingeschätzt hat. Zunehmend hat sich herauskristallisiert, dass Parasiten oder Seuchen keine Argumente *für*, sondern vielmehr *gegen* das Töten von Füchsen sind. Wer jedoch glaubt, dass diese Einsicht Reineke womöglich etwas mehr Ruhe verschafft, könnte damit kaum falscher liegen. So einfach wird man seine angestammte Rolle nun einmal nicht los, wenn man als größtes europaweit verbreitetes Raubtier schon seit Jahrhunderten unter Generalverdacht steht.

Genau dieses Raubtierdasein des Fuchses hat den Menschen immer wieder gegen ihn aufgebracht. Der Fuchs war als Hühnerdieb verhasst oder zog als Jagdkonkurrent Zorn auf sich, weil er Beutetiere fraß, die zweibeinige Jäger eigentlich für sich beanspruchten. Seit dem Wachstum der Fuchspopulation in den 1990er-Jahren ist nun ein weiterer Punkt zur Anklageschrift hinzugekommen: Der Fuchs, so heißt es vor allem aus Jägerkreisen, sei zu einer akuten Gefahr für den Fortbestand bedrohter Säugetier- und Vogelarten geworden.

Und diese Ansicht wird durchaus offensiv und öffentlichkeitswirksam vertreten. »Wenn Rebhühner wählen könnten, würden sie für die Fuchsjagd stimmen«, titelte etwa der Deutsche Jagdverband in einer Anzeigenkampagne.[59] Das Rebhuhn ist eine bodenbrütende Vogelart, die auf der Roten Liste der gefährdeten Arten deutschlandweit als »stark gefährdet« eingestuft wird. Sein Bestand ist europaweit vor allem zwischen 1970 und 1990 drastisch zurückgegangen.[60] Es ist aber bei Weitem nicht die einzige heimische Spezies, deren schlechter Erhaltungszustand mit Beutegreifern (und dabei vor allem dem Fuchs) in Verbindung gebracht wird: Neben diversen weiteren bodenbrütenden Vögeln gilt das etwa auch für Feldhase oder Feldhamster. Aber trägt der Fuchs tatsächlich die Schuld am Rückgang dieser Tierarten, und wenn ja, kann (und sollte) man ihnen tatsächlich durch das Töten von Füchsen helfen?

Nun haben der Fuchs und seine jeweiligen Beutetierarten schon seit Jahrtausenden in den unterschiedlichsten Lebensräumen koexistiert, ohne dass es dabei zur großflächigen Ausrottung der Beutetiere gekommen wäre. Das liegt daran, dass Beutegreifer in der Regel nur einen Teil des jährlichen Zuwachses der Beutetierpopulationen fressen – und dass dieser »Überschuss« andernfalls mit hoher Wahrscheinlichkeit durch Krankheiten, Nahrungsmangel, Kämpfe mit Artgenossen, Straßenverkehr oder landwirtschaftliche Maschinen zu Tode gekommen wäre. Sterben mehr Beutetiere durch ihre natürlichen Feinde, reduziert das die Häufigkeit anderer Todesursachen und umgekehrt.

Hinzu kommt, dass generalistische Beutegreifer wie Füchse ihre Jagdstrategie daran anpassen, was Erfolg versprechend ist: Seltenen Beutetieren nachzustellen, ist reine Energieverschwendung. Statt hochgewachsene Wiesen nach Rebhühnern und anderen bodenbrütenden Vögeln zu durchsuchen, ist es sinnvoller, auf Stoppelfeldern oder gemähtem Grünland auf Mäusejagd zu gehen. Infolgedessen machen Rebhuhn oder Feldhase dort, wo sie selten sind, nur einen winzigen Anteil der Fuchsbeute aus. Britische Forscher stellten beispielsweise fest, dass Füchse in Gebieten mit geringer Kiebitzdichte kaum Zeit darauf verschwenden, Weiden und Feuchtwiesen nach Kiebitznestern abzusuchen. Wo Kiebitze jedoch zahlreich sind und sich der Aufwand daher eher lohnt, investieren die Füchse entsprechend mehr Zeit in die Nestsuche.[61] Dieser Effekt schützt seltene Arten auf Kosten der häufigeren.

Beutearten sind ihren Feinden übrigens keineswegs hilflos ausgeliefert. Sie haben beachtliche Verteidigungsstrategien entwickelt, um ihren natürlichen Feinden zu entgehen. Dazu gehören etwa nahezu vollständige Geruchlosigkeit, eindrucksvolle Sinnesleistungen oder enorme Schnelligkeit. So ist es für einen Fuchs beispielsweise nahezu unmöglich, einen gesunden ausgewachsenen Feldhasen zu erwischen. Die Kontrahenten scheinen sich dieser Tatsache sehr wohl bewusst zu sein: Mancher Hase lässt einen Fuchs in wenigen Metern Abstand vorbeischnüren, ohne Reißaus zu nehmen. Der Fuchs versucht unterdessen gar nicht erst, dem Langohr nachzustellen, weil es reine Energieverschwendung wäre. Der Hasenexperte Eberhard Schneider kommt in seinen Berechnungen dementsprechend auch zu dem Ergebnis, dass nur rund fünf Prozent der deutschen Hasen Beutegreifern zum Opfer fallen.[62]

Trotzdem gibt es ein scheinbares Totschlagargument, das Verfechter der Fuchsbejagung gerne ins Feld führen. Die Beweisführung ist dabei ganz einfach: Legt man die bundesweiten Abschusszahlen beim Fuchs mit jenen bei Rebhuhn oder Feldhase übereinander, fällt auf, dass die Fuchsstrecke seit 1990 gestiegen ist, die Hasen- und Rebhuhnstrecken aber gesunken sind. Die Schlussfolgerung, die regelmäßig daraus gezogen wird, ist, dass Füchse für den Rückgang von Feldhase und Rebhuhn verantwortlich sein müssen.

Auch hier ist die Wahrheit – wieder einmal – viel komplizierter, als die oberflächliche Betrachtung vielleicht vermuten lässt. Dass sich zwei Trends zeitgleich in dieselbe (oder auch die entgegengesetzte) Richtung bewegen, heißt schließlich nicht zwangsläufig, dass es auch einen ursächlichen Zusammenhang zwischen diesen Entwicklungen gibt. So findet sich in Europa ein ausgeprägter statistischer Zusammenhang zwischen der Häufigkeit von *Ciconia ciconia* und der Geburtenrate beim *Homo sapiens*. Daraus jedoch abzuleiten, dass der Klapperstorch die Babys bringt, wäre dann doch etwas voreilig.

Schaut man sich die Datenlage rund um Fuchs, Rebhuhn und Feldhase zudem genauer an, entpuppt sich selbst die scheinbar gegenläufige Entwicklung der Jagdstrecken als wenig belastbar. In den Niederlanden und Belgien setzte ein starker Rückgang der Rebhuhnbestände nämlich schon in den 1950er-Jahren ein, während die Fuchspopulation dort erst im Laufe der 1960er-Jahre (Niederlande) bzw. in den 1980er-Jahren (Belgien) anwuchs. In Deutschland begann der Niedergang des Rebhuhns bereits in den 1930er-Jahren und jener des Feldhasen Mitte der 1970er-Jahre; eine Zunahme der Fuchsbestände wurde aber erst ab etwa 1990 verzeichnet. In der Schweiz ging der Feldhasenbestand ab Mitte der 1960er-Jahre deutlich zurück, die Füchse wurden aber erst Ende der 1970er-Jahre zahlreicher.[63] Ganz offensichtlich kann die Entwicklung der Fuchspopulation also nicht für den drastischen Rückgang von Feldhase oder Rebhuhn verantwortlich sein.

Tatsächlich ist wohl eine ganz andere Spezies für die prekäre Situation verantwortlich, in der sich viele Vogel- und Säugetierarten befinden, und zwar – wie sollte es anders sein – der Mensch.

In Europa trieb er die Industrialisierung der Landwirtschaft ab Mitte des 20. Jahrhunderts ohne Rücksicht auf Verluste voran. Im großen Stil wichen Hecken und hochgewachsene Wiesen uniformen Agrarwüsten, die mit schweren Maschinen einfach zu bewirtschaften waren. Für das Rebhuhn gab es kaum noch Deckung, um sichere Nistplätze anzulegen; Insekten, als Eiweißquelle vor allem für die Jungtiere unverzichtbar, wurden durch ausgedehnte Monokulturen und den Einsatz von Pestiziden immer seltener.[64, 65, 66] Auch der Feldhase leidet massiv unter der industrialisierten Landwirtschaft: Schwere Landmaschinen töten Jahr für Jahr weitgehend unbemerkt viele Tausend Junghasen, und der massive Einsatz von Düngern hat zur Folge, dass die derart stickstoffgeschwängerten Pflanzen für Meister Lampe physiologisch kaum noch verwertbar sind. Auf der durchschnittlichen mitteleuropäischen Ackerfläche sind nur noch 21 Prozent der aufgenommenen Nahrung für Hasen verwertbar, während der Rest ungenutzt wieder ausgeschieden wird. Die Tiere verhungern also quasi mit vollem Magen.[67] Addiert man hierzu noch die drastische Zunahme des Straßenverkehrs, der jedes Jahr viele Opfer fordert, verwundert es kaum, dass der Feldhase es in der Kulturlandschaft so schwer hat.

Letztendlich sind all das nur schlaglichtartige Beispiele. Sie führen aber vor Augen, wie sehr die moderne, auf Ertragsmaximierung ausgelegte Landwirtschaft und die damit einhergehende Zerstörung der Lebensräume vielen wild lebenden Tierarten zusetzt. Ähnliche Zusammenhänge zeigen sich bei vielen weiteren Spezies, die auf naturnahe, deckungs- und artenreiche Habitate angewiesen sind. Will man ihnen helfen, muss man dafür sorgen, dass sie wieder geeignete Lebensräume vorfinden – in einer strukturarmen Agrarwüste ist es um ihre Überlebenschancen denkbar schlecht bestellt.

Nun kann ein ausgeräumter, deckungsarmer Lebensraum natürlich dazu führen, dass Beutegreifer leichtes Spiel beim Aufstöbern von Beutetieren haben. Wo es ohnehin wenig Nahrung und kaum schützende Deckung gibt, müssen Letztere viel größere Risiken eingehen, um zu überleben. Die Strecken, die sie auf der Futtersuche zurücklegen, werden weiter und gefährlicher. Vögel haben kaum Möglichkeiten, ihre Nester an sicheren, schwer einsehbaren Stellen anzulegen. Dadurch steigt die Gefahr, dass das Gelege im Magen eines Fuchses oder Marders landet. Tatsächlich zeigt eine ganze Reihe von Studien, dass in ungünstigen Lebensräumen deutlich mehr Birkhühner, Kiebitze, Uferschnepfen und Feldhasen ihren natürlichen Feinden zum Opfer fallen als in naturnahen Habitaten.[68, 69, 70] Nahrungsmangel schwächt die Beutetiere dabei zusätzlich und trägt ebenfalls dazu bei, dass das Prädationsrisiko steigt.

Aber die Beschaffenheit des Lebensraums hat noch andere, weitaus weniger offensichtliche Effekte auf die Interaktionen zwischen Füchsen und ihren Beutetieren. In einer Untersuchung über Kiebitze stellten Forscher zum Beispiel fest, dass die Gefahr, einem natürlichen Feind zum Opfer zu fallen, hauptsächlich von der Dichte der Kiebitznester abhängig war. Wo die Vögel ihre Nester in dichten Kolonien nahe beieinander bauten, waren sie vergleichsweise sicher – offensichtlich trauten sich die Beutegreifer schlichtweg nicht, einen Angriff gegen einen ganzen Schwarm der etwa taubengroßen Vögel zu führen.[71] Auch die Weideviehhaltung kann Gelege von Bodenbrütern gefährden: Wo es hohe Dichten an Weidevieh gibt, werden einerseits viele Gelege zertrampelt. Zudem werden brütende Elterntiere aber auch immer wieder durch grasende Kühe, Schafe oder Pferde aufgescheucht. Für Beutegreifer kommt das einem großen leuchtenden Pfeil gleich, der geradewegs auf das Nest zeigt.[72]

Das macht deutlich, wie gut man die Zusammenhänge in den komplexen Beziehungen zwischen Beute und Beutegreifer verstehen muss, wenn man in sie eingreifen möchte. Gut gemeint ist leider auch hier oft das Gegenteil von gut gemacht: So können

Blühstreifen als insektenreiche Biotope auf Ackerflächen vielen Tieren als Rückzugsort dienen. Sind sie jedoch zu schmal, werden sie vom Paradies zur Falle. Füchse und andere Beutegreifer lernen dann nämlich schnell, sie gezielt zu durchkämmen, um die darin Schutz suchenden Tiere zu erbeuten. Selbst Forschungsarbeit kann unerwartete Folgen haben: Wenn Wissenschaftler zur Fuß Gelege kartieren oder Vogelschützer Nester auf Verluste überprüfen, hinterlassen sie dabei Spuren. Wie einige Untersuchungen nahelegen, können Beutegreifer lernen, dass diese Spuren sie zielsicher von einem Nest voller leckerer Eier zum nächsten führen.[73,74,75] Manche Untersuchung, die Fuchs und Co. für besonders große Verluste an Jungvögeln oder Eiern verantwortlich macht, wurde dadurch womöglich zu Lasten der Beutegreifer verfälscht.

Wo ihre Beutetiere sich durch ungünstige Lebensraumbedingungen ohnehin im Niedergang befinden, können Füchse diese Entwicklung unter bestimmten Umständen also beschleunigen. Aber ist die richtige Schlussfolgerung daraus, dass man Füchse töten sollte, um diesen bedrohten Arten zu helfen?

Wie wir schon gesehen haben, ist eine flächendeckende Reduktion von Füchsen in der Praxis nicht umsetzbar. Die Jagd auf Füchse käme als Schutzmaßnahme allenfalls sehr lokal begrenzt infrage – nämlich dort, wo das Vorkommen der zu schützenden Tierart sich auf einer kleinen, deckungsarmen Fläche konzentriert. Allerdings darf man sich keinen Illusionen hingeben, was solche Maßnahmen letztendlich bedeuten. Sie sind mit hohen Kosten verbunden, werfen schwierige ethische Fragen auf und haben nur zweifelhafte Erfolgsaussichten.

Solche lokalen Dezimierungsversuche können grundsätzlich nur funktionieren, wenn permanent extrem hohe Tötungsraten erreicht werden. Meist bezahlt man daher Berufsjäger dafür, ganzjährig Hatz auf Füchse und andere Beutegreifer zu machen. Sie werden dabei von Freizeitjägern unterstützt, denen durch die

Auszahlung von Abschussprämien zusätzliche Anreize für die Fuchsjagd geschaffen werden. Die Jagd muss sich auf alle Altersgruppen erstrecken, die Tiere aber vor allem dort treffen, wo sie leicht in großer Zahl zu erwischen sind, wie etwa durch die Tötung von Welpen am Bau. Bei den Jagdmethoden gibt es keine Tabus; Fallen werden ebenso eingesetzt wie die Baujagd mit Hunden. Ziel ist, in dem betreffenden Gebiet mehr Füchse zu töten, als Einwanderung und steigende Geburtenraten ausgleichen können. Gelingt das, so könnten mit der Anzahl der Füchse mutmaßlich auch die Prädationsverluste der zu schützenden Art zurückgehen. Sofern die Verluste durch andere Todesursachen nicht in ähnlichem Maß ansteigen, könnte sich das positiv auf den Bestand der bedrohten Art auswirken.

Wie zahlreiche Forschungsprojekte zu diesem Thema zeigen, funktionieren jedoch selbst derart radikale Maßnahmen in der Praxis weit weniger gut als erhofft. Eine Analyse der renommierten britischen Royal Society for the Protection of Birds (RSPB), die eine große Anzahl wissenschaftlicher Studien über den Einfluss von Beutegreifern auf bedrohte Vogelarten zusammenfasst, kommt zu einem ernüchternden Ergebnis: In drei Vierteln der Untersuchungen hatte das Töten ihrer natürlichen Feinde keinerlei positive Auswirkungen auf den Bestand der Beutetiere.[76] Oft gelingt es nämlich trotz massivster Dezimierungsversuche selbst in vergleichsweise kleinen Arealen nicht, die Fuchsdichte tatsächlich zu reduzieren.[77, 78, 79, 80] Und sogar dort, wo intensive Bejagung den Fuchsbestand dezimiert, ist in vielen Fällen kein positiver Einfluss auf die Entwicklung der Beuteart zu verzeichnen.[81]

Die Gründe dafür sind vielfältig: So wird der Einfluss von Beutegreifern auf ihre Beutetiere oft schlichtweg überschätzt. Wo tatsächlich weniger Beutetiere ihren natürlichen Feinden zum Opfer fallen, steigen vielleicht die Verluste durch andere Todesursachen wie etwa Krankheiten an, weil die Beutegreifer zuvor vor allem geschwächte und kranke Individuen erbeutet haben. Das Dezimieren von Füchsen kann zudem kleinere Beutegreifer wie etwa Steinmarder begünstigen[82, 83] – mit dem Effekt, dass die Eier seltener Bodenbrüter nun zwar nicht mehr im Magen eines Fuchses landen, dafür aber in dem eines Marders.

Doch selbst in jenen äußerst seltenen Fällen, in denen tatsächlich eine positive Auswirkung des Tötens von Beutegreifern auf die Beuteart nachgewiesen werden kann, bleiben ethische und ökonomische Bedenken. Ist es zum Beispiel wirklich sinnvoll, zur lokalen Erhaltung der letzten vierzig Individuen einer bedrohten Vogelart in einem mäßig geeigneten Habitat Jahr für Jahr unter großem finanziellem Aufwand Hunderte Füchse, Marder und Krähen umzubringen? Ergibt es nicht mehr Sinn, diese Mittel stattdessen in die Verbesserung des Lebensraums zu investieren? Und wenn solche Maßnahme aus welchen Gründen auch immer nicht umsetzbar sind, sollten Zeit und Geld dann nicht lieber in andere Schutzprojekte gesteckt werden, bei denen die Grundvoraussetzungen und dementsprechend die langfristigen Erfolgsaussichten günstiger sind? Leider werden solche Abwägungen oft schon im Keim erstickt, wenn Vereine, Unternehmen und Verwaltungen in den jeweiligen Gebieten sich an Fördergeldern laben, die für solche Maßnahmen aus EU- und Bundestöpfen fließen. Und gerade für die Jägerschaft bieten derartige Projekte eine exzellente Gelegenheit zur Öffentlichkeitsarbeit. Im Schulterschluss mit dem Naturschutz kann man das eigene Hobby dort als aktiven Artenschutz im staatlichen Auftrag verkaufen.

Oft kommt dabei die Überlegung zu kurz, ob man stark bedrohte Tiere nicht vor ihren natürlichen Feinden schützen kann, *ohne* diese zu töten. Vielversprechende Ansätze dafür gibt es durchaus: In der Praxis haben sich in einigen Ländern zum Beispiel Elektrozäune bewährt, um Vögel vor Säugetieren zu schützen. Auch prädatorensichere Nistkästen sowie Schutzkäfige für die Nester bodenbrütender Vögel erwiesen sich in einigen Studien als effektiv.[84] Andere Maßnahmen könnten Beutetiere quasi zum Selbstschutz animieren: Wie wir gesehen haben, trauen Füchse sich offensichtlich nicht an Kiebitze heran, wenn diese ihre Nester nah beieinander bauen. Geeignete Schutzmaßnahmen könnten also zum Ziel haben, Lebensraumstrukturen zu schaffen, durch die Kiebitze zum Bau solcher Kolonien ermuntert werden. Die britische Fuchs-Koryphäe David Macdonald zeigte darüber hinaus in einem Experiment, dass man Füchsen gezielt abgewöhnen kann, bestimmte Nahrungsquellen zu nutzen, indem man diese mit einer bitter schmeckenden Chemikalie versetzt.[85] Künstliche Bodenbrüternester mit entsprechend präparierten Eiern könnten also dazu eingesetzt werden, Füchsen den Appetit auf die Gelege von Kiebitzen und anderen Vögeln grundsätzlich zu verderben.

Das alles können aber nur Übergangslösungen sein. Das Ziel muss vielmehr sein, bedrohten Arten auch ohne permanente menschliche Eingriffe ein langfristiges Überleben zu sichern. Und das können wir nur durch die Wiederherstellung naturnaher Lebensräume erreichen. Wo genügend Deckung, geeignete Brutplätze und ausreichendes Nahrungsangebot vorhanden sind, können Beute und Beutegreifer problemlos koexistieren, wie sie es schon vor Jahrtausenden getan haben. Dagegen ist das Töten von Fuchs und Co. je nach Blickwinkel entweder ein wenig nachhaltiges Herumdoktern an Symptomen – oder aber ein kontraproduktives und darüber hinaus grausames Gemetzel an Tieren, die aufgrund ihrer angestammten Rolle in der Natur zu Sündenböcken für menschliche Verfehlungen gemacht werden.

Verkannte Helden

Die Dämonisierung von Raubtieren hat eine lange Tradition. Schon dem Begriff »Raubtier« wohnt eine sprachliche Vorverurteilung inne. Während das Wort »Raubvogel« im allgemeinen

Sprachgebrauch durch den neutraleren »Greifvogel« abgelöst wurde, ist »Raubtier« nach wie vor der gängigste umgangssprachliche Oberbegriff für fleischfressende Säugetiere. Er impliziert, dass die Lebensweise von Wiesel, Fuchs und Wolf auf einem verurteilenswerten Delikt (dem Raub) aufbaut.

Womöglich spiegelt sich darin ein gewisses Unbehagen des Menschen gegenüber der Tatsache, dass manche Tiere andere Tiere töten müssen, um sich zu ernähren. Vielleicht wollen wir anderen Lebewesen aber auch einfach nicht zugestehen, was die meisten Menschen für sich selbst als ganz normal erachten. Besonders deutlich wird das in der Jägersprache, die zwischen »Friedwild« und »Raubwild« differenziert. Dabei verkennt die Unterteilung der Tierwelt in »freundliche« Pflanzenfresser und »böse« Raubtiere, dass die Beziehungen zwischen Beutegreifern und ihren Beutetieren viel komplexer und symbiotischer sind, als man gemeinhin annimmt.

Wie schon erwähnt, läuft ein gesunder Hase selbst dem fittesten Fuchs mit Leichtigkeit davon – in der Höchstgeschwindigkeit trennen die beiden rund zwanzig Kilometer pro Stunde. Mit ihren kräftigen Hinterbeinen können Hasen außerdem geradezu blitzartige Richtungswechsel vollziehen, denen kein Fuchs zu folgen vermag. Allerdings vermögen Füchse schon kleinste Anzeichen einer Krankheit oder Verletzung bei ihren Beutetieren zu erkennen. Im Zweifelsfall sprinten sie ihnen ein Stück hinterher, um ihre Fitness zu prüfen. Bei einem gesunden Beutetier wird die Verfolgung abgebrochen; ist die Beute jedoch erkennbar geschwächt, bleibt der Fuchs dran. Auf diese Weise werden kranke und schwache Tiere frühzeitig erbeutet und Seuchen sowie Parasiten an der Ausbreitung gehindert. Das funktioniert ungleich effektiver, als es menschliche Eingriffe in eine Tierpopulation jemals könnten. Füchse sind also regelrechte Gesundheitspolizisten in der Natur, die die Bestände ihrer Beutetiere gesund und widerstandsfähig halten.[86]

Aber Füchse leisten nicht nur wichtige Dienste in der Natur, sondern sind auch wertvolle Verbündete des Menschen. Immerhin zählen Kaninchen und Wühlmäuse, die in der Forst- und Landwirtschaft beträchtliche Schäden anrichten, zu den Hauptbeutetieren des Fuchses. Ein ausgewachsener Fuchs verzehrt Schätzungen zufolge im Jahr zwischen dreitausend und fünftausend Mäuse.[87] Nun haben die Nager zwar ein so enormes Vermehrungspotenzial, dass selbst das nur in Ausnahmefällen genügen dürfte, um ihren Bestand nachhaltig zu reduzieren.[88] Wo viele Beutegreifer unterwegs sind, wirkt sich das jedoch auch auf das Verhalten der Mäuse aus: Um das Risiko zu reduzieren, im Magen eines Fuchses oder Marders zu enden, lassen sie sich deutlich seltener außerhalb ihrer Höhlen blicken. Darüber hinaus stellten Biologen fest, dass bereits der Geruch von Beutegreifern genügt, die Eisprunghäufigkeit von Wühlmausweibchen erheblich zu senken. Sie pflanzen sich also deutlich seltener fort.[89, 90]

Als britische Biologen ermittelten, welchen finanziellen Gegenwert die »Dienstleistungen« der Füchse zur Schädlingsvertilgung darstellen, stießen sie auf erstaunliche Ergebnisse: Ein einziger Fuchs kann einem Bauern binnen eines einzigen Jahres Ernteverluste in Höhe von bis zu 608 britischen Pfund ersparen[91] – und das wohlgemerkt ganz ohne die Kollateralschäden an Mensch, Natur und Tieren, die der massenhafte Einsatz von Pestiziden in der Landwirtschaft mit sich bringt. So mancher Experte empfiehlt daher, auf land- und forstwirtschaftlich genutzten Flächen Fuchs und Marder als Fressfeinde von Mäusen und Kaninchen nicht nur zu schonen, sondern sogar zu fördern.[92] Aus Thüringer Wäldern wurde 2021 beispielsweise vermeldet, dass in den letzten zwanzig Jahren durch die gezielte Unterstützung von Mäusejägern wie Füchsen, Eulen und Greifvögeln der Einsatz von Giften zur Mäusebekämpfung um sage und schreibe 97 Prozent reduziert werden konnte![93]

Aber Füchse sind nicht nur nützliche Helfer in der Forst- und Landwirtschaft. Womöglich bewahren Füchse eines Tages genau Sie, liebe Leserin oder lieber Leser, vor der Ansteckung mit einer langwierigen und schmerzhaften Infektion. So unwahrscheinlich sich das zunächst anhört, so faszinierend sind die Zusammenhänge, die mich zu dieser Behauptung verleiten. Um sie zu erklären, muss ich jedoch ein klein wenig ausholen.

Zahlreiche Menschen werden jedes Jahr von Zecken gestochen. Die kleinen Blutsauger haben die unangenehme Eigenschaft, dass sie eine ganze Reihe von Krankheiten auf den Menschen übertragen können – und genau das passiert vor allem in Nord- und Westeuropa sowie Teilen der USA immer öfter. Die bedeutendste dieser Infektionen ist die Lyme-Borreliose, die in Deutschland und Österreich regional eine jährliche Inzidenz von bis zu dreihundert Erkrankungen pro hunderttausend Einwohner erreicht.[94]

Die Borreliose ist eine durchaus ernst zu nehmende Krankheit: Versäumt man es, sie frühzeitig mit hochdosierten Antibiotika zu behandeln, kann sie zu bleibenden Schädigungen des Nervensystems oder auch des Herzens führen. Außerdem klagen infizierte Menschen bisweilen Monate oder sogar Jahre nach der Infektion noch über das Wiederaufflackern von Symptomen wie schweren Muskel- oder Gelenkschmerzen. Mediziner spekulieren, dass es sich dabei möglicherweise um die Folgen einer Autoimmunerkrankung handelt, die durch die Borreliose-Infektion ausgelöst wird.[95]

Neben Zecken spielen bei der Verbreitung der Borreliose auch Mäuse eine zentrale Rolle: Die Zecken nehmen Krankheitserreger mit dem Blut ihrer Wirte auf und geben sie so an ihr nächstes Opfer weiter. Mäuse wiederum sind die bei Weitem häufigsten Wirte der Zecken, was sie zu einem regelrechten Reservoir für die Krankheitserreger macht. Je mehr Mäuse infiziert sind, desto größer ist deshalb auch die Wahrscheinlichkeit, dass eine Zecke, von der man gestochen wird, Überträgerin der Borreliose ist.

US-amerikanische Forscher machten nun bei Untersuchungen im Bundesstaat New York eine interessante Beobachtung: Überall dort, wo es nur wenige Füchse gab, erkrankten auffällig viele Einwohner an der Lyme-Borreliose. Wo dagegen viele Füchse lebten, waren Borreliose-Infektionen beim Menschen selten.[96] Die Wissenschaftler mutmaßten daher, dass es den Füchsen in Gegenden mit hoher Fuchsdichte gelungen sein könnte, die Mäusepopulation zu dezimieren – und zwar so stark, dass sich dies in der Anzahl befallener Zecken niedergeschlagen habe.

Der niederländische Ökologe Tim Hofmeester ging dieser Hypothese im Jahr 2017 auf den Grund. Zusammen mit seinen Kollegen fing er in zwanzig verschiedenen Waldgebieten Mäuse und andere kleine Nagetiere, wobei es in manchen dieser Areale viele, in anderen dagegen nur wenige Beutegreifer gab. Auf diese Weise ermittelte er, wie häufig die betreffenden Nagetiere in den jeweiligen Untersuchungsgebieten vorkamen und wie oft sie von Zecken befallen waren. Zusätzlich erhoben die Forscher, wie zahlreich Zecken in dem betreffenden Gebiet waren und welche Krankheitserreger sie in sich trugen.

Zwar konnte Hofmeester – entgegen den Annahmen seiner amerikanischen Kollegen – keine Anhaltspunkte dafür finden, dass Beutegreifer die Mäusedichte beeinflussten. Seine Untersuchungen zeigten aber unmissverständlich, dass dort, wo Füchse und Steinmarder zahlreich waren, nur in vergleichsweise wenigen Zecken Borreliose-Erreger nachgewiesen werden konnten.

Wenn nun aber die Beutegreifer die Mäusepopulation nicht reduzierten, woraus resultierte dann dieser Zusammenhang? Wie weiter oben beschrieben, leben Mäuse deutlich verborgener, wenn Füchse und Steinmarder als hocheffektive Mäusejäger ihnen ständig nach dem Leben trachten. Der Aktivitätsradius der kleinen Nager sinkt, und das reduziert auch das Risiko, dass sie von Zecken befallen werden. Die Last an Borreliose-Bakterien in der Mäusepopulation schrumpft so insgesamt, wodurch wiederum weniger Zecken die Krankheit übertragen können.[97]

Fuchs und Steinmarder sind also höchst effektive Verbündete im Kampf gegen die Lyme-Borreliose – und womöglich auch gegen andere von Zecken übertragene Erkrankungen, die sich aus der Mäusepopulation speisen. Eigentlich hätten diese Erkenntnisse gerade angesichts steigender Borreliose-Inzidenzen viel Aufmerksamkeit verdient. Außerhalb von Fachpublikationen ist jedoch nur wenig darüber zu lesen und zu hören. Stattdessen greift so manche Redaktion lieber die alljährliche Pressemitteilung des regionalen Jagdverbands zum Fuchsbandwurm auf – natürlich inklusive des Hinweises, dass die Jägerschaft sich durch die Fuchsjagd an der Bekämpfung dieser gefährlichen Krankheit beteilige. Wie absurd das ist und wie sehr die Berichterstattung unsere Wahrnehmung verzerrt, wird einem spätestens dann klar, wenn man einmal einen Blick auf die nackten Zahlen wirft: Jahr für Jahr erkranken in Deutschland nämlich fast eintausendmal mehr Menschen an der Lyme-Borreliose als an der alveolären Echinokokkose.[98]

Einflussreiche Feinde, engagierte Freunde

Reineke hat ganz offensichtlich zumindest in Teilen der Öffentlichkeit ein Imageproblem: Seine Verdienste werden unter den Teppich gekehrt; stattdessen lässt so mancher kaum ein gutes Haar an ihm. Aber warum ist das so? Warum liest und hört man in den Medien noch immer regelmäßig, wie unerlässlich die Jagd auf Füchse angeblich sei? Warum dürfen Füchse in vielen Bundesländern noch das ganze Jahr über selbst mit höchst umstrittenen und tierquälerischen Jagdmethoden verfolgt werden? Und warum gibt es Anzeigenkampagnen für die Fuchsjagd, aber keine für das Anlegen von Blühstreifen, das Pflanzen von Hecken oder die Renaturierung von Uferböschungen?

Will man darauf Antworten finden, muss man die Frage stellen, wer denn von Kampagnen gegen Beutegreifer profitiert. Und dabei rücken zwei einflussreiche Interessenverbände in den Fokus: einerseits die finanzkräftige Jagdlobby, andererseits die noch weitaus mächtigere, eng mit Politik und Wirtschaft verzahnte[99] Agrarindustrie.

Erstere betrachtet Wildtiere letztlich als Ressource zur materiellen und immateriellen Nutzung durch den Menschen. In Deutschland gibt es immer mehr Freizeitjäger,[100] und viele davon bezahlen Jahr für Jahr hohe Pachtsummen für ihre Reviere. Dafür erwarten sie einen entsprechenden Gegenwert in Form jagdlicher Erlebnisse, Wildbret und Trophäen. Wer gerne Jagd auf Füchse macht – oder Füchsen als Beutekonkurrenten nachstellt –, will dieser Tätigkeit natürlich möglichst ungestört von kritischer Berichterstattung, gesetzlicher Maßregelung und öffentlicher Diskussion nachgehen. Indem Jagdfunktionäre die Jagd auf den Fuchs als Naturschutzmaßnahme (oder als Dienst an der Volksgesundheit) verkaufen, versuchen sie, das Töten zu legitimieren. Dass mancher Jäger nebenbei munter weiter Jagd auf Feldhase und Rebhuhn macht und Jagdverbände politisch wie juristisch vehement gegen erweiterte Schonzeiten für bedrohte Arten vorgehen,[101, 102] lässt man dabei natürlich geflissentlich außen vor. Lieber betont der Vertreter des örtlichen Jagdvereins beim nächsten PR-Besuch an einer Grundschule mit ernster Miene, dass er leider Füchse schießen müsse, damit die Kinder auch in Zukunft noch Rebhühner und Kiebitze zu sehen bekämen.

Für die Agrarlobby wiederum ist der Fuchs ein bequemer Sündenbock, der davon ablenkt, dass die hochindustrialisierte

Landwirtschaft der eigentliche Hauptverursacher des Artensterbens ist. Vogelschützer und Biologen wie Jochen Bellebaum von der Sächsischen Vogelwarte Neschwitz warnten schon vor zwanzig Jahren davor, dass der Fokus auf die Dezimierung von Beutegreifern »die Energien und Geldmittel des Naturschutzes von den eigentlichen Ursachen ablenken und so langfristig den Erfolg von Schutzbemühungen gefährden«[103] könne. Statt tragfähige Zukunftskonzepte für die Landwirtschaft zu fördern, die biologische Anbaumethoden und die Vereinbarkeit mit dem Natur-, Arten- und Tierschutz ins Zentrum rücken, zementieren die Lobbyisten den Status quo. Sie lenken von den ökologischen Folgen agrarwirtschaftlichen Raubbaus ab und zeigen mit dem Finger auf andere – bevorzugt solche, die sich mangels einer Stimme in Politik und Medien nicht wehren können. Dass sie damit auch all jenen Landwirten einen Bärendienst erweisen, die es mit Nachhaltigkeit und Naturschutz ernst meinen, wird bereitwillig hingenommen. Auch die Verdienste des Fuchses als Mäusevertilger werden übergangen – den größten Nutzen hat Meister Reineke aus Lobbyistensicht nun einmal als Sündenbock.

Der geballte Einfluss dieser Interessengruppen macht es für die Politik, die ja für die Weiterentwicklung der Jagdgesetzgebung zuständig wäre, höchst unbequem, Verbesserungen im Sinne des Tier- und Naturschutzes umzusetzen. Dazu kommt noch, dass Jäger in unseren Parlamenten deutlich überrepräsentiert sind. Wie die *FAZ* berichtete, war der Anteil an Jägern im 2017 gewählten Bundestag etwa zehnmal größer als in der Gesamtbevölkerung. Nahezu alle davon saßen übrigens auf der rechten Seite des Plenarsaals.[104] Aber auch bei Parteien in der linken Hälfte des politischen Spektrums ist der Appetit überschaubar, sich mit den Jagdverbänden anzulegen. Wenn überhaupt Reformen angegangen werden, kommt es meist zu eher kosmetischen Veränderungen. Ein, zwei Monate längere Schonzeiten hier, ein paar geringfügige Einschränkungen besonders grausamer Jagdformen dort gehören meist schon zum Äußersten, wozu sich die jeweiligen Landesregierungen bei Jagdgesetznovellierungen durchringen können. Und selbst dann werden solche Verbesserungen oft wieder kassiert, wenn bei der nächsten Wahl konservative Parteien das Rennen machen.

Auf diesem Weg gelingt es Jagdverbänden und Agrarindustrie, ihre Interessen gegen wissenschaftliche Erkenntnisse und den Willen der Bevölkerungsmehrheit zu verteidigen. Dabei scheuen sie keinen Aufwand, um das Image des Fuchses als Schädling und Krankheitsüberträger zu zementieren. Dass er sich selbst durch noch so intensive Bejagung nicht dezimieren lässt, kommt da nur gelegen, denn es garantiert, dass diese Schuldverschiebung auch in Jahren oder Jahrzehnten noch funktioniert. Und so wird weiter nach drastischen Maßnahmen gerufen, um zu verhindern, dass Füchse sich ohne Kontrolle vermehren und unser Land überrennen, unser hart erarbeitetes Eigentum (ob Huhn, Niederwild oder Gartenschuh) stehlen, den angestammten Wohlstand unserer Nation (in Form ihres Artenreichtums) bedrohen und die Volksgesundheit gefährden …

Natürlich erinnert die Wortwahl in meinem letzten Satz bewusst an jene Rhetorik, mit der Rechtsextremisten bestimmte Bevölkerungsgruppen auszugrenzen und zu diffamieren versuchen. Hier wie dort geht es darum, irrationale Ängste zu schüren, und Angst ist ein zentrales Element (rechts-)populistischer Politik. Dabei ist es egal, ob es darum geht, Vorbehalte oder gar Hass gegen Menschen aus anderen Ländern oder Kulturen zu verbreiten, die eigenen Anhänger gegen die »grüne Diktatur« in Form von Umweltschutz- oder Sozialprojekten aufzubringen oder Maßnahmen zum Schutz der Bevölkerung vor einer Pandemie als Einstieg in den Totalitarismus zu geißeln. Personen, ethnische Gruppen, oder – wie im Falle des Fuchses – ganze Spezies zu Sündenböcken zu machen, passt perfekt in dieses

Muster von Simplifizierung und Polarisierung. Klare Schuldzuschreibungen suggerieren dabei nicht nur, es gebe für unübersichtliche Probleme einfache Lösungen, sondern sind automatisch emotional aufgeladen und dadurch ideal dazu geeignet, Menschen zu manipulieren. Solche Rhetorik eliminiert Mitgefühl, erhöht die Akzeptanz drastischer Maßnahmen und lässt höchst irrationale Schritte zwingend und logisch erscheinen. Zudem verhindert sie die ernsthafte inhaltliche Auseinandersetzung mit kritischen Stimmen schon im Ansatz.

Nun sind Lösungen für ökologische, aber auch soziale Herausforderungen fast immer komplex, erfordern sorgfältige Interessen- und Güterabwägung, fortwährende Überprüfung und gegebenenfalls auch Richtungskorrekturen, und das alles auf Basis methodisch fundierter wissenschaftlicher Arbeit. Populismus *will* jedoch gar keine Lösungen finden und erst recht keinen Ausgleich schaffen. Er interessiert sich nicht für Fakten und dient nicht der Allgemeinheit, sondern lediglich den Interessen seiner Verfechter. Er entfaltet seine Wirkung dadurch, dass komplexe Sachverhalte gezielt reduziert, verzerrt, verkehrt werden, bis sie sich in das düstere Narrativ von Angst und Hass einfügen.

Tatsächlich arbeiten die Lobbygruppen, von denen zuvor die Rede war, systematisch mit populistischen Mitteln. Vereinfachung, Desinformation und Schuldverschiebung sowie das Säen von Zweifeln und Unsicherheit gehören ebenso zum kleinen Einmaleins des Lobbyismus wie die gezielte Einflussnahme auf Vertreter von Politik und Medien durch schöne Worte, Druck oder Gefälligkeiten. Dass die vermeintlich einfachen Lösungen dabei keine Probleme beseitigen, sondern sie oft noch schlimmer machen – geschenkt. Versagt die Fuchsjagd beim Schutz des letzten Rebhuhns, waren im Zweifelsfall die Abschussprämien zu niedrig, oder es waren (natürlich von den bösen Tierschützern eingeforderte) Einschränkungen bei Jagdmethoden oder Jagdzeiten daran schuld. So versuchen Jagdlobbyisten und -funktionäre in bester populistischer Manier, ihre Behauptungen systematisch gegen kritisches Hinterfragen zu immunisieren. Stößt man auf Fakten, die den eigenen Ansichten widersprechen, werden diese entweder geleugnet, es wird versucht, den Urheber oder Überbringer der Information persönlich zu diskreditieren, oder es werden neue, immer abstrusere Alternativerklärungen ersonnen, um die neuen Informationen mit den eigenen Vorstellungen in Einklang zu bringen. Notfalls bestellt man Gefälligkeitsgutachten, die die eigene Position untermauern. Dagegen hilft nur, wieder und wieder den Faktencheck zu machen und derartigen Unfug als das zu enttarnen, was er nun einmal ist.

Und tatsächlich gibt es einige Orte, an denen man beschlossen hat, sich dem Druck der Jagdlobbyisten nicht länger zu beugen. Im Schweizer Kanton Genf wurde die Hobbyjagd schon 1974 per Volksentscheid abgeschafft. Zwar werden Wildschweine noch durch staatlich bestellte Wildhüter zur Vermeidung von Wildschäden geschossen, Füchse und andere Tiere dagegen nur, wenn sie krank, verletzt oder verhaltensauffällig sind. Das Fazit ist durchweg positiv: Wie der Genfer Faunainspektor Gottlieb Dandliker betont, ist die Artenvielfalt dort mittlerweile um ein Vielfaches größer als zu Zeiten, in denen noch gejagt wurde. Seltene Vögel seien zurückgekehrt, und die Dichte der Hasenpopulation zähle zu den höchsten in der Schweiz. Von explodierenden Fuchsbeständen, zusammenbrechenden Vogel- oder Niederwildpopulationen und ausufernden Wildkrankheiten gebe es keine Spur.[105, 106] Es überrascht daher kaum, dass laut einer Meinungsumfrage aus dem Jahr 2006 rund 90 Prozent der Genfer Bürger das Jagdverbot unterstützen.[107]

Ähnliches gilt auch für Luxemburg. Gegen den massiven Widerstand der dortigen Jägervereinigung hatte das kleine Land im Jahr 2015 ein Moratorium für die Fuchsjagd beschlossen. Für die Bejagung des Fuchses, so der damalige grüne Staatssekretär im Umweltministerium Camille Gira, gebe es schlicht und ergreifend »keinen objektiven Grund«.[108] Die Luxemburger Jäger prophezeiten damals apokalyptische Zustände,[109] die – das wird an diesem Punkt kaum noch überraschen – ausblieben. Es gibt keine Anzeichen für einen Anstieg der Fuchspopulation und keinen Einbruch der Bestände seltener Tierarten. Auch die Befallsrate der Füchse mit dem Fuchsbandwurm schnellte keinesfalls in die Höhe. Im Gegenteil: Lag sie im Jahr 2014 noch bei etwa 40 Prozent, war sie im Jahr 2019 auf weniger als 20 Prozent gesunken.[110] Das Fuchsjagdverbot ist also ein wahres Erfolgsmodell – und zwar nicht nur in naturnahen Nationalparks, sondern auch in genau jener Art von Kulturlandschaft, in der viele Jäger das Töten von Füchsen für unverzichtbar halten.

In manchen Ländern außerhalb Europas hat die Jagd im Allgemeinen und die Fuchsjagd im Besonderen bereits traditionell eine weit geringere Bedeutung als bei uns. Im fuchsjagdfreien Israel unterzeichnete Umweltministerin Gila Gamliel 2021 beispielsweise ein Gesetz, das den Handel mit Pelzprodukten in der Modeindustrie landesweit verbietet.[111] Und wie wir schon gesehen haben, blickt man auch in Japan mit anderen Augen auf den Fuchs. Interessanterweise ist das eingangs erwähnte Kinderlied »Fuchs, du hast die Gans gestohlen« auch dort populär. Allerdings wurde nur die Melodie übernommen – der Text unterscheidet sich fundamental von unserer Version. Ein Jäger tritt dabei ebenso wenig in Erscheinung wie ein »Schießgewehr«, und der Fuchs ist kein Dieb, sondern ein sympathisches Wesen, das man achtet, aber zugleich bedauert, weil es den Unbilden der Witterung trotzen muss.[112] »Kogitsune konkon«, wie das Lied im Japanischen heißt, stellt dem von Gewalt und Dominanz gezeichneten deutschen Text ein Bild von Respekt, Mitgefühl und Friedfertigkeit entgegen.

Ist es realistisch, auch hierzulande zu erreichen, dass dem Fuchs – und mit ihm auch anderen Wildtieren – mehr Respekt entgegengebracht wird? Oder ist das angesichts der geballten Macht seiner Feinde ein hoffnungsloses Unterfangen? Die gute Nachricht ist, dass all die aufwendigen Negativkampagnen kaum zu verfangen scheinen. Gemäß einer repräsentativen Studie aus dem Jahr 2020 befürworten weniger als zehn Prozent der Deutschen die Jagd als Strategie zum Management von Fuchspopulationen.[113] Eine überwältigende Mehrheit ist also der Meinung, dass man Meister Reineke in Frieden lassen sollte. Dass die Politik sich dem nicht beugt, liegt schlichtweg daran, dass diese Mehrheit schweigt und einer kleinen, aber einflussreichen und lautstarken Minderheit das Feld überlässt. Damit sich die Umfragewerte auch in politischen Entscheidungen niederschlagen, müssen die Freunde des Fuchses ihr Schweigen brechen, ihre Stimme erheben und – handeln.

Tatsächlich können wir Politik und öffentliche Debatte auf vielfältige Weise beeinflussen: Durch die Wahlentscheidungen, die wir treffen, die Forderungen, die wir an unsere Wahlkreisvertreterinnen und -kandidaten stellen, das Leser- und Zuschauerfeedback, das wir den Medien geben. Die Diskussionen und Gespräche, die wir online und offline mit unseren Mitmenschen führen, tragen ebenfalls dazu bei, Faktenwissen weiterzugeben, Vorurteile abzubauen sowie Bewusstsein für Missstände zu schaffen. Zudem können wir uns Organisationen anschließen (oder sie zumindest unterstützen), die sich medial und politisch für den Fuchs einsetzen: Im Aktionsbündnis Fuchs haben sich beispielsweise zahlreiche Vereine zusammengefunden, die gemeinsam für die Abschaffung der Fuchsjagd kämpfen. So kann jede und jeder seinen Beitrag dazu leisten, den Lauf der Dinge zu beeinflussen und unser Verhältnis zu Wildtieren auf eine neue Basis aus Vernunft, Respekt und Empathie zu stellen.

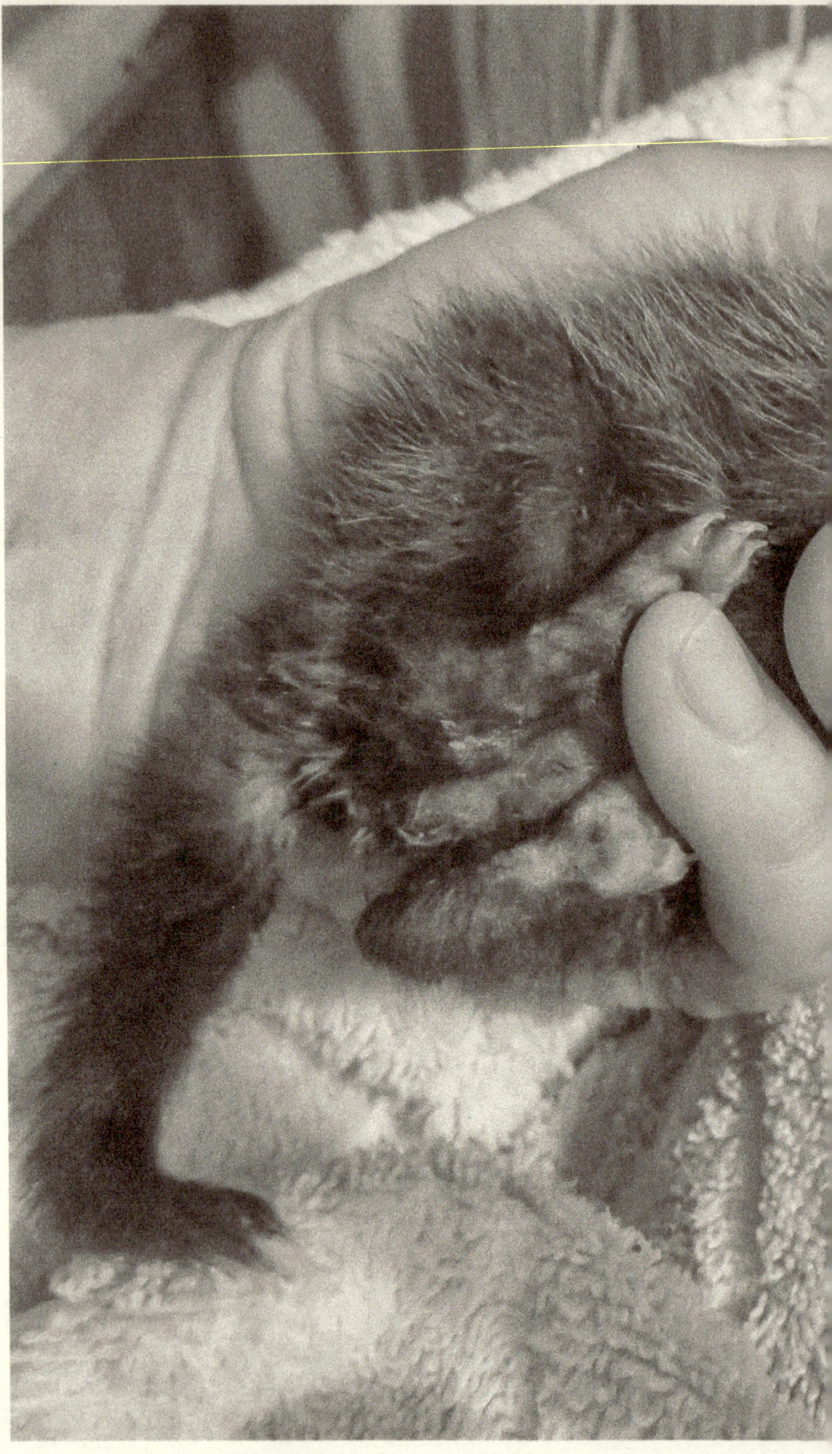

Füchsen helfen

Warum auch Helden manchmal Hilfe brauchen

(Daniel Peller)

»Alles, was gegen die Natur ist,
hat auf die Dauer keinen Bestand.«

Charles Darwin

Stellen Sie sich vor, Sie haben einen naturnahen Garten, den viele Tiere besuchen. Mithilfe Ihrer Wildkamera haben Sie schon vor einiger Zeit entdeckt, dass auf dem Grundstück auch Füchse unterwegs sind. Sie haben sie beobachtet, kennen die ganze Familie und freuen sich über ihre Anwesenheit, obwohl Sie selbst Hühner und Kaninchen halten. Doch eines Tages, als Sie nach Ihren Tieren sehen wollen, bemerken Sie, dass sich eine junge Füchsin in einem Zaun verfangen hat. Als sie auf Sie aufmerksam wird, erstarrt sie kurz und schaut Sie aus großen Augen an. Dann versucht sie weiter, sich aus dem Zaun zu winden – ohne Erfolg. Verletzt scheint sie nicht zu sein, aber Sie trauen sich alleine nicht zu, das verängstigte Tier aus seiner misslichen Lage zu befreien. In seiner Panik könnte das Füchslein nach Ihnen schnappen. Was können Sie tun?

In genau dieser Situation befand sich im Juni 2021 in Mittenwald die Betreiberin eines Lebenshofs. Zunächst suchte sie Hilfe beim örtlichen Tierschutzverein und dem Tierheim, aber dort war niemand zu erreichen. Schließlich wandte sie sich an die Polizei, doch diese schickte ihr keinen »Freund und Helfer«, sondern einen Vollstrecker: Als der Jäger am Hof ankam, lud er sofort seine Waffe – ohne sich den Fuchs zuvor angesehen zu haben. Auf den Einwand der Grundstückspächterin, er könne auf ihrem Hof nicht umherballern und man könne das Tier doch freischneiden, reagierte er unwirsch: »Nein, der muss erschossen werden!« Vom forschen Auftreten und dem harten Urteil des Jägers völlig überrumpelt, führte die Frau ihn zu der Stelle, an welcher die junge Füchsin noch immer tapfer versuchte, sich zu befreien. Unfähig, sich das mit anzusehen, was nun folgen sollte, verließ sie den Ort des Geschehens.

Einen kurzen Moment später fiel der Schuss. Dann verließ der Jäger den Hof mit den Worten: »So, und entsorgen musst du ihn selber!« Der in Tränen aufgelösten Tierfreundin blieb nur noch, den leblosen Körper der Füchsin aus dem Zaun zu schneiden und zu beerdigen. Am nächsten Tag wandte sie sich an mich und erzählte mir die ganze Geschichte. Sie war noch immer tief erschüttert vom Handeln des Jägers: »Ist das die Aufgabe eines Hegers? Wehrlose, gesunde Geschöpfe einfach abzuballern? Ich weiß, ich hätte ihm den Zutritt zum Gelände verwehren müssen, als klar war, dass er den Fuchs erschießen wird. Aber ich war wie gelähmt. Ich habe nicht gewollt, dass er ein hilfebedürftiges Tier auf meinem Grundstück erlegt.«

Bei meinem Engagement in der Wildtierhilfe muss ich leider immer wieder die Erfahrung machen, wie schwierig es sein kann, in einer Notsituation schnelle und sachkundige Hilfe für einen Fuchs zu finden. Immer mehr Menschen wollen nicht mehr wegsehen, wenn sie ein Wildtier in Not wähnen. Aber darf oder sollte man überhaupt eingreifen? Wann ist Hilfe nötig? An wen kann man sich wenden? Und wo hat die Tierliebe ihre Grenzen?

Der »Natur« ihren Lauf lassen?

Wie neugierig und energiegeladen Füchse sind, haben wir schon an vielen Beispielen gesehen. Gerade in einer stark vom Menschen geprägten Umgebung bringt sie dieses Verhalten jedoch häufig in brenzlige Situationen: Sie verletzen sich, wenn sie sich in Zäunen, Netzen von Fußballtoren oder achtlos weggeworfenen Lebensmittelverpackungen verfangen. Sie unterkühlen oder ertrinken, wenn sie in nicht gesicherte Güllegruben, Swimmingpools, Regentonnen oder Teiche rutschen und aus eigener Kraft nicht mehr herauskommen. Sie hungern, wenn sie sich in Parkhäusern verlaufen, in Schächte stürzen oder versehentlich in Gebäuden eingesperrt werden. Sie erleiden Vergiftungen, wenn sie mit ungeeigneter Nahrung gefüttert werden, mit Gefahrenstoffen in Kontakt kommen oder Beutetiere fressen, die an Rattengift gestorben sind. Und natürlich verwaisen jährlich zahlreiche Fuchswelpen, wenn ihre Eltern durch oben genannte Einflüsse, Verkehrsunfälle, illegale Bejagung oder nicht angeleinte Hunde ums Leben kommen.

Darüber hinaus gibt es wahrscheinlich noch viele weitere, weniger offensichtliche Auswirkungen menschlichen Verhaltens auf die Tierwelt. So dürften wir wohl auch für manchen kranken Fuchs verantwortlich sein: Der breite Einsatz von Rodentiziden kann Tiere nämlich anfälliger für Räude machen – ein Zusammenhang, der bei Luchsen bereits belegt wurde[1, 2] und auch bei Füchsen wahrscheinlich ist.

Wer also denkt, das Leiden und Sterben von Füchsen sei stets »natürlich« und Hilfe deshalb ein unzulässiger Eingriff in die Natur, der irrt sich. Das Tierschutzgesetz fordert uns dazu auf, kein unnötiges Leid bei Tieren zu verursachen. Im Grunde müssen wir also dafür sorgen, dass Füchse gar nicht erst durch unser Mitverschulden in Not geraten. Wenn das jedoch nicht möglich ist und wir – bewusst oder unbewusst – eine Mitverantwortung für die Not vieler Wildtiere tragen, liegt es dann nicht auch in unserer Verantwortung, zu helfen?

Entscheidung über Leben und Tod: der richtige Ansprechpartner

In der Natur ist es gefährlich, Zeichen von Schwäche zu zeigen. Wildtiere versuchen daher meist so lange wie möglich zu verbergen, wenn es ihnen schlecht geht. Sieht man einem Fuchs an, dass er leidet, ist das Leid oft bereits groß und schnelle Hilfe nötig, um sein Leben zu retten. Auch wenn es in solchen Fällen vornehmlich um das Schicksal der Tiere geht, sollte man nicht vergessen, dass Menschen sich oft in großer Verzweiflung an die Wildtierhilfe wenden. Sie leiden mit dem Tier, für das sie dringend Hilfe suchen. Die Wildtierhilfe ist daher auch ein Dienst am Menschen.

Leider nimmt der Staat diese wichtige Aufgabe kaum wahr – im Gegenteil: Als ich 2017 damit begann, mich im Rahmen der Wildtierhilfe für Füchse einzusetzen, stieß ich gleich bei meinem ersten Kontakt mit dem Hessischen Umweltministerium auf Widerstand. In einem Schriftwechsel teilte man mir mit, dass es »in den allermeisten Fällen weder im Sinne des Tierschutzes noch des Artenschutzes« sei, kranke oder verletzte Wildtiere zum Zweck einer medizinischen Behandlung einzufangen. Damals begann ich zu ahnen, dass von Seiten der Behörden hier keine Unterstützung zu erwarten sein würde. Wie recht ich mit dieser Befürchtung behalten sollte, zeigte sich in den darauffolgenden Jahren immer wieder: Im Großteil der mir bekannten Fälle verwiesen Forst- oder Veterinärämter, Feuerwehr, Polizei und andere offizielle Stellen bei Fuchsnotfällen lediglich an den Jagdausübungsberechtigten (JAB). Das eingangs geschilderte

Beispiel zeigt, was dann oft passiert – und das war bei Weitem noch nicht das Schlimmste, was ich in diesem Zusammenhang erlebt habe.

Im Mai 2020 hatte sich ein Fuchswelpe in Wimsheim (Baden-Württemberg) auf ein Privatgrundstück verirrt. Der herbeigerufene Jäger trieb das verängstigte Jungtier in die Enge und erschlug es kurzerhand mit einer Holzstange.[3] Schlimmer noch als ein Ende mit Schrecken ist aber ein Schrecken ohne Ende: Im Mai 2018 fand eine Frau im Süden Brandenburgs einen stark geschwächten Fuchswelpen am Straßenrand. Sie griff zum Smartphone und wurde schließlich an eine Jägerin verwiesen, die vorgab, den Welpen gesund pflegen zu wollen. Die gutgläubige Finderin hatte zwar ein schlechtes Bauchgefühl, gab den Welpen jedoch ab. Bei einem späteren Telefonat dann der Schock: Die Jägerin hatte nicht vor, den Fuchs nach der Aufzucht wieder auszuwildern, wie es verantwortungsvolle Wildtierstationen tun. Stattdessen plante sie, das Fuchskind in einer Schliefanlage für die Abrichtung von Jagdhunden einzusetzen. Als die Finderin von diesem Vorhaben erfuhr, wandte sie sich an mich. Zwei Wochen lang versuchten wir in zahlreichen Telefonaten, die Herausgabe von »Foxi« (wie wir den Fuchs inzwischen getauft hatten) zu erwirken. Unser Ziel war, Foxi zur fachgerechten Aufzucht und Auswilderung in eine Wildtierstation zu vermitteln, doch die Jägerin blieb stur. Schließlich drohte sie sogar damit, die Jagdhunde zu Foxi in das Gehege zu lassen, damit sie die kleine Füchsin zerfleischen. Nur mit einer großen Öffentlichkeitskampagne,[4] einer Petition mit rund hunderttausend Unterschriften[5] und dem engagierten Einsatz einer Wildtierstation gelang es uns, Foxi vor diesem Schicksal zu retten. Freigegeben wurde sie letztendlich aufgrund des massiven öffentlichen Drucks – rechtlich hätten wir keinerlei Handhabe gehabt.

Die meisten Fuchsnotfälle, in denen Jäger ins Spiel gebracht werden, enden jedoch mit dem unnötigen Tod des Tieres. Und dort, wo Jäger beispielsweise durch das Aufstellen einer Lebendfalle sinnvoll helfen könnten, weigern sie sich oft, aktiv zu werden. Manche behaupten fälschlicherweise auch, sie dürften nicht helfen. Ist es aber nicht ohnehin absurd anzunehmen, ein Jäger würde sich ausgerechnet um einen kranken, verletzten oder verwaisten Fuchs kümmern, während doch jährlich fast eine halbe Million kerngesunde Füchse auf der Jagdstrecke enden? In der Jägerausbildung lernt man nicht, Füchse gesund zu pflegen, wohl aber, wie man sie tötet – und das ist es dann eben auch, was meist geschieht.

Tierschutzvereine, Tierärzte und Tierkliniken sehen sich zwar grundsätzlich den Tieren verpflichtet, können aber leider nur selten Hilfe für Füchse anbieten. Die meisten Tierschutzvereine müssen sich auf Haus- oder Nutztiere beschränken, weil ihnen die Möglichkeit und Sachkunde fehlt, Wildtiere artgerecht unterzubringen und aufzuziehen. Tierärzte kennen sich meist nicht mit der Behandlung von Füchsen aus. Welche Folgen zum Beispiel eine übereifrige Medikation haben kann, musste ich schon manches Mal miterleben: Füchse, die ohnehin geschwächt waren und dann auch noch falsche, zu stark dosierte oder zu viele Medikamente gleichzeitig erhalten hatten, starben später in der Pflege an Organversagen. Die allermeisten Tierarztpraxen oder -kliniken verweigern die Behandlung von Füchsen jedoch grundsätzlich und verweisen – genau wie viele Tierschutzvereine – an den JAB.

Natürlich kann man Angehörige dieser Gruppen nicht alle über einen Kamm scheren. Es gibt Jäger, Polizisten, Behördenmitarbeiter, Tierschutzvereine, Tierarztpraxen und Tierkliniken, die ein Herz für Füchse haben und sinnvoll helfen. Doch die Gefahr, hier an Personen zu geraten, die es nicht gut mit Füchsen meinen und letztendlich ein unnötiges Leiden oder Sterben verschulden, ist zu groß, als dass man sie grundsätzlich als Ansprechpartner in Fuchsnotfällen empfehlen könnte.

Besondere Vorsicht ist auch im Internet geboten: Zwar lassen sich an richtiger Stelle guter Rat und schnelle Hilfe finden, andererseits wird online auch viel Unsinn verbreitet. Letzteres betrifft manche Websites, aber vor allem die sozialen Netzwerke. Kommentare zur Beurteilung des Zustands und Verhaltens von Füchsen sowie »Tipps« zum Umgang mit ihnen sind oft haarsträubend und nicht selten sogar gefährlich für die Tiere oder ihre Finder.

In einem solchen Fall hatte eine junge Frau einen stark geschwächten Fuchs entdeckt und gesichert. Sie veröffentlichte einen Hilferuf in einer Facebook-Gruppe, um Rat zum weiteren Vorgehen zu erhalten. Wie so oft wurde in den ersten Kommentaren behauptet, man dürfe Füchsen ohne das Einverständnis des JAB nicht helfen, sonst mache man sich der Wilderei schuldig. Andere erkannten die Notlage und nannten ihr einen Tierarzt, zu dem sie den Fuchs umgehend bringen sollte. Von der Angst vor rechtlichen Konsequenzen verunsichert, traute sich die Finderin jedoch nun nicht mehr, den Fuchs dorthin zu bringen. Stattdessen versuchte sie zunächst, von Veterinäramt und Jäger eine Genehmigung einzuholen. Doch während sie sich darum bemühte, verschlechterte sich der Zustand des Fuchses zusehends. Schließlich verstarb er, bevor sie etwas erreichen konnte.

Hätte sie eine solche Genehmigung überhaupt gebraucht, um zu helfen? Tatsächlich wäre diese hier nicht erforderlich gewesen. Die Vereinigung »Wir sind Tierarzt« stellt klar, dass Finder und Tierärzte sich nicht strafbar machen, wenn sie einem Wildtier in Not helfen.[6] Bringt man einen hilfsbedürftigen Fuchs zu einem Tierarzt oder einer Wildtierstation, genügt es, den JAB im Nachhinein – sobald die unmittelbare Notsituation abgewendet wurde – zu informieren. Es gibt sogar Situationen, in denen der JAB gar nicht involviert werden muss. Solche Ausnahmen können im befriedeten Bezirk (z. B.

im eigenen Garten) gelten und sind in den Landesjagdgesetzen zu finden.

Hätte die Finderin sich direkt an einen kompetenten Ansprechpartner gewandt, wäre der Fall wahrscheinlich anders ausgegangen. Vielleicht hätte man das Leben des Fuchses noch retten oder zumindest sein Leiden lindern können. Selbst wenn es naheliegend scheint, wie einem Fuchs in Not zu helfen ist, kann kompetenter Rat entscheidend sein. Hat sich ein Fuchs beispielsweise – wie das Tier zu Beginn dieses Kapitels – in einem Netz oder Zaun verfangen, kann es üble Folgen haben, ihn einfach nur loszuschneiden und freizulassen. Womöglich sind durch den Zug der Seile nämlich Einschnürungen entstanden, die bis tief ins Gewebe hinein Schäden verursachen können. Eine solche »Drucknekrose«, die äußerlich zunächst gar nicht erkennbar ist, kann noch nach mehreren Tagen zu lebensbedrohlichen offenen Wunden führen. Deshalb sollten Tiere in solchen Fällen gründlich untersucht und im Zweifel sicherheitshalber für einige Tage in einer Wildtierstation beobachtet werden.

Wo findet man bei Fuchsnotfällen nun einen solchen Ansprechpartner? Im ersten Schritt sollte man sich an eine Wildtierhilfe wenden, die Erfahrung mit Füchsen hat. Diese Erfahrung ist wichtig, um das Verhalten des Tieres richtig einschätzen, typische Erkrankungen diagnostizieren und Erfolg versprechende Behandlungsansätze finden zu können. Selbstverständlich gibt es auch für Füchse solche speziellen Ansprechpersonen. Jeder, der Fragen zum Thema Fuchs hat oder einen möglicherweise hilfsbedürftigen Fuchs sieht, findet dort Antworten und Unterstützung. Nur hier kann man halbwegs sicher sein, hinsichtlich der Beurteilung einer Situation und zum tierschutzgemäßen Vorgehen sinnvoll beraten zu werden. Diese Beratung sollte unbedingt in Anspruch genommen werden – und zwar, bevor man selbst eingreift oder gar versucht, einen Fuchs einzufangen und mitzunehmen. Im Anhang haben wir einige Links zusammengestellt, die bei der Suche nach einem guten Ansprechpartner nützlich sein können.

Füchsen helfen: Wunsch und Wirklichkeit

Als Menschen können wir uns glücklich schätzen, in einem Land mit einem für alle zugänglichen und gut funktionierenden Gesundheitssystem zu leben. Zwar werden die wenigsten erwarten, dass die Wildtierhilfe genauso gut organisiert ist wie die Human- oder Veterinärmedizin. Trotzdem sieht die Wunschvorstellung vieler Menschen so aus, dass nach einem Anruf bei der Wildtierhilfe innerhalb weniger Minuten Helfer mit einer Art »Wildtierkrankenwagen« vor Ort erscheinen und sich um alles kümmern. Damit verbunden ist meist die Annahme, die Wildtierhilfe sei staatlich organisiert und zur (kostenlosen) Hilfe verpflichtet. Doch die Realität sieht ganz anders aus.

Die Kosten, die für Unterbringung, artgerechte Ernährung, tierärztliche Versorgung, Pflege und Auswilderung entstehen, sind erheblich. Tierärzte sind an eine Gebührenordnung gebunden, aber selbst wenn es nicht so wäre, könnte man nicht von ihnen verlangen, ihre wilden Patienten kostenlos zu behandeln. Unterstützung durch die öffentliche Hand gibt es kaum, und so muss sich die Wildtierhilfe durch Spenden oder gar über die Helfer selbst finanzieren.

Doch der Einsatz für die Wildtiere geht noch weit über den finanziellen Aufwand hinaus: Entgegen der romantischen Vorstellung vieler Menschen handelt es sich dabei um eine sehr verantwortungsvolle, zeitaufwendige und mental fordernde Aufgabe. Gesellschaft und Behörden scheinen diesen Einsatz oft als selbstverständlich zu erachten, aber für die Helfer bedeutet dieses

Ehrenamt eine zusätzliche große Belastung neben dem Privat- und Berufsleben.

Dass die Wildtierhilfe dabei strengen gesetzlichen Bestimmungen und der Kontrolle durch die Veterinärämter unterliegt, ist nötig und richtig. Schließlich erfordert sie besondere Sachkenntnisse und Ausstattung.[7] Doch zum Teil erschweren praxisferne Auflagen von Behörden und Gesetzgeber die Arbeit unnötig – und das gilt leider ganz besonders bei Füchsen.

Aufgrund dieser Umstände ist das Netzwerk an Helfern eher dünn, und der Wildtierhilfe sind enge Grenzen gesetzt. Mancherorts gibt es im Umkreis von hundert Kilometern keinen Ansprechpartner. Die Vorstellung vom kostenlos herbeieilenden Wildtierkrankenwagen ist also utopisch. Noch problematischer ist aber, dass die Zahl der Anfragen die Kapazitäten der Wildtierhilfe bei Weitem übersteigt. So wird jedes Jahr früher oder später der Punkt erreicht, an dem alle seriösen Pflegestellen belegt sind. Die Situation entspannt sich erst wieder, wenn die Jungfüchse ab dem Spätsommer ausgewildert werden können. Füchse, für die in der Zwischenzeit kein Pflegeplatz gefunden werden kann, sterben entweder, müssen eingeschläfert werden oder landen in einer oft katastrophalen Privathaltung.

All diesen Widrigkeiten zum Trotz schaffen es die Wildtierhelfer dennoch in den meisten Fällen, Füchsen zu helfen. Doch nicht immer ist es möglich, einen Fuchs in Not zu retten – etwa, wenn es medizinisch nicht machbar ist oder schlicht kein freier Platz in einer Pflegestelle zur Verfügung steht. Zudem ist nicht alles, was medizinisch machbar wäre, bei einem wilden Fuchs praktisch anwendbar oder Erfolg versprechend: Aufwendige stationäre Behandlungen, die bei Haustieren funktionieren mögen, scheitern bei Füchsen oft dramatisch an deren Stressempfindlichkeit, Bewegungs- und Freiheitsdrang. Gerade in solchen Fällen fällt es Findern ohne entsprechende Erfahrungswerte oft schwer zu akzeptieren, wenn man zum Einschläfern »ihres«

Fuchses raten muss. Doch auch im Hinblick auf die begrenzte Zahl an Pflegeplätzen ist die sogenannte Triage leider unumgänglich: Wenn man nicht allen Patienten helfen kann, zählt nur die Frage, wie man mit den zur Verfügung stehenden Mitteln möglichst viele Leben retten und wieder lebenswert machen kann. Um keine Ressourcen zu verschwenden, bekommt derjenige eine Chance, der die beste Prognose hat. Als zweifach lungentransplantierter Mensch bin ich mir der Bedeutung dieses Prinzips – nicht nur bei der medizinischen Versorgung von Tieren, sondern auch von Menschen – besonders bewusst.

Umso trauriger finde ich es, wenn der Vorwurf laut wird, Wildtierhelfer seien abgestumpft und hätten das Schicksal des einzelnen Fuchses aus dem Blick verloren. Tatsächlich sind zumindest für mich solche Entscheidungen mit der Zeit eher schwieriger geworden, weil ich neben dem Schicksal des Einzelnen auch das der anderen Füchse miteinbeziehe, deren Überleben von unseren begrenzten Mitteln abhängt. Wenn die Prognose eine spätere Auswilderung unwahrscheinlich erscheinen lässt, muss man nämlich auch bedenken, dass jeder füchsische Dauerpatient im Laufe seiner Lebenserwartung von bis zu fünfzehn Jahren jährlich einem anderen Fuchs einen Pflegeplatz »wegnimmt«. Wäre es fair, diesen einen Fuchs zu retten und lebenslang in ein Gehege zu sperren (in dem er womöglich unglücklich wäre), während man gleichzeitig die Möglichkeit opfert, über diesen einen Pflegeplatz bis zu fünfzehn Welpen zu retten und in ein selbstbestimmtes Leben in Freiheit auszuwildern? Aus diesem quälenden Dilemma gibt es kurzfristig keinen guten Ausweg. Man kann nur langfristig an dieser schwierigen Situation etwas ändern, indem man – unter fachkundiger Anleitung, versteht sich – selbst mit Hand anlegt, aber auch, indem man Wildtierstationen unterstützt oder sich für eine Verbesserung der gesetzlichen Rahmenbedingungen einsetzt.

Den Helfern helfen

Solange die Situation in der Wildtierhilfe derart angespannt ist, geht es nicht ohne das Verständnis und die Mithilfe der Finder. Um die ohnehin knappen Ressourcen nicht unnötig zu strapazieren, muss bei jedem Fuchs gründlich abgewogen werden, ob er tatsächlich Hilfe benötigt und wenn ja, wie diese Hilfe aussehen kann.

So meldete mir im Mai 2021 eine besorgte Finderin einen Wurf Fuchswelpen, die von einem Radweg aus gut sichtbar mitten auf einem Feld spielten. Die Welpen waren erst etwa sechs Wochen alt, doch es war nie ein Altfuchs zu sehen, der sich um sie kümmerte. Waren die Welpen vielleicht verwaist? Anhand von Videoaufnahmen, die mir die Finderin geschickt hatte, konnte ich mir einen Eindruck von der Situation verschaffen. Die Welpen waren gut genährt, gingen nicht auf Menschen zu und wirkten fit und aufmerksam. Am Bau lagen noch alte Beutereste, die hungerleidende Welpen in diesem Alter längst gefressen hätten. Ich war deshalb sicher, dass die Welpen noch versorgt wurden und entschied gegen ein Eingreifen. Um ganz sicher zu gehen, veranlasste ich aber am späten Abend weitere Beobachtungen. Nachdem auf dem Radweg Ruhe eingekehrt war, erschienen schließlich auch die Altfüchse wieder am Bau.

Hier war es richtig, nicht einzugreifen. Doch leider wird in solchen Fällen oft voreilig gehandelt, indem die Finder die Welpen erst einmal einsammeln, bevor sie sich an die Wildtierhilfe wenden. Im obigen Beispiel hätte man damit eine Fuchsfamilie ohne Not auseinandergerissen. Die Welpen wären mit großer Wahrscheinlichkeit in einer Wildtierstation gelandet und hätten dort unnötigerweise wertvolle Pflegeplätze belegt.

Doch selbst wenn ein Finder vermeintlich verwaiste Welpen bereits an sich genommen hat, ist noch nicht alles verloren. Es ist wichtig zu wissen, dass Füchse ihre Welpen nicht verstoßen, nur weil ein Mensch sie berührt hat. Selbst nach bis zu einer Woche intensiver menschlicher Pflege besteht noch eine Chance, Welpen erfolgreich wieder in ihre Familie zu integrieren. Dabei gibt es allerdings vieles zu beachten, sodass dies unter fachkundiger Anleitung geschehen muss, um das Leben der Welpen nicht aufs Spiel zu setzen. Dennoch sollte die Möglichkeit einer solchen Rückführung in diesen Fällen ernsthaft geprüft werden.

Wenn erwachsene Füchse der Wildtierhilfe gemeldet werden, geht es in der Regel um verhaltensauffällige, kranke oder verletzte Tiere. Besonders häufig werden Füchse gemeldet, die mutmaßlich an Räude leiden. Hinweise auf Räude können sehr häufiges Kratzen, ein kahler Schwanz oder kahle Stellen im Fell, Hautverkrustungen oder entzündete, zugekniffene Augen sein. Unbehandelt kann die Räude einen monatelangen Leidensweg verursachen, der in vielen Fällen zum Tod führt. Allerdings können Füchse erfolgreich dagegen behandelt werden – und je früher das passiert, desto besser steht es um die Überlebenschancen des Tieres. Im Zweifelsfall sollte man daher nicht zögern, Wildtierhelfer über potenziell räudekranke Füchse zu informieren. Es ist keine Schande, wenn sich am Ende herausstellt, dass die kahlen Stellen im Fell doch eine harmlose Ursache hatten – etwa, weil sich der betreffende Fuchs gerade im Fellwechsel befand oder die Welpen zu ausgelassen mit dem Schwanz ihrer Mutter Tauziehen gespielt hatten.

Es ist also nicht immer einfach zu erkennen, ob ein Welpe verwaist ist oder ein Fuchs Hilfe benötigt. Daher sollte man sich stets die Empfehlung einer fuchskundigen Wildtierhilfe einholen – und zwar bevor man eingreift. Niemand ist böse, wenn sich jemand Sorgen macht und um Rat fragt. Viel schlimmer ist, wenn Menschen gar nicht, zu spät oder vorschnell ohne das nötige Wissen handeln.

Wenn man die Möglichkeit hat, sollte man aus sicherer Entfernung Fotos oder Videos des »Patienten« aufnehmen. Sie sind meist Voraussetzung für eine gute Beratung, da sie den Wildtierhelfern eine Einschätzung von Alter, Zustand und Verhalten des Tieres ermöglichen.

Und bei aller Kritik an der Jagd: In Fällen, in denen ein Fuchs nicht eingefangen oder behandelt werden kann und ohne Hilfe einen langen Leidensweg und qualvollen Tod vor sich hätte, kann es durchaus im Sinne des Tierschutzes sein, den Jäger zu rufen: Als eines Nachts mein Notfalltelefon klingelte, schilderte mir eine Frau, dass ein Fuchs überfahren worden war. Die hintere Hälfte seines Körpers war völlig zerquetscht, aber er war noch bei Bewusstsein. Es war klar, dass dieser Fuchs extreme Schmerzen haben musste und unmöglich überleben würde. Die Frau weinte bitterlich um den Fuchs, doch mir blieb leider nur, ihr zu raten, sofort den Jäger zu rufen. Der Versuch, den Fuchs zu einem Tierarzt zu bringen, um ihn einzuschläfern, hätte das Leid für das verängstige Tier nur noch vergrößert. Manchmal ist man machtlos, und das Verhindern noch schlimmeren Leids ist das Einzige, was man tun kann.

Falsch verstandene Tierliebe: der (un)gezähmte Fuchs

Leider halten sich aber bei Weitem nicht alle an die Empfehlung, vor dem Eingreifen stets fachkundigen Rat einzuholen. So wird tatsächlich ein Großteil des Leids, das wir in der Wildtierhilfe erleben, von Menschen verursacht, die zwar gute Absichten hegen mögen, jedoch mit falschen Vorstellungen und ohne die notwendige Sachkenntnis handeln. Beispielsweise kommt es immer wieder vor, dass Fuchswelpen, die sich anscheinend in Not befinden, einfach mitgenommen und anschließend falsch versorgt werden. Manche geben den hungrigen Welpen etwa Kuhmilch zum Trinken – ohne zu ahnen, dass die Kleinen diese

Milch gar nicht vertragen und oft sogar daran sterben. Andere verlassen sich auf ihre Erfahrungen aus der Hunde- oder Katzenaufzucht und übertragen diese auf Füchse. So werden die zunächst zahm und niedlich wirkenden Welpen ohne Kontakt zu Artgenossen zu Hause »gepflegt«, durch Kinderhände gereicht, verhätschelt und betätschelt, mit dem Haushund zusammengesteckt oder provisorisch in Bad oder Keller untergebracht. Nachts und während der Arbeit sperrt man sie in einen kleinen Käfig, und in der verbleibenden Zeit versucht man, ihnen den Gang auf ein Katzenklo anzutrainieren oder sie an einer Leine spazieren zu führen. Natürlich ist das alles andere als artgerecht – mit dramatischen Folgen: Welpen, die nicht aufgrund von Unfällen im Haushalt oder durch Fehler bei der Pflege sterben, entwickeln dabei Verhaltensstörungen oder gesundheitliche Probleme.

Damit Fuchswelpen sich ideal auf ein Leben in Freiheit vorbereiten können, wird in Wildtierstationen hingegen jeder unnötige Kontakt zu Menschen oder Haustieren vermieden. Nun könnte man einwenden, dass manche Bilder oder Videos durchaus zeigen, wie Wildtierhelfer eng mit Fuchswelpen interagieren. Allerdings muss man betonen, dass es sich dabei meist um Situationen handelt, in denen vorübergehend ein enger Kontakt zu den Welpen notwendig ist. So ist es unerlässlich, verwaiste Welpen in den ersten drei Lebenswochen mit der Flasche zu füttern und in der Wärme einer häuslichen Umgebung zu halten. Einzelne Welpen, die aus gesundheitlichen Gründen noch nicht mit Artgenossen vergesellschaftet werden können, sind zunächst auf menschliche Aufmerksamkeit und Pflege angewiesen. Ein solcher Kontakt ist bei sehr jungen Welpen tatsächlich auch noch recht unkritisch, da sie in diesem Alter noch keine Scheu vor dem Menschen haben. Trotzdem darf daraus kein Dauerzustand werden, denn Menschen können für Füchse nie ein wirklicher Ersatz für Artgenossen sein.[8] In seriösen Wildtierstationen werden

Fuchswelpen deshalb so früh wie möglich mit ihresgleichen vergesellschaftet und dürfen in naturnahen Gehegen aufwachsen. Das stellt außerdem sicher, dass sich die für Füchse überlebenswichtige Scheu trotz des anfänglichen Menschenkontakts später noch einstellt.

Füchse aus Wohnzimmeraufzucht haben jedoch gerade in der wichtigen Phase der Sozialisierung meist keine Möglichkeit, in einer natürlichen Umgebung zusammen mit Artgenossen zu lernen und zu spielen. Dadurch sind sie so schlecht sozialisiert, dass sie später verunsichert, gestresst und überfordert reagieren, wenn sie anderen Füchsen begegnen. Meist sind sie außerdem stark auf Menschen fehlgeprägt – zu zahm für ein Leben in Freiheit, aber zu wild für ein Leben in menschlicher Obhut. Ein solcher Jungfuchs hätte trotz seiner guten Instinkte in freier Natur kaum Überlebenschancen oder würde aufgrund seiner Zahmheit früher oder später als »Problemfuchs« auffällig.

Je früher die Halter erkennen, dass sie den Ansprüchen einer artgerechten Aufzucht nicht gerecht werden können, desto besser stehen die Chancen, dass Experten diesen Füchsen noch erfolgreich zu einem Leben in Freiheit verhelfen können. Manche bringen es aber selbst dann nicht übers Herz, das lieb gewonnene Tier an eine Wildtierstation abzugeben. Beim Gedanken an die kurze Lebenserwartung freilebender Füchse möchten sie dem Fuchs lieber ein sicheres und langes Leben in Gefangenschaft oder gar als Haustier ermöglichen. Im Interesse aller Beteiligten muss man davon strikt abraten! Abgesehen davon, dass eine solche artwidrige Haltung in erheblichem Maß an den tatsächlichen Bedürfnissen eines wilden Fuchses vorbeigeht, sind Füchse schlicht nicht als Haustiere geeignet: Sie werden nicht stubenrein, lassen sich nicht erziehen, verstecken überall im Haus Futter, zerstören die Einrichtung, machen Lärm und verbreiten einen intensiven Geruch. Spätestens wenn zum wiederholten Mal Katzennassfutter unter dem Kopfkissen gefunden wurde, Kot und

Urin vom Fußboden aufgewischt werden mussten oder der Fuchs mit seinem Bellen erneut der ganzen Nachbarschaft den Schlaf geraubt hat, gibt es Ärger. Vielleicht findet sich dann irgendwo ein Zwinger oder kleines »Gehege«, wo man den Fuchs über einen längeren Zeitraum einsperrt, bis er im Laufe seines Lebens an immer neue Halter weitergereicht wird. Ich kenne viele solche Schicksale und weiß, welchen Verlauf sie nehmen, ehe die Füchse vom Veterinäramt beschlagnahmt werden. Auf Einsicht hofft man selbst dann meist vergebens. Solche Füchse bereit für eine Wiederauswilderung zu machen, ist nicht unmöglich, erfordert aber enormen Aufwand.

Diese Folgen sind leider vielen nicht bewusst, wenn sie in bester Absicht einen Fuchswelpen an sich nehmen und in sozialen Netzen von ihrer »Tierschutzleistung« berichten. Besonders tragisch ist, dass sie damit vielleicht sogar noch andere zu unverantwortlichen Selbstversuchen animieren – und damit schließt sich der Teufelskreis der falsch verstandenen Tierliebe. Die Leidtragenden sind am Ende immer die Füchse.

Ein weiteres Beispiel falsch verstandener Tier»liebe« ist der Trend zur Haltung von Zuchtfüchsen. Letztendlich handelt es sich dabei um Nachkommen von Pelzfarmfüchsen, die unter schlimmsten Bedingungen in winzigen Käfigen gehalten wurden. Russische Züchter haben diese über einige Jahrzehnte hinweg auf Zahmheit hin selektiert und dabei Tiere hervorgebracht, die Menschen gegenüber kein Abwehrverhalten zeigen und für Preise von mehreren Tausend Euro als vermeintliche Haustiere verkauft werden. Das bedeutet jedoch nicht, dass sie mit ihrer Situation in Gefangenschaft glücklich sind. Sie kommen lediglich besser mit der Nähe zu Menschen klar, suchen sie vielleicht sogar und lassen sich vieles gefallen. Tatsächlich haben Zuchtfüchse sich jedoch erstaunlich viel von ihrer wilden Natur bewahrt. Bedenkt man, dass die Domestikation des Hundes sich über Zehntausende von Jahren hingezogen hat, ist das auch wenig überraschend. Wer einmal gesehen hat, wie Zuchtfüchse aufblühen, wenn sie in einem großen Freigehege mit Kontakt zu (wilden) Artgenossen leben, der sieht ihre Wohnungshaltung mit anderen Augen.

Es gibt durchaus Menschen, die sich ernsthaft mit Füchsen beschäftigen und bereit sind, die hohen Anforderungen für eine möglichst tiergerechte Haltung zu erfüllen. Genau solche Plätze werden von Wildtierstationen händeringend gesucht, um nicht auswilderbaren Wildfüchsen oder auch Zuchtfüchsen aus dem Tierschutz (z. B. aus Beschlagnahmungen oder Pelzfarmen) ein lebenswertes Zuhause zu geben. Wer solche Füchse bei sich aufnimmt, anstatt sich einen Fuchs aus einem fragwürdigen Zuchtprogramm zu kaufen, und den Ansprüchen an ihre Haltung dabei gerecht wird, tut damit gleich in mehrerlei Hinsicht Gutes.

Im Kapitel »Licht und Schatten« haben wir Fuchs Balu kennengelernt, der sich als Stiefvater jedes Jahr rührend um verwaiste Fuchswelpen kümmert. Balu ist ein Zuchtfuchs, der seinen früheren »Besitzern« entlaufen ist oder von ihnen ausgesetzt wurde. Arbeiter fanden ihn vor einigen Jahren mit einem gebrochenen Hinterbein auf einem Industriegelände. Er wurde eingefangen, operiert und zunächst im Tierheim Siegen aufgenommen. Als im November 2017 der Hundeexperte Martin Rütter auf sein Schicksal aufmerksam wurde, vermittelte er Balu im Rahmen seiner TV-Show an eine süddeutsche Fuchsauffangstation. Ich kenne Balu, seit er dort lebt. Er ist zwar sehr menschenbezogen, aber auch sehr unsicher. Manchmal dreht er sich minutenlang im Kreis, jagt seinen Schwanz und schreit dabei. Eine körperliche Ursache oder ein klarer Auslöser konnte dafür nicht gefunden werden. Laut Tierärzten und Verhaltenstherapeuten handelt es sich dabei um eine Verhaltensstörung, die auf die Haltung in reizarmer Umgebung während der Welpenzeit zurückzuführen ist. In einem der größten und natürlichsten Fuchsgehege Deutschlands gewann Balu bald neue Lebensqualität. So scheint er beim

Ausleben seiner Instinkte (wie etwa der Welpenpflege) oder im Spiel mit Artgenossen große Erfüllung zu finden. Trotz der neu gewonnenen Lebensfreude konnte Balu seine Verhaltensstörung aber bis heute nicht völlig ablegen.

Balus Verhalten hat mir gezeigt: Auch wenn sich Zuchtfüchse durch Aussehen und Fellqualität von ihren wilden Artgenossen unterscheiden, sind viele ihrer natürlichen Bedürfnisse, Triebe und Instinkte unter dem Fellkleid unverändert. Es tut weh, daran zu denken, wie viel von der ursprünglichen wilden Natur noch in diesen Tieren steckt und wie sehr Tausende Zuchtfüchse durch das Leben als vermeintliche Haustiere eingeschränkt werden. Balus Beispiel zeigt, welchen Schaden eine falsche Haltung anrichtet, aber auch, wie die richtigen Bedingungen das Leben für einen Fuchs wieder lebenswert machen können.

Lieben heißt loslassen

Viele Geschichten – ob real oder fiktiv – handeln von dem Versuch, Füchse zu zähmen. Ein bildgewaltiges Beispiel dafür ist der Film *Der Fuchs und das Mädchen*: Als ein Mädchen eines Tages zufällig einer wilden Füchsin begegnet, wird es von der Ausstrahlung des scheuen Tieres sofort in den Bann gezogen. Anfangs aus Bewunderung und Neugier versucht es, die Füchsin wiederzufinden. Mit großer Hingabe bemüht es sich über Monate hinweg, der Füchsin näher zu kommen, sie zu beobachten und mit ihr Freundschaft zu schließen. Nach unzähligen Begegnungen entwickelt sich endlich ein gewisses Vertrauensverhältnis. Schließlich nimmt die Füchsin ihre menschliche Freundin auf Ausflüge in ihre geheime Welt mit und vertraut ihr sogar ihre Welpen an. Doch das Mädchen will mehr: Es missbraucht das Vertrauen der Füchsin und zwingt dieser ihren Willen auf. Der Versuch, aus dem Wildtier ein Haustier zu machen, endet damit, dass die Füchsin schließlich flieht und dabei fast ihr Leben verliert. Das Mädchen begreift seinen Fehler und lässt der Füchsin ihre Freiheit: »Weil ich begriffen hatte, dass ich sie nicht festbinden darf, um sie behalten zu können [...]. Ich hatte Lieben mit Besitzen verwechselt [...]. Was ich an ›meinem‹ Fuchs so mochte, war, dass er nicht immer da war wie ein Kuscheltier oder wie ein Haustier. Was ich mochte, war, dass man auf ihn warten musste, verstehst du? Ich musste ihn suchen. Er war unberechenbar.«

Die allermeisten Versuche, Füchse zu zähmen, enden entweder im Desaster, weil der Fuchs erbitterten Widerstand gegen seine Unterwerfung und die Einengung seiner Freiheit leistet, oder sie laufen darauf hinaus, dass der Mensch die wilde, ungezähmte Natur des Fuchses anzuerkennen lernt und ihn als Partner auf Augenhöhe begreift. Die Freiheit, ein selbstbestimmtes Leben zu führen, ist für Füchse das wertvollste Gut, auch wenn dieses Leben große Gefahren birgt. Wer versucht, Füchsen Halsbänder anzulegen, sie zu zähmen oder in menschliche Obhut zu zwingen, um sie vor diesen Gefahren zu schützen, hat sie nicht verstanden. Am sichersten ist das Leben vielleicht in einer Gefängniszelle, und trotzdem will dort niemand leben.

Der Psychologe Erich Fromm analysiert in einem seiner bekanntesten Werke, *Haben oder Sein,*[9] die westliche Gesellschaft und stößt dabei auf ein zunehmendes Streben nach Besitz, das vom »Haben« dominiert wird. Dieses Phänomen betrifft nicht nur Güter, sondern auch Lebewesen: Wenn Liebe nicht selbstlos, sondern von Kontrolle oder gar einem Besitzgedanken geprägt ist, spricht man von Liebe im »Haben-Modus«. Dabei stehen nicht Wohlergehen und Bedürfnisse des Geliebten im Vordergrund, sondern die eigenen Erwartungen an die Beziehung – eine egoistische, schädliche Art der Liebe. Diesem Konzept stellt Fromm die Geisteshaltung des »Seins« gegenüber, für die Besitz unwesentlich ist. Im »Sein-Modus« zu lieben bedeutet, eine Beziehung nicht vom eigenen Vorteil abhängig zu machen oder eigene Bedürfnisse auf den anderen zu projizieren. Diese Form der Liebe ist selbstlos und findet sich als Ideal in zahlreichen philosophischen Ansätzen und Religionen wieder.

Es ist wichtig, hin und wieder die eigenen Beziehungen im Leben zu hinterfragen. Lieben wir aufrichtig, schützen und unterstützen unsere Nächsten? Oder sind wir auf den eigenen Vorteil bedacht und nutzen die Schwächen und Gutmütigkeit anderer für unsere Zwecke aus? Sind wir eine Bereicherung und tragen zum Glück anderer bei oder erwarten wir genau das nur von anderen?

Die Erfahrungen aus der Wildtierhilfe sowie der Umgang mancher Menschen mit vermeintlich zahmen Füchsen sind Beispiele dafür, dass wir unsere Liebsten auch nicht in ein Gefängnis unserer guten Absichten oder (Verlust-)Ängste sperren und sie so an ihrer Entfaltung hindern dürfen. Liebe kann eben auch bedeuten, dass man loslassen muss. Auch wenn es schwerfällt, muss man den anderen doch zugestehen, ihren eigenen Lebensweg zu finden – selbst, wenn ihnen auf diesem Weg Fehler oder gar Gefahren drohen. Eltern müssen lernen, ihre Kinder im Leben zu begleiten, ohne sie überzubehüten. Tierfreunde müssen Wildtieren ihre Freiheit zugestehen, auch wenn das für den Menschen eine oft schmerzhafte Trennung und für das Tier ein wahrscheinlich kurzes, aber dafür erfülltes Leben bedeutet. Und selbst im Angesicht des Todes kann diese Lektion von Bedeutung sein: Statt aus Verlustangst einen schwer kranken Angehörigen zum Festhalten an einem unwürdigen Leben zu zwingen, kann es erleichternd sein, ihn in Würde gehen zu lassen.

Unsere Beziehungen sollten stets auf gegenseitigem Verständnis und Respekt basieren. Wenn man die Eigenarten des anderen akzeptiert, ihm Freiräume lässt und sich an seinem Dasein erfreut, kann dabei eine tiefe, geradezu magische Verbindung entstehen. Bedingung dafür ist immer Freiwilligkeit, nie Zwang.

Füchse als Nachbarn

Friede? Freude? Fuchs!

(Daniel Peller)

»Was Du tust, macht einen Unterschied.
Du musst entscheiden, welche Art von Unterschied
Du machen möchtest.«

Jane Goodall

Friedhöfe sind Orte der Ruhe und werden – zumindest von Menschen – in der Regel nur tagsüber aufgesucht. Meist sind sie sehr naturnah gestaltet; kleine Wäldchen und Hecken zwischen den Gräbern bieten Sichtschutz und beruhigen das Auge. Trauernde schätzen diese intime Atmosphäre für das ungestörte Gedenken an die Verstorbenen. Aber auch Füchse haben Friedhöfe längst für sich entdeckt. Die abwechslungsreichen Strukturen und die nächtliche Ruhe machen sie zu idealen Rückzugsorten. Es ist daher nicht verwunderlich, dass sich auf vielen Friedhöfen, selbst mitten im Stadtgebiet, auch Füchse finden. Die meisten von ihnen leben in friedlicher Nachbarschaft zu uns Menschen und fallen dabei nicht negativ auf. Doch auf dem städtischen Friedhof in Kulmbach sorgte im Jahr 2020 ein Fuchs für großen Ärger.[1]

Ein Doppelgrab, bei dem die Beisetzung bereits fünf Jahre zurücklag, war mit mehreren Steinplatten abgedeckt, die im vorderen Bereich Raum für eine Bepflanzung ließen. Ausgerechnet dort hatte ein Fuchs den Eingang zu seinem Bau gegraben. Neben den Löchern im Erdreich türmte sich ein

Haufen aus Erde und Steinchen. Doch damit nicht genug: Er hatte außerdem zwei der hölzernen Herzen wieder zutage gefördert, mit denen der dort beigesetzte Sarg verziert war. Pietät zählte offenbar nicht zu den Stärken dieses Fuchses. Da man befürchtete, der Fuchs könne noch andere Dinge an die Oberfläche bringen, musste hier dringend etwas unternommen werden.

Die beiden Schwestern, die das Grab pflegten, wandten sich zunächst an die Friedhofsverwaltung, doch diese schien die Situation nicht ernst zu nehmen und verwies lediglich an einen Jäger. Dieser sah sich allerdings für den Friedhofsbereich nicht zuständig. Die Kulmbacherinnen fühlten sich mit dem Problem alleine gelassen. Frustriert und verärgert wandten sie sich nun an die Redaktion der *Bayerischen Rundschau*. Diese wiederum schaltete eine weitere Jägerin ein, die den Tatort noch am selben Tag inspizierte und sich bereit erklärte, dem Treiben des Fuchses ein Ende zu bereiten …

Diese Anekdote zeigt, wie schnell eine friedliche Nachbarschaft von Mensch und Fuchs zum handfesten Interessenskonflikt werden kann. Auch außerhalb von Friedhöfen können Füchse für Unmut sorgen, wenn sie beispielsweise ungefragt Gärten umgestalten, Gegenstände beschädigen oder menschliche Nasen und Ohren mit ihren Markierungen und Lauten beleidigen. Bei manchen löst bereits der bloße Anblick eines Fuchses in der Nachbarschaft Angst aus, weil sie – trotz aller Aufklärungsarbeit – die Gesundheit von Mensch und (Haus-)Tier in Gefahr wähnen. Da können selbst tierfreundliche Menschen eine Abneigung gegen die rotpelzigen Gartengäste entwickeln – frei nach dem Motto: »Füchse sind toll und müssen geschützt werden, aber bitte nicht auf meinem Grundstück.« Im Extremfall führt das dazu, dass Füchse irrtümlich als Schädlinge angesehen werden, die es zu beseitigen gilt.

Natürlich ist diese Problematik alles andere als neu. In England begann die Eroberung menschlicher Siedlungsräume durch Füchse besonders früh. Entsprechend viel Zeit hatte man dort, über den Umgang mit Füchsen im Siedlungsraum zu lernen. Nachdem Anwohner sich über ihre neuen tierischen Nachbarn beklagt hatten, versuchte man zuerst, die Füchse mit Gewalt zu beseitigen. Auf Veranlassung der örtlichen Behörden wurden sie mit allen erdenklichen Methoden verfolgt und getötet. Man musste aber bald einsehen, dass die Fuchspopulation damit nicht reduziert und Füchse auch nicht von bestimmten Grundstücken ferngehalten werden konnten.[2] Da die Maßnahmen nicht nur erfolglos, sondern auch teuer waren, änderte man schließlich die Strategie. Behörden und Wissenschaftler begannen, Konzepte für ein friedliches Zusammenleben von Mensch und Fuchs zu entwickeln.[3, 4, 5, 6] Diese richtungsweisenden Ansätze haben sich in der Praxis bewährt und sind deshalb auch die Grundlage für die Empfehlungen in diesem Kapitel.

»Der Fuchs muss weg!«

Wenn ein Fuchs als störend empfunden wird, geht der erste Gedanke oft dahin, wie man ihn irgendwie wieder loswerden könnte. Zum Glück lehnen die meisten Menschen das Töten von Füchsen inzwischen ab, und so erscheint die Idee naheliegend, den ungebetenen Gast stattdessen einzufangen und andernorts wieder auszusetzen. Doch ist eine solche Umsiedelung wirklich eine sinnvolle Maßnahme?

Im Kapitel »Home Sweet Home« haben wir gesehen, wie wichtig die vertraute Umgebung für einen Fuchs ist. Setzt man einen Fuchs einfach wahllos »in der Natur« aus, muss das ein regelrechter Schock für ihn sein: Er findet sich plötzlich in einem unbekannten Gebiet wieder, in dem er weder die Nahrungsquellen noch spezifische Gefahren kennt. Zudem ist das Revier wahrscheinlich schon von einem Artgenossen besetzt, der unseren Fuchs nun als Eindringling vertreibt. Je länger die Suche nach einem neuen Revier andauert und je länger der Fuchs ohne Nahrung, Schutz und Heimat ist, desto größer ist die Wahrscheinlichkeit, dass er auf der Suche sein Leben lässt. Um das zu vermeiden, müsste man großen Aufwand betreiben und den Fuchs über Wochen hinweg schonend an seinen neuen Lebensraum gewöhnen. So gehen beispielsweise seriöse Wildtierstationen bei der Auswilderung ihrer Schützlinge vor. Doch selbst wenn man sich diese Mühe auch bei einer Umsiedelung machen würde, hätte man den Fuchs mutwillig aus seinem Revier und seinem Sozialverband gerissen und ihm damit schwer geschadet. Die gut gemeinte Idee, einen Stadtfuchs einzufangen und in der Natur auszusetzen, wo er vermeintlich doch hingehört, ist also nicht im Sinne des Fuchses.

Abgesehen davon kommt es in vielen Fällen gar nicht erst zum Aussetzen des Fuchses. Fallensteller behaupten zwar oft, gefangene Füchse umzusiedeln; tatsächlich muss man aber damit rechnen, dass diese Füchse die Falle nicht lebend verlassen werden.

Das Töten oder Umsiedeln von Füchsen löst aber ohnehin keine Probleme, sondern kann sie sogar verschärfen. Frei gewordene Fuchsreviere rufen nämlich in kürzester Zeit neue Anwärter auf den Plan, die sich um das Territorium streiten. Das kann zusätzlichen Lärm bedeuten und jede Menge neue Duftmarken mit sich bringen.

Wenn man eine gute Lösung für ein Problem finden möchte, muss man es zuerst verstehen. Wenn es um Wildtiere geht, sollte man als ersten Schritt den Verdächtigen identifizieren. In vielen Fällen ist anfangs nämlich gar nicht klar, welche Wildtiere überhaupt auf dem betreffenden Grundstück unterwegs sind. Vielleicht ist der Schuldige gar kein Fuchs, sondern ein Marder, ein Igel oder eine Katze? Zur Klärung ist oft etwas Detektivarbeit nötig: Pfotenabdrücke, Kratz- oder Fraßspuren, Laute, Fellfetzen oder andere Hinterlassenschaften können wichtige Hinweise liefern. Um den entscheidenden Beweis zu erhalten, kann man eine Wildkamera aufstellen und so den »Täter« in flagranti erwischen.

Hat man diesen erst einmal identifiziert, sollte man sich Gedanken über sein Motiv machen. Manche Menschen nehmen es persönlich, wenn Füchse auf ihrem Grundstück Probleme verursachen. Doch natürlich handeln Füchse nicht in böser Absicht, wenn sie auf Terrassen oder Türschwellen markieren, im Blumenbeet wühlen oder Schuhe entwenden. Sie haben schlichtweg kein Verständnis unserer Normen, Werte oder Ästhetik. Was für einen Hobbygärtner ein aufopferungsvoll gepflegter Rasen ist, stellt für einen Fuchs womöglich den perfekten Ort zur Regenwurmjagd dar. Statt das als Provokation misszuverstehen, empfiehlt es sich, erst mal tief durchzuatmen und zu ergründen, warum sie sich dort überhaupt aufhalten. Suchen sie vielleicht nach Wasser oder Nahrungsquellen (wie etwa Fischteiche, Abfallbehälter,

Komposthaufen, Grillstellen, Obstbäume oder Futterplätze für Haustiere)? Finden sich dort Spielsachen, Deckung, Ruhe oder Schutz? Durchqueren sie das Gebiet vielleicht nur auf dem Weg zu einem anderen interessanten Ort? Alles das können Anreize für Füchse sein, ein Grundstück zu betreten.

Oft genügt es schon, solche Anreize abzustellen: So sollte Futter für Haustiere nicht im Freien bereitgestellt werden. Wer Vögel oder Igel im Garten füttert, lockt damit unweigerlich auch Mäuse und andere Nager an, die für Füchse verlockende Beute sind. Ein hungriger Fuchs nimmt aber notfalls auch mit dem Vogelfutter selbst vorlieb. Füchse wurden sogar schon dabei beobachtet, wie sie in Bäume kletterten, um an Meisenknödel zu gelangen. Wer keine ungebetenen Gäste im Garten haben möchte, sollte neben dem Futter auch Komposthaufen und Abfälle für Wildtiere unzugänglich machen. Hier empfehlen sich geschlossene Komposter und Mülltonnen mit wildtiersicherem Verschluss. Alles, was als Spielzeug missbraucht, verunreinigt oder beschädigt werden könnte, sollte nachts sicher verstaut werden. Bodennaher Bewuchs, dichtes Gebüsch und dunkle Ecken im Garten bieten Füchsen potenzielle Rückzugsorte und laden zum Graben eines Baus ein. Schneidet man Pflanzen – vor allem in Bodennähe – konsequent zurück, macht das den Garten für Füchse gleich weniger attraktiv.

Genügt all das nicht, kann man zusätzlich Maßnahmen zur aktiven Abschreckung ergreifen. Manche empfehlen, ein Radio aufzustellen, Lichter mit Bewegungsmeldern zu installieren, getragene Kleidungsstücke auszulegen, Hundehaare auf dem Grundstück zu verteilen oder den Hund vermehrt markieren zu lassen. Andere schwören gar auf menschlichen Urin als Vergrämungsmittel. Tatsächlich kann all das Füchse verunsichern und für einige Zeit vorsichtiger werden lassen. Meist gewöhnen sie sich aber recht bald daran und kehren zu ihren alten Gewohnheiten zurück. Erfolg versprechender sind Ultraschallgeräte mit

Bewegungsmelder, die einen für Füchse unangenehmen Ton von sich geben. Allerdings stört das natürlich auch andere Wildtiere sowie Hunde und Katzen, die den Ton ebenfalls wahrnehmen können. Ähnliches gilt für bewegungsaktivierte Wassersprinkler, die für kleinere Flächen ein sehr wirksames und schonendes Mittel zur Abschreckung sein können. Leider finden sich gerade im Internet auch einige Tipps, deren Anwendung gefährlich, umweltschädlich oder illegal ist: WC-Steine, Spülmaschinentabs oder mit Dieselöl getränkte Lappen sind nur einige Beispiele von Dingen, die in der Natur absolut nichts zu suchen haben.

Es gibt allerdings spezielle Vergrämungsmittel, die umweltverträglich sind und gut wirken. Solche Mittel können etwa an Stellen angewendet werden, die Füchse zum Graben verlocken. Frisch umgegrabenes oder bepflanztes Erdreich wirkt beispielsweise auf Füchse anziehend, weil es den Eindruck erweckt, dass ein anderes Tier dort Nahrung vergraben haben könnte. Wurden auch noch Küchenabfälle, Knochenmehl oder ein anderer organischer Dünger untergearbeitet, muss ein Fuchs erst recht glauben, dass dort etwas Essbares versteckt ist. Sicherlich macht es ihm keinen Spaß, sich beim Wühlen in der Erde die Pfoten schmutzig zu machen und am Ende nicht die erhoffte Belohnung vorzufinden. Um ihm die Enttäuschung und dem Gartenbesitzer den Ärger zu ersparen, gibt es im Garten- oder Tierfachmarkt ein Vergrämungsmittel mit dem treffenden Namen »Get Off My Garden«.[7] Großflächig auf dem Rasen verstreut oder leicht in die obere Erdschicht von Beeten oder Topfpflanzen eingearbeitet, hält dieses gelartige Granulat mit seinem Zitrusgeruch Füchse davon ab, an den behandelten Stellen zu graben.

Andere Mittel kommen dort zum Einsatz, wo Füchse markieren. Das tun sie gerne an erhöhten, auffälligen Stellen oder an Zugängen zu einem Grundstück. Es ist deshalb wahrscheinlich, dass auch die dort verkehrenden Menschen über solche Markierungen stolpern. Leider wird oft der Fehler gemacht, diese mit scharfen Reinigungsmitteln zu beseitigen und den für uns unangenehmen Geruch dabei zu entfernen oder zu überdecken. Für einen Fuchs ist das ärgerlich, denn man radiert damit seine Botschaft aus und zwingt ihn dazu, sie zu erneuern – vielleicht sogar häufiger und intensiver als zuvor. Um diesen für beide Seiten frustrierenden Schlagabtausch aus Markieren und Reinigen zu unterbrechen, kann man ein Mittel einsetzen, das die natürlichen Verhaltensweisen von Füchsen ausnutzt: Ein Pulver mit dem Handelsnamen »Scoot«[8] wird in Wasser aufgelöst und mit einer Gießkanne großflächig an den betroffenen Stellen verteilt. Getrocknet ist das Mittel unsichtbar und geruchlos. Markiert nun dort ein Fuchs, reagiert der Wirkstoff mit der Markierung und verändert ihren Geruch so, dass der Fuchs sie für die eines dominanten Artgenossen hält. Anfangs mag er versuchen, diesen imaginären Konkurrenten durch vermehrtes Markieren zu vertreiben. Es dauert jedoch nicht lange, bis der Fuchs seine Bemühungen – und damit auch das betreffende Grundstück – aus Angst vor einem übermächtigen Widersacher aufgibt.

In der Nähe eines Fuchsbaus darf man diese Mittel jedoch nicht ohne Weiteres einsetzen. Davon abgesehen, dass das Jagdgesetz es verbietet, Wild »unbefugt an seinen Zuflucht-, Nist-, Brut- oder Wohnstätten [...] zu stören«[9], bringt man die Füchse damit in große Gefahr. Würde man eine Fuchsfamilie so aus ihrem Bau vertreiben, könnte das dazu führen, dass Welpen zurückgelassen werden oder der Mutter beim Umzug etwas zustößt. Besonders zwischen Januar und Juni sollte man daher einfach etwas Geduld haben und nicht versuchen, Füchse zum Aufgeben ihres Baus zu bewegen. Oft zieht die Fuchsfamilie nach einigen Wochen von ganz allein in einen anderen Bau um und das Problem löst sich von selbst. Auf gar keinen Fall darf man den Bau einfach verschließen oder zuschütten. Vorher muss unbedingt sichergestellt sein, dass er nicht mehr genutzt wird und sich kein Tier mehr darin befindet.

Wer die Motive der Füchse kennt und ihre Lernfähigkeit ausnutzt, kann ihr Verhalten lenken, ohne ihnen zu schaden. Dieses Prinzip funktioniert auch bei Füchsen, die sich zu nahe an Menschen herantrauen und daher schnell als »Problemfüchse« wahrgenommen werden. Hier ist es zu ihrem eigenen Besten, wenn sie wieder lernen, dass die Nähe zu Menschen unangenehme Folgen haben kann.

Einmal kontaktierte mich ein junges Pärchen aus Berlin. Die Frau und ihr Freund waren beim Picknicken in einem Stadtpark von einem Fuchs besucht worden und wollten wissen, ob sie sich korrekt verhalten hatten. Ihre Videoaufnahmen zeigten einen Fuchs, der gesund aussah und offensichtlich sehr am Inhalt des Picknickkorbs interessiert war. Bis auf wenige Schritte traute er sich an die Zweibeiner heran. Falsch wäre in dieser Situation gewesen, dem Fuchs etwas von dem Essen hinzuwerfen und sich zu entfernen, während er sich darüber hermacht. So wäre er nämlich für seine Aufdringlichkeit belohnt und damit in seinem Verhalten bestärkt worden. Die beiden hatten aber richtig reagiert: Sie ließen sich nicht beirren, beendeten in Ruhe ihr Picknick und ließen den Fuchs leer ausgehen.

Für den Fall, dass sie dem Fuchs erneut begegnen, gab ich ihnen noch einen Tipp mit auf den Weg: Um aufdringliche Füchse wieder zu etwas mehr Respekt zu erziehen, kann man eine sogenannte »Rappeldose« einsetzen. Das ist nichts anderes als eine kleine Blechdose, die mit ein paar Münzen, Schrauben, Steinchen oder ähnlichem befüllt und sicher verschlossen wird. Nähert sich ein Fuchs, wirft man diese Dose vor ihm auf den Boden. Das laute Scheppern lässt ihn zurückschrecken, und er lernt, diese unangenehme Erfahrung mit der Nähe zum Menschen zu verbinden. Natürlich sollte man dabei aufpassen, dass man den Fuchs nicht mit der Dose trifft. Hat man keine Rappeldose zur Hand, kann man auch einen Schritt auf den Fuchs zugehen und in die Hände klatschen. Dabei muss man jedoch achtgeben, ihn nicht in die Enge zu treiben. Eine weitere Alternative zur Rappeldose ist Wasser. Den Fuchs mithilfe einer Wasserpistole nass zu spritzen, hat für ihn einen ähnlich abschreckenden Lerneffekt. Diesen Tipp habe ich übrigens auch dem Jogger aus dem Kapitel »Alles fließt« gegeben, der gelegentlich von einem Fuchs begleitet wurde.

Die beschriebenen Maßnahmen bieten einfache, schonende und effektive Lösungen für die meisten Konflikte. Wenn es aber darum geht, Haus- und Nutztiere zu schützen, führt kein Weg daran vorbei, diese sicher unterzubringen. Tatsächlich sind Nutztierhalter sogar dazu verpflichtet, ihre Ställe und Gehege so auszustatten, dass ihre Tiere so weit als möglich vor Beutegreifern geschützt werden.[10] Dabei genügt es nicht, dafür zu sorgen, dass die Tiere nicht ausbrechen können – vielmehr muss man auch sicherstellen, dass Beutegreifer draußen bleiben. Ein ausgewachsener Fuchs kann sich durch eine quadratische Öffnung mit einer Kantenlänge von nur acht bis zehn Zentimetern quetschen – dazu genügt ein fehlender Ziegelstein in einer Mauer oder ein Spalt in einer Bretterwand.[11, 12] Zudem können Füchse einfache Zäune meist mühelos überklettern oder untergraben. Zum Bau fuchssicherer Gehege hat sich daher ein Zaun aus stabilem engmaschigem Volierendraht bewährt. Als Überkletterschutz hat dieser im oberen Bereich einen Überhang nach außen. Unten reicht er einen halben Meter in das Erdreich hinein und von dort aus noch mal ebenso weit nach außen, wodurch auch das Untergraben verhindert wird. Zusätzlich kann es sinnvoll sein, außerhalb am Zaun (etwa in 30 cm Höhe) eine Weidezaunlitze zur Abschreckung einzuziehen. Wo Ausläufe sich nicht in dieser Form absichern lassen, können Wachhunde zur Sicherheit beitragen. Angesichts dieser Anforderungen scheuen manche leider den (finanziellen) Aufwand für den Schutz ihrer Tiere und lassen Verluste zu. Doch ist es dann fair, dem Fuchs dafür die Schuld zu geben?

Was wir trotz alledem bisweilen hinnehmen müssen, sind die Laute von Füchsen, vor allem zur Paarungszeit. Personen, die sich dadurch in ihrer Nachtruhe gestört fühlen, können im Notfall zu Ohrenstöpseln greifen. Ich persönlich genieße es, naturnah zu leben und freue mich über die Rufe von Füchsen in der Nacht ebenso wie über den Gesang der Vögel am Morgen.

Für viele Probleme lassen sich also gütliche Lösungen finden – so auch für den Friedhofsfuchs, den wir zu Beginn des Kapitels kennengelernt haben. Bei der Jägerin, die sich des Falls angenommen hatte, handelte es sich um Stadtförsterin Carmen Hombach. Sie hatte schon einmal bei Problemen mit Wildtieren auf dem Friedhof helfen können und machte sich sogleich an die Arbeit. Mithilfe einer Wildkamera bestätigte sie zunächst den Verdacht, dass es wirklich ein Fuchs war, der sich dort im Grab häuslich einrichten wollte. Sie recherchierte, was gegen den Fuchs unternommen werden könnte, und stieß dabei auf die Website der Fuchs-Hilfe. Per E-Mail schilderte sie mir den Fall und fragte mich um Rat. Da jetzt im August der Bau ohnehin kaum noch genutzt wurde und keine Jungfüchse auf der Wildkamera zu sehen waren, sprach ich mich für eine Vergrämung aus. Ich empfahl, das Erdreich auf dem Grab und in unmittelbarer Umgebung mit »Get Off My Garden« zu behandeln. Zudem ließ ich die Öffnungen des Baus mit zusammengeknülltem Zeitungspapier locker verschließen. Nun hieß es abwarten, während die bereits installierte Wildkamera die Reaktion des Fuchses festhalten sollte.

Tatsächlich verlief alles wie erhofft: Der Fuchs kam zurück, schaute sich kurz um, nahm den Geruch des Granulats wahr und zog von dannen. Auch das Zeitungspapier, das der Fuchs mühelos hätte beiseiteschieben können, blieb über Tage hinweg unberührt. Dadurch stellten wir sicher, dass sich kein Tier mehr im Bau befand. Im nächsten Schritt wurden die Löcher aufgefüllt und das Grab wieder instand gesetzt. Im Bereich der Grabbepflanzung wurde dabei einige Zentimeter unter der Erdoberfläche noch ein Drahtgitter eingelegt. Für eine ganze Weile herrschte nun Ruhe; erst im folgenden Frühjahr kam der Fuchs zurück und versuchte an derselben Stelle noch einmal sein Glück. Doch dieses Mal kam er wegen des Gitters nicht weit und gab nach erneuter Anwendung des Vergrämungsmittels seine Bemühungen endgültig auf.

So einfach und unspektakulär können tierschutzgerechte und effektive Maßnahmen aussehen. Auch für Frau Hombach war das eine positive Erfahrung: »Das Granulat war auf jeden Fall erfolgreich und ist vom Geruch her auch gut in einer Friedhofsanlage zu tolerieren. Das war auf jeden Fall ein super Tipp. Bei der Stadtbevölkerung kam sehr gut an, dass wir den Fuchs nur vertrieben und nicht getötet haben, auch die Grabeigentümerin wollte auf keinen Fall, dass der Fuchs stirbt.« Frau Hombach und den Grabbesitzerinnen gebührt großer Respekt dafür, dass sie sich um eine tierfreundliche Lösung bemüht haben. Auch für den Fuchs gab es ein Happy End: Er zog in ein angrenzendes Gebiet um, wo er seitdem nicht mehr unangenehm aufgefallen ist.

Auf gute Nachbarschaft

Angesichts der oftmals engen Nachbarschaft von Fuchs und Mensch im Sieldungsraum sind Konflikte äußerst selten. Die meisten Menschen wissen gar nicht, dass ihr Grundstück regelmäßig von Füchsen besucht wird. Andere lernen, sich mit ihnen zu arrangieren oder ihr Verhalten zu lenken. Mehr und mehr Menschen haben »ihre« Füchse sogar lieb gewonnen: Wachdienste gehen nachts Seite an Seite mit Füchsen Streife.

Während Mitarbeiter der Stadtreinigung des Nachts für Sauberkeit und Ordnung sorgen, begegnen sie Füchsen, die ihrerseits im Tierreich als Gesundheitspolizei unterwegs sind. Auch Taxifahrer schätzen die Begegnungen mit den Füchsen. Man kennt sich, man respektiert sich und ja, die Menschen freuen sich auch über die Anwesenheit der Füchse.[13]

Wie es allgemein um das Verhältnis der Deutschen zu Füchsen steht, hat Sophia Kimmig im Rahmen ihrer Doktorarbeit am Leibniz-Institut für Zoo- und Wildtierforschung Berlin untersucht[14]: In einer repräsentativen Umfrage wurde erfasst, ob die Befragten den Fuchs mit Risiken (insbesondere der Ansteckung mit verschiedenen Krankheiten) in Verbindung bringen. Zudem wurde ihr Faktenwissen zu Füchsen getestet und ihre Einstellung zu Füchsen und zum Fuchsmanagement erhoben. Bei der anschließenden Auswertung wurde dann ermittelt, welchen Einfluss etwa Bildungsgrad, Alter, Wohnort (Land/Vorstadt/Stadt) und Lebenszufriedenheit der Befragten auf ihr Wissen über oder ihre Einstellung zu Füchsen haben. Die gefundenen Zusammenhänge sind überaus interessant – und machen Mut: Junge Menschen sind Füchsen gegenüber positiver eingestellt als ältere. Das könnte ein Hinweis darauf sein, dass sich das Image des Fuchses in Zukunft weiter zum Positiven hin entwickeln wird. Wer mehr über Füchse weiß, steht ihnen positiver gegenüber und schätzt das von ihnen ausgehende Risiko geringer (und damit realistischer) ein. Insofern scheint Aufklärungsarbeit einen wichtigen Beitrag für ein gutes Zusammenleben von Mensch und Fuchs zu leisten.

Die Studie zeigt außerdem, dass Bewohner von (Vor-)Stadtgebieten das Risiko deutlich geringer bewerten und eine positivere Einstellung gegenüber Füchsen haben als Menschen aus ländlichen Regionen. Da Menschen im städtischen Raum deutlich enger mit Füchsen zusammenleben als jene auf dem Land, haben sich Füchse in der Praxis also offensichtlich als gute Nachbarn erwiesen.

Bemerkenswerte Zusammenhänge gibt es auch beim Bildungsgrad: Je höher der Schulabschluss, desto positiver ist die Einstellung gegenüber Füchsen und desto geringer ist die Risikobewertung. Menschen, die Füchsen gegenüber negativ eingestellt sind, haben ein geringeres Bildungsniveau, neigen zu einer Überbewertung der Risiken und befürworten tödliche Managementmaßnahmen eher. Insgesamt sprachen sich jedoch nur 9,6 Prozent für das Töten der Tiere im Rahmen des Fuchsmanagements aus. Während 19,1 Prozent keine Meinung hierzu hatten, waren 40,6 Prozent gegen ein Eingreifen durch Menschen, und stolze 30,8 Prozent sprachen sich sogar dafür aus, Füchse aktiv zu schützen und zu fördern.

Bei diesen Ergebnissen wundert es nicht, dass viele Gartenbesitzer Füchse nicht nur willkommen heißen, sondern tatsächlich aktiv Anreize für ihre wilden Besucher schaffen. Ein naturnaher Garten lädt Wildtiere mit Strukturreichtum, Deckung bietenden Pflanzen, einem natürlichen Nahrungsangebot und Wasserstellen zum Verweilen ein. Doch so verlockend es für Fuchsfreunde auch erscheinen mag, sollte man Füchse nicht füttern. Wenn Füchse die Nähe zu uns mit Nahrung verbinden, verlieren sie zunehmend ihre Scheu vor Menschen. Besonders kritisch ist es, einen Fuchs in unmittelbare Hausnähe oder gar in das Haus hineinzulocken oder ihn aus der Hand zu füttern. Nähert sich dieser Fuchs später anderen Menschen oder taucht plötzlich in einem Haus auf, wird er zum »Problemfuchs« erklärt und im schlechtesten Fall deswegen getötet.

Die Fütterung kann aber noch weiterreichende negative Effekte haben. Erinnern wir uns an die Umfrageergebnisse aus Bristol, die im Kapitel »Alles fließt« erwähnt wurden. Dort hatte jeder zehnte Bewohner angegeben, schon einmal absichtlich Futter für Füchse bereitgestellt zu haben. Zusammengerechnet war das so viel, dass allein dadurch der Nahrungsbedarf der Füchse mehr als gedeckt war. Da die betroffene Fuchspopulation zu dieser Zeit im Fokus mehrerer wissenschaftlicher Untersuchungen stand, konnten die Forscher auch sehen, welche Effekte die Fütterung hatte: Je mehr Futter bereitgestellt wurde, desto kleiner wurden die Streifgebiete der Füchse. Manche Reviere wurden sogar aufgeteilt, sodass sich neue Familiengruppen bilden konnten. Letztendlich gab es einen klaren Zusammenhang zwischen den Fütterungen und einer steigenden Fuchsdichte.[15] Das Problem dabei war einerseits, dass die Fuchspopulation an diesem Punkt vom künstlichen Nahrungsangebot abhängig geworden war. Andererseits machte eine unnatürlich hohe Fuchsdichte die lokale Fuchspopulation anfälliger für Seuchen. So kam es 1994 schließlich zu einem schweren Räudeausbruch, dem schätzungsweise 95 Prozent aller Füchse in Bristol zum Opfer fielen.[16, 17]

Eine Umfrage im englischen Charlottetown hat ergeben, dass dort sogar ein Drittel der Haushalte schon Füchse gefüttert hat oder sie gerne füttern würde.[18] Das wäre etwa derselbe Bevölkerungsanteil, der sich auch bei der deutschen Umfrage für eine aktive Förderung von Füchsen ausgesprochen hat. Nach den Erfahrungen aus Bristol sollte aber klar sein, warum man Füchsen damit keinen Gefallen tut. In Deutschland ist es außerdem vielerorts verboten, Füchse zu füttern. Stattdessen sollte man ihnen stets mit dem nötigen Respekt und Abstand begegnen. Das bedeutet auch, dass man Füchse auf keinen Fall streicheln oder nach ihnen greifen sollte – auch dann nicht, wenn es sich um schlafende Welpen oder sehr zutrauliche Füchse handelt, die von sich aus auf Menschen zugehen.

Aber auch mit der gebührenden Distanz können Füchse in der Nachbarschaft ein Quell spannender, faszinierender und herzerwärmender Momente sein. Manche Anwohner legen sich nachts auf die Lauer oder stellen Überwachungskameras auf, um die Füchse regelmäßig beobachten, filmen und fotografieren zu können. Wenn sie die Füchse erst einmal kennengelernt haben, sind sie oft begeistert, auf diesem Weg an ihrem Leben teilhaben zu können. Sie freuen sich, wenn im Frühjahr die Fuchsmutter zum ersten Mal mit den Welpen den Garten besucht. Sie fühlen mit, wenn ein Fuchs verletzt oder krank ist. Und sie trauern um jeden Fuchs, der irgendwann gar nicht mehr auftaucht, oder spekulieren über sein Schicksal. Bisweilen werden den beobachteten Füchsen sogar eigene Accounts in den sozialen Medien gewidmet. Die dort geteilten Beobachtungen haben auch mir schon viele wertvolle Einblicke in das Leben von Füchsen ermöglicht und mich viel über ihr Verhalten gelehrt. Auch Stephen Harris, Fuchsexperte und Professor für Umweltwissenschaften, weiß Gartenfüchse sehr zu schätzen: »Ich habe alleine durch das Beobachten von Füchsen in meinem Garten mehr gelernt, als durch manche der Studien, die ich durchgeführt habe. Der Grund dafür ist, dass man ihnen an jedem Tag ihres Lebens folgt. Man sieht jede Veränderung, wie sie miteinander umgehen, mit wem es zu Ende geht, wer sich fortpflanzt und wer nicht. Es ist wie eine Seifenoper mit Füchsen.«[19]

Dass Interaktion mit der Natur das Wohlbefinden von Menschen steigern kann, ist gut dokumentiert.[20, 21] So kann die Anteilnahme am Fuchsalltag dazu führen, dass sich Menschen glücklicher, weniger einsam und weniger gestresst fühlen. Da verwundert es nicht, dass sich immer mehr Menschen für Füchse begeistern.

Auch Sophia Kimmig kommt zu dem Ergebnis: »Die Städter lieben ihre Füchse! Man kann ihnen auch Namen geben. Aber sie werden sich nie in Haustiere verwandeln. Sie werden den Menschen, wenn es eng wird, immer meiden. Man sollte sie Füchse sein lassen. Schon aus Respekt.«[22] Wie groß Interesse und Empathie gegenüber Füchsen in der »Fuchshauptstadt Europas« – wie Kimmig Berlin gerne bezeichnet[23] – schon heute sind, zeigte sich Anfang 2021: Als Bundespräsident Frank-Walter Steinmeier persönlich nach einem Namen für den Fuchs suchte, der seit Monaten auf dem Gelände des Schlosses Bellevue lebte, wurden über zehntausend Vorschläge eingereicht. Am Ende fiel die Wahl auf den Namen Theo.[24]

Füchse haben so viel zu bieten. Wir können *über sie* lernen – über ihr Verhalten, ihre Eigenarten, ihre bedeutende Rolle im Gefüge der Natur, aber auch ihren konkreten Nutzen für den Menschen. Wir können *von ihnen* lernen – von ihrem Überlebenswillen, ihrer Verspieltheit, ihrer Lebensfreude und ihrer Anpassungsfähigkeit. Wir können *gemeinsam mit* Füchsen lernen, wie ein friedliches Zusammenleben funktionieren kann. Und am Ende geben sie uns auch die Chance, etwas über uns selbst sowie über unseren Umgang mit unserer Umwelt und unseren Mitmenschen zu erfahren.

Wenn ich sehe, wie positiv viele Menschen Füchsen inzwischen gegenüberstehen, gibt mir das Hoffnung. Mich hat das Faszinosum Fuchs nie losgelassen, im Gegenteil: Immer noch zieht mich jeder Fuchs, den ich sehe, in seinen Bann. In all den Jahren meiner Beschäftigung mit Füchsen sind diese für mich aber auch zu einem Symbol für die misshandelte und unterdrückte Natur geworden, denn sie werden so sehr missverstanden und so erbarmungslos verfolgt wie kaum ein anderes Wildtier. Doch Füchse brauchen nicht unser Mitleid. Was sie wirklich von uns brauchen, sind Verständnis, Respekt und Schutz – in der Stadt wie auf dem Land.

Füchse werden auch in Zukunft mitten unter uns leben – in unseren Gärten, in unseren Stadtparks, auf unseren Friedhöfen. Es liegt in unserer Hand, was wir daraus machen. Mit ein wenig Nachsicht, Sachkenntnis und Interesse können wir nicht nur friedlich mit ihnen zusammenleben, sondern sogar von ihrer Anwesenheit profitieren. Aber auch Füchse gewinnen, wenn wir mehr über sie lernen und sie besser verstehen. Vielleicht leistet dieses Buch ja einen kleinen Beitrag dazu, noch mehr Menschen für das »Faszinosum Fuchs« zu begeistern und unser Zusammenleben mit diesen gewitzten Überlebenskünstlern noch harmonischer zu machen.

Epilog

(Dag Frommhold)

»We need to stop controlling wildlife
and need to start controlling ourselves.«

Brian May

Es war ein wunderschöner früher Morgen Mitte Mai. Vogelgezwitscher erfüllte die Luft, und am Himmel war kaum ein Wölkchen zu sehen. Die Sonne erhob sich gerade über die Schwäbische Alb und tauchte die Wäldchen und Streuobstwiesen der Umgebung in warmes goldgelbes Licht. Reglos harrte ich in meinem Versteck hinter einer verwilderten Hecke aus, den Blick durch das Fernglas auf ein paar Sträucher gerichtet, die einen Steinwurf entfernt am Waldrand wuchsen. Dahinter hatte ich vor ein paar Tagen einen Fuchsbau entdeckt. Das blanke Erdreich, der typische Fuchsgeruch und die um den Baueingang verteilten Taubenfedern hatten wenig Zweifel daran gelassen, dass er bewohnt war.

Wer Wildtiere beobachten möchte, wartet oft vergeblich; fast immer braucht man aber eine Menge Geduld. Umso freudiger überrascht war ich, als schon nach kurzer Zeit zwischen Brennnesseln und Hagebuttenranken tatsächlich ein Füchslein hervorlugte. Sein Fell hatte schon weitgehend die rötliche Färbung erwachsener Füchse angenommen, doch seine kurze Schnauze, die großen Ohren und der noch etwas tapsige Gang wiesen ihn als rund sechs Wochen alten Welpen aus. Dann, einen kurzen Augenblick später, sauste aus dem Dickicht unvermittelt ein Geschwisterchen des ersten Welpen heraus und sprang ihn an. Die beiden überkugelten sich keckernd im Laub; kurz balgten sie miteinander, bis einer der beiden aufsprang und den Hang hinaufrannte. Der andere nahm sofort die Verfolgung auf.

Gebannt blickte ich den beiden nach und erhob mich ein wenig, um sie nicht aus dem Blickfeld zu verlieren. Doch plötzlich durchschnitt ein scharfer Ruf die morgendliche Idylle. Die beiden Füchslein machten fast auf der Stelle kehrt, liefen so schnell sie konnten zum Gebüsch zurück und verschwanden in ihrem Bau. Ich wandte meinen Blick nach links, von wo der Schrei gekommen war, doch außer Büschen, Sträuchern und hohem Gras vermochte ich dort nichts zu erkennen. Auch meine Ohren nahmen lediglich Vogelgezwitscher und die Geräusche von Autos auf einer entfernten Landstraße wahr.

Geschätzt eine halbe Minute später erblickte ich die Füchsin. Sie schnürte in vielleicht zwanzig Metern Entfernung an mir vorbei, im Fang zwei oder drei Mäuse von der frühmorgendlichen Jagd. Ihre bernsteinfarbenen Augen schienen geradewegs auf mich gerichtet. Ich vermag nicht mit Sicherheit zu sagen, ob sie mich erspäht hatte, doch es schien, als würde ihr intensiver, durchdringender Blick mir eine klare Botschaft senden: *Ich misstraue dir, du bist eine potenzielle Gefahr, aber ich weiß, wo du bist. Es lohnt sich nicht, meinen Welpen nachzustellen.*

Womöglich hat die Füchsin mich gerochen, lange bevor ich in Sichtweite kam. Vielleicht hat sie mich auch gesehen oder gehört, denn was auf mich beinahe lautlos wirkte, mag für sie regelrechter Lärm gewesen sein. Wie dem auch sei, mich erfüllte dieses Aufeinandertreffen mit Demut, aber auch einer gewissen Traurigkeit. Demut darüber, wie unzureichend unsere menschlichen Sinnesorgane sind und wie viel intensiver und unmittelbarer das tierische Erleben sein muss, ungefiltert durch die komplexen Bewertungsinstanzen unseres menschlichen Verstands. Traurigkeit darüber, dass Wildtiere fast überall dazu gezwungen sind, Menschen als konkrete Bedrohung für Leib und Leben zu betrachten. Was mag wohl in der Fähe vorgegangen sein, als sie mich gewittert hat? Was, als ihre Welpen in Sicherheit waren und sie sich – vielleicht mit voller Absicht – in Sichtweite begeben hat?

Natürlich können wir Tieren nicht in den Kopf schauen. So sehr wir es auch versuchen, ihre subjektive Erfahrungswelt wird uns letztlich immer fremd bleiben. Je mehr man aber über Füchse lernt und je mehr Zeit man mit ihnen verbringt, desto deutlicher erkennt man, wie individuell und vielfältig ihre Charakterzüge sind. Wer sich intensiver mit Füchsen befasst und ihre Körpersprache und Mimik ebenso wie ihre vielfältigen Lautäußerungen kennengelernt hat, dem würde niemals einfallen, ihnen ein tiefes, differenziertes Gefühlsleben abzusprechen. Und die Erfahrung zeigt, dass der persönliche Kontakt mit ihnen uns sogar die Augen für ein anderes Verständnis von Natur und Wildtieren öffnen kann.

An einem sonnigen, aber kühlen Frühlingstag im Jahr 2016 trafen Wanderer in der Nähe von Limburg auf eine junge Jägerin beim Reviergang und sprachen sie an. Sie hatten ein paar Hundert Meter entfernt einen toten Fuchs auf der Straße liegen sehen und sorgten sich um die Verkehrssicherheit. Doch als die Jägerin das Verkehrsopfer bergen wollte, stellte sie fest, dass es sich bei dem Fuchs um eine Füchsin handelte – und dass ihr Gesäuge prall gefüllt war.

Mit mitleidigen Gedanken an die noch unselbstständigen Welpen legte sie die Fähe in die Kunststoffwanne im Kofferraum ihres Autos. Der Bau konnte sich irgendwo in Hunderten Metern Entfernung befinden; es war unmöglich, die Jungfüchse ausfindig zu machen. Trotzdem ging die Jägerin ein kleines Stück an der Straße entlang. Und siehe da, vielleicht zwanzig Meter von der Unfallstelle entfernt kauerte sich ein feuchtes, unterkühltes Fellbündel in den Straßengraben. Manch anderer Jäger hätte mit dem Kleinen wohl kurzen Prozess gemacht, aber zum großen Glück des Füchsleins brachte seine Finderin das nicht übers Herz. Stattdessen hob sie es auf, wickelte es in ein Handtuch und recherchierte über ihr Handy die Telefonnummer einer Wildtierstation, die sich auf das Aufpäppeln von Fuchswelpen verstand.

Dort angekommen, ergab sich zwischen der jungen Jägerin und Ilka Pissin, der Betreiberin der Wildtierstation, ein längeres Gespräch. Sie schieße Füchse ja eigentlich ungern und nur, um der schwindenden Feldhasenpopulation zu helfen, räumte die Jägerin etwas betreten ein. Bereits bei der Jagdausbildung habe sie gelernt, dass das zu den wichtigsten Aufgaben eines Jägers in Niederwildrevieren gehöre. Ilka hielt dagegen, dass Füchse nicht die Schuld am Rückgang des Feldhasen trügen, und bot der Jägerin ausnahmsweise an, die Füchslein, die gerade das Welpengehege der Wildtierstation bewohnten, näher kennenzulernen.

Über eine Stunde verbrachte die Jägerin bei den Jungfüchsen – zuerst beobachtete sie die Füchslein etwas unsicher und distanziert, doch es dauerte nicht lange, bis beide Seiten ihre Reserviertheit abgelegt hatten. Schon kurze Zeit später spielte die junge Frau mit den Fuchswelpen Tauziehen und rang ausgelassen mit ihnen um Stöckchen. Die letzten Minuten verbrachte sie schließlich damit, ausgiebig mit einem besonders zutraulichen Füchslein zu kuscheln. Als sie das Welpengehege verließ, wirkte sie zutiefst berührt – glücklich, aber auch sichtbar nachdenklich. Bevor sie sich auf den Nachhauseweg machte, versicherte sie Ilka mit Tränen in den Augen, nie wieder einen Fuchs schießen zu wollen. Bis ihr Findelkind ausgewildert wurde, erkundigte sie sich regelmäßig nach seinem Wohlergehen. Einige Monate später erreichte Ilka schließlich die Nachricht, dass die junge Frau das Jagdgewehr gänzlich an den Nagel gehängt hatte.

Wer begreift, dass es sich bei jedem Fuchs um eine eigene Persönlichkeit handelt, der tut sich naturgemäß weitaus schwerer damit, ihnen Leid anzutun. Auf einmal sind Wildtiere keine ausbeutbare Ressource und kein nach Belieben nutzbares Freizeitobjekt mehr, sondern Individuen mit eigenen Rechten und Interessen. Diese Erkenntnis kann einerseits natürlich tierische Leben retten. Sie kann zum anderen aber auch menschliche Leben fundamental verändern und unglaublich bereichern.

Vielleicht ist das von allen die wichtigste und wertvollste Lektion, die wir von Meister Reineke lernen können.

Dank

Wie andere Buchprojekte hätte auch *Die Weisheit der Füchse* unmöglich ohne die Unterstützung und tatkräftige Mithilfe vieler großartiger Menschen (und Füchse) entstehen können. Bei ihnen möchten wir uns an dieser Stelle von ganzem Herzen bedanken.

Ganz besonders gilt das natürlich für unsere Familien. Karoline hat ihrem fuchsverrückten Ehemann Dag viel Raum und Rückhalt verschafft, um dieses Buch schreiben zu können, und Tessa hatte viel Geduld und Verständnis, wenn ihr Papa mal wieder im Arbeitszimmer verschwand, statt mit in den Garten oder auf den Spielplatz zu kommen. Bei Daniel waren es vor allem seine Eltern, die ihm durch ihre Unterstützung im Alltag den Rücken für die Arbeit am Buchprojekt freigehalten haben.

Unserem guten Freund Thomas Keinz danken wir für sein scharfsinniges (und manchmal auch scharfzüngiges) Lektorat sowie seine zahllosen Anregungen. Sein Engagement hat maßgeblich dazu beigetragen, dass dieses Buch zu dem geworden ist, was Sie, liebe Leserin und lieber Leser, nun in den Händen halten.

Dem Team des Ludwig Verlags, insbesondere unserer Lektorin Jessica Hein, danken wir für die vertrauensvolle Zusammenarbeit sowie ihre große Offenheit für unsere manchmal etwas unkonventionellen Ideen. Frau Dr. Ulrike Strerath-Bolz gebührt Dank dafür, dass sie unserem Manuskript den letzten Schliff verpasst hat.

Mit Elli Radinger verbinden Dag inzwischen rund zwei Jahrzehnte der Zusammenarbeit. In ihrer Zeitschrift *Wolf Magazin* veröffentlichte er einige seiner ersten Artikel über Füchse. Ohne Elli hätte es dieses Buch vermutlich nie gegeben, denn sie hat den Kontakt zwischen dem Ludwig Verlag und uns erst hergestellt. Außerdem hat Elli uns viele nützliche Ratschläge rund ums Autorendasein gegeben. Für all das möchten wir uns von ganzem Herzen bedanken.

Im Laufe unseres langjährigen Interesses an und Einsatzes für Füchse haben wir viele Menschen kennengelernt, die ähnlich »fuchsverrückt« sind wie wir selbst. Mit Ilka Pissin, Jörg Kaifel, Helga Weiß, Werner Schmäing, Frank Demke, Helmut Sütsch, Gordon Becker und dem kleinen Team von frecherfuchs.de verbindet uns manches gemeinsame Erlebnis, und sie haben durch anregende Diskussionen und spannende Anekdoten aus ihrem reichen Fundus viel zu diesem Buch beigetragen.

Da Bilder bekanntlich oft mehr sagen als tausend Worte, gebührt auch »unseren« Fotografen großer Dank: Luise Dittombée, Susi Fischer, Stephanie Fuchs, Detlef Hinrichs, Carmen Hombach, Barbara Quentin, Werner Schmäing, Alexander Somogyi sowie Werner und Sibylle Zimmer haben den größten Teil der wunderschönen Fuchsfotos in diesem Buch beigesteuert. Außerdem möchten wir uns bei Abigail Reid für die Bilder ihrer Versuchsapparatur und bei Ernst Holzhofer für das Foto der »fliegenden Fuchsimpfmaschine« bedanken.

Eine ganz besondere Erwähnung verdienen an dieser Stelle natürlich Lucky, Elfi, Tamina, Balu, Snoopy, Ludwig und all die anderen Füchse, die wir persönlich kennenlernen durften, und ihre Artgenossen, die wir in freier Wildbahn beobachten konnten. Sie haben uns nicht nur immer wieder vor Augen geführt, wofür wir uns einsetzen, sondern uns auch viel über sich und ihre Spezies beigebracht.

Last but not least möchten wir uns ganz herzlich bei unseren Testlesern bedanken, die sich unser Manuskript in unterschiedlichen Phasen der Fertigstellung zu Gemüte geführt und uns wertvolle Anregungen gegeben haben: Nadja Michler, Lovis Kauertz, Thomas Mitschke, Jul Grinwis, Ilka Pissin, Manuela Bergfeldt, Ellen und Petra Peller sowie das Team von frecherfuchs.de. Ganz besonderer Dank gebührt in diesem Zusammenhang Dr. Sophia Kimmig für ihr kompetentes wissenschaftliches Feedback, die spannenden fachlichen Diskussionen über unser gemeinsames Lieblingsthema und natürlich ihr einfühlsames Vorwort, das unsere Reise in die Welt der Füchse so treffend einleitet.

Websites

Information

Dag bietet auf seiner Website einen reichhaltigen Fundus an Informationen für alle, die mehr über Füchse, ihr Leben, ihren Schutz und ihre Bedrohung durch den Menschen erfahren möchten.

www.fuechse.info

Wildtierhilfe

Herzstück von Daniels Website ist das bundesweite Fuchshilfsnetz – eine Karte mit fuchskundigen Wildtierstationen, Tierärzten und Beratern. Wer Hilfe für einen in Not geratenen Fuchs oder Rat bei Problemen mit Füchsen sucht, findet dort hilfreiche Informationen und persönliche Ansprechpartner. Darüber hinaus dient die Fuchs-Hilfe der Vernetzung aktiver Wildtierhelfer und unterstützt den Aufbau neuer Pflegestellen und Fuchsauffangstationen.

www.Fuchs-Hilfe.de
www.Fuchshilfsnetz.de

Weitere Ansprechpersonen, Wildtierstationen und Wildtierpflegestellen – auch für diverse andere Tierarten – hat der Verein Wildtierschutz Deutschland e. V. auf seiner Website gelistet.

www.Wildtierschutz-Deutschland.de/verletztes-wildtier

Aktiv werden

Wer sich selbst aktiv für Füchse einsetzen möchte, kann sich an das Aktionsbündnis Fuchs wenden. Im Rahmen dieses Bündnisses engagieren sich inzwischen rund 70 Organisationen mit Aufklärungs- und Öffentlichkeitsarbeit für den Schutz der Füchse. Die Website informiert über aktuelle Themen im Fuchsschutz, neue wissenschaftliche Erkenntnisse, Aktionen sowie Petitionen und bietet Infomaterial an.

www.Aktionsbuendnis-Fuchs.de

Bildnachweis

Bildredaktion: Tanja Zielezniak

Umschlag:
U1: Umschlaggestaltung: wilhelm typo grafisch, unter Verwendung von Shutterstock.com/Michele Aldeghi; Fotos auf Rückseite und Klappe © Daniel Peller

Textteil:
Abigail Reid: 36; **Adobe Stock:** 16 (Hatice), 98, 124, 230/231 (Menno Schaefer), 200 (Creaturart), 237 (L. J. Martin), 248 (PixHound); **Adrian Mende, Tierschutz Mönchengladbach e.V.:** 91; **Alamy Stock Photo:** 80 (Fox kits and mother), 146/147 (Giedrius Stakauskas), 245 (wonderful-Earth.net), 258/259 (Colin Pickett); **Alexander Somogyi – Somography – Wildlife & Nature Photography:** 14, 46, 106; **Barbara Quentin:** 54, 78/79, 110, 111, 122/123, 174, 204, 218; **Carmen Hombach:** 334; **Daniel Peller:** 41, 57, 59, 60 u., 134, 145, 185, 189; **Detlef Hinrichs:** 73, 162, 172/173, 209, 352/353; **Ernst Holzhofer**: 271; **frecherfuchs.de:** 30, 90, 157; **Getty Images:** 164 (imageBROKER/Hans Kuczka); **Karoline Baumwolf:** 276 (Quelle: DJV-Handbücher Jagd 1983, 2001, 2021 – Deutscher Jagdverband e.V.); **Luise Dittombée:** 28/29, 52/53, 68, 129; **Mark G. Smith, marksmith photography.net:** 116; **Shutterstock.com:** 96/97 (Pim Leijen), 148 (Jeffrey Haak), 232 (Michele Aldeghi), 286 (Heike von Bredow), 330/331 (JackWithGlasses), 346 (Steve Midgley); **Stadtmuseum Landeshauptstadt Düsseldorf/VG Bild-Kunst, Bonn 2022**: 260 ((Urheber Werkdaten: Stadtmuseum Düsseldorf B

2069 (Ausschnitt): Jagdstilleben mit Fuchs und Hase, 1845), Stadtmuseum Düsseldorf, Foto: Stefan Arendt); **Stephanie Fuchs:** 252; **Susi Fischer Tierfotografie:** 60 o.; **Tieroase Stefanshof e.V.:** 306/307, 308; **Werner Schmäing:** 152, 198/199, 205, 213, 332, 354; **Werner Zimmer:** 12/13; **Wikimedia Commons** ((https://commons.wikimedia.org/wiki/File:Kaulbach.reineke.sieger.jpg), »Kaulbach.reineke.sieger«, als gemeinfrei gekennzeichnet, Details auf Wikimedia Commons: https://commons.wikimedia.org/wiki/Template:PD-old): 21

Bildteil:

AdobeStock: 20/21 (ondrejprosicky), 24/25 (otsphoto), 32 (thier); **Alexander Somogyi – Somography – Wildlife & Nature Photography:** 1; **Barbara Quentin:** 10/11, 12/13; **Daniel Peller:** 8/9, 19, 28/29; **Detlef Hinrichs:** 16/17, 18, 22/23, 30/31; **Getty Images:** 26/27 (Denis Dumoulin); **Luise Dittombée:** 2/3, 6/7; **Werner Zimmer:** 4/5, 14/15

Quellen

Faszinosum Fuchs

1 Peters J., Schmidt K. (2004): Animals in the symbolic world of Pre-Pottery Neolithic Göbekli Tepe, south-eastern Turkey: a preliminary assessment. Anthropozoologica 39(1): 179–218

2 Steiner C. (2006): Auch Füchse haben Migräne. http://www.impresario.ch/review/revjanfue.htm (abgerufen am 12.2.2022)

3 Mailahn K. (2006): Der Fuchs in Glaube und Mythos. LIT Verlag, Münster.

4 Hadromi-Allouche Z, Larkin A. (Hrsg.) (2016): Fall Narratives: An Interdisciplinary Perspective.

5 Lukas-Evangelium 13,32

6 Editorial der Jagdzeitschrift Die Pirsch, Ausg. 24/1985

Immer mit Köpfchen

1 Morris D. (1992): Animal Watching. A field guide to Animal Behaviour. Random House, UK.

2 Roth G., Dicke U. (2016): Neuronal factors determining high intelligence. Philosophical Transactions of the Royal Society B: Biological Sciences 371(1685)

3 Genç E., Fraenz C., Schlüter C., Friedrich P., Hossiep R., Voelkle M. C., Ling J. M., Güntürkün O., Jung R. E. (2018): Diffusion markers of dendritic density and arborization in gray matter predict differences in intelligence. Nature Communications 9(1)

4 Roth G., Dicke U. (2005): Evolution of the brain and intelligence. Trends in Cognitive Science 9(5): 250–257

5 Reid A., Tousignant A. (2019): Novel Problem Solving, Exploration, and Socialization with Regards to Sensory Behaviors in the Family Canidae. EC Veterinary Science 4(3): 187–201

6 Kirchhofer K. C., Zimmermann F., Kaminski J., Tomasello M. (2012): Dogs (*Canis familiaris*), but Not Chimpanzees (*Pan troglodytes*), Understand Imperative Pointing. PLoS ONE 7(2)
7 Miklòsi A. (2007), zit. in Bodderas E.: Füchse sind die besseren Hunde. Die Welt, 16.12.
8 Hare B. et al. (2005): Social Cognitive Evolution in Captive Foxes Is a Correlated By-product of Experimental Domestication. Current Biology 15: 226–230
9 Miklòsi A. (2007), zit. in Bodderas E.: Füchse sind die besseren Hunde. Die Welt, 16.12.
10 Jones L. (2016): Foxes Unearthed: A Story of Love and Loathing in Modern Britain. Elliott & Thompson, London.
11 Reid A., Tousignant A. (2019): Novel Problem Solving, Exploration, and Socialization with Regards to Sensory Behaviors in the Family Canidae. EC Veterinary Science 4(3): 187–201
12 Macdonald D. (1987): Running with the Fox. HarperCollins.
13 Dröscher V. B. (1988): Wiedergeburt. Leben und Zukunft bedrohter Tiere. dtv.
14 Banks M. S., Sprague W. W., Schmoll J., Parnell J. A. Q., Love G. D. (2015): Why do animal eyes have pupils of different shapes? Science Advances 1(7)
15 Cerveny J., Begall S., Koubek P., Novakova P., Burda H. (2011): Directional preference may enhance hunting accuracy in foraging foxes. Biology Letters 7: 355–357
16 Labhardt F. (1990): Der Rotfuchs. Paul Parey, Hamburg/Berlin.
17 Scott D., zit. in Jones L. (2016): Foxes Unearthed: A Story of Love and Loathing in Modern Britain. Elliott & Thompson, London.
18 Hoskins B., Cartwright F., Schoof U. (2010): ELLI-Index Europa 2010. Wo steht Deutschland beim lebenslangen Lernen? Bertelsmann Stiftung

Zu Hause bei Familie Fuchs

1 Stocker L. (1994): The Complete Fox. Chatto & Windus, London.
2 Vgl. Macdonald D. (1987): Running with the Fox. Unwin Hyman, London/Sydney.
3 Vgl. Labhardt F. (1990): Der Rotfuchs. Paul Parey, Hamburg/Berlin.

4 Brand A. (2019): The Hidden World of the Fox. HarperCollins, London.
5 Macdonald D. (2010): The Red Fox, *Vulpes vulpes*, as a Predator upon Earthworms, Lumbricus terrestris. Ethology 52(2): 171–200
6 Macdonald D. (1987): Running with the Fox. Unwin Hyman, London/Sydney.
7 Macdonald D. (1993): Unter Füchsen. Eine Verhaltensstudie. Knesebeck, München.
8 Henry J. D. (1996): Red Fox – The Catlike Canine. Smithsonian Institution Press, Washington D. C./London.
9 Gosselink T. R., Piccolo K. A., Van Deelen T. R., Warner R. E., Mankin P. C. (2010): Natal Dispersal and Philopatry of Red Foxes in Urban and Agricultural Areas of Illinois. The Journal of Wildlife Management 74: 1204–1217. https://doi.org/10.1111/j.1937-2817.2010.tb01241.x (abgerufen am 22.4.2022)
10 Walton Z., Samelius G., Odden M., Willebrand T. (2018): Long-distance dispersal in red foxes *Vulpes vulpes* revealed by GPS tracking. European Journal of Wildlife Research 64(6). 10.1007/s10344-018-1223-9
11 Radinger E. (2017): Die Weisheit der Wölfe. Ludwig, München.
12 Whiteside H. M., Dawson D. A., Soulsbury C. D., Harris S. (2011): Mother Knows Best: Dominant Females Determine Offspring Dispersal in Red Foxes (*Vulpes vulpes*). PLoS ONE 6(7): e22145. doi:10.1371/journal.pone.0022145
13 Dorning J. (2017): Social structure and utilisation of food patches in the red fox, a solitary foraging canid. Thesis, University of Bristol.
14 Macdonald D. (1987): Running with the Fox. Unwin Hyman, London/Sydney.
15 Brand A. (2019): The Hidden World of the Fox. HarperCollins, London.
16 Brand A. (2019): The Hidden World of the Fox. HarperCollins, London.
17 Henry J. D. (1996): Red Fox – The Catlike Canine. Smithsonian Institution Press, Washington D. C./London.
18 Macdonald D. (1987): Running with the Fox. Unwin Hyman, London/Sydney.
19 Ludwig W. (2006): Zum Sozialverhalten des Rothundes (*Cuon*

alpinus PALLAS, 1811) unter Gehegebedingungen: Strategien von Kohäsion und Suppression. Dissertation. https://www.uni-kassel.de/upress/online/frei/978-3-89958-285-7.volltext.frei.pdf (abgerufen am 6.4.2022)

20 Macdonald D. (1987): Running with the Fox. Unwin Hyman, London/Sydney.

21 Börner K. (2014): Untersuchungen zur Raumnutzung des Rotfuchses, *Vulpes vulpes* (L.,1758), in verschiedenen anthropogen beeinflussten Lebensräumen Berlins und Brandenburgs. Dissertation, Humboldt-Universität zu Berlin.

22 Saiko C. (2018): Reproduktion des Rotfuchses (*Vulpes vulpes*). Analyse des Fortpflanzungsgeschehens und Entwicklung von Hinweisen fürs Management. Bachelorarbeit, Hochschule Weihenstephan-Triesdorf, Fakultät Wald- und Forstwirtschaft.

23 Macdonald D. (1987): Running with the Fox. Unwin Hyman, London/Sydney.

24 von Schantz T. (1981): Female Cooperation, Male Competition, and Dispersal in the Red Fox *Vulpes vulpes.* Oikos 37(1): 63–68

25 Labhardt F. (1990): Der Rotfuchs. Paul Parey, Hamburg/Berlin.

26 Iossa G., Soulsbury C., Baker P., Edwards K., Harris S. (2009): Behavioral changes associated with a population density decline in the facultatively social red fox. Behavioral Ecology 20(2): 385–395. DOI:10.1093/beheco/arn149

27 Jahberg H. (2020): Die Tiere kommen den Menschen ganz nahe – Wie gefährlich sind die Füchse in Berlin? Der Tagesspiegel, https://www.tagesspiegel.de/berlin/die-tiere-kommen-den-menschen-ganz-nahe-wie-gefaehrlich-sind-die-fuechse-in-berlin/26309562.html (abgerufen am 6.4.2022)

28 Schumann G. (2006): Wilde Füchse – ganz vertraut. J. Neumann-Neudamm, Melsungen.

29 Radinger E. (2017): Die Weisheit der Wölfe. Ludwig, München.

30 Radinger E. (2017): Die Weisheit der Wölfe. Ludwig, München.

31 Stiftung für Zukunftsfragen: Zeitnot und Angst: Warum viele Deutsche keine Familie gründen wollen. Forschung aktuell, Jahrgang 35, Nr. 255, 15. Mai 2014, https://www.stiftungfuerzukunftsfragen.de/newsletter-forschung-aktuell/255/ (abgerufen am 6.4.2022)

32 17. Shell-Jugendstudie (2015), https://www.lpb-bw.de/fileadmin/Abteilung_III/jugend/pdf/ws_beteiligung_dings/2017/ws1_17/shell_jugendstudie_2015_kurzfassung.pdf (abgerufen am 6.4.2022)

Home Sweet Home

1 Tipp Fussball – Der Heimvorteil, https://www.kicktipp.de/info/ueberuns/blog/tipp-fussball (abgerufen am 6.4.2022)
2 Brand A. (2019): The Hidden World of the Fox. HarperCollins, London.
3 Tipp Fussball – Der Heimvorteil, https://www.kicktipp.de/info/ueberuns/blog/tipp-fussball (abgerufen am 6.4.2022)
4 Neave N., Wolfson S. (2003): Testosterone, territoriality, and the ›home advantage‹. Physiology & Behavior 78(2): 269–275
5 Neave N., Wolfson S. (2003): Testosterone, territoriality, and the ›home advantage‹. Physiology & Behavior 78(2): 269–275
6 Huntingford F., Turner A. (1987): Animal conflict. Chapman and Hall, London.
7 Scott D. (2019): Adaptations of Mammals to Urban Living, https://www.youtube.com/watch?v=jaDBzT_2388&t=2267s (abgerufen am 6.4.2022)
8 Juárez J. A.: The Heart of the Barracks, https://www.joanjuga.com/the-heart-of-the-barracks/ (abgerufen am 6.4.2022)
9 Persönliche Korrespondenz zwischen Jon A. Juárez und Daniel Peller, 23.2.2022
10 Henry J. D. (1996): Red Fox – The Catlike Canine. Smithsonian Institution Press, Washington D. C./London.
11 Kleinhubbert G., Windmann A. (2013): Die Übriggebliebenen. DER SPIEGEL 2/2013, https://www.spiegel.de/spiegel/print/d-90438187.html (abgerufen am 6.4.2022)
12 Helliwell J. F., Layard R., Sachs J. D. (2019): World Happiness Report 2019, https://s3.amazonaws.com/happiness-report/2019/WHR19.pdf (abgerufen am 6.4.2022)
13 Henry J. D. (1996): Red Fox – The Catlike Canine. Smithsonian Institution Press, Washington D. C./London.
14 Macdonald D., Sillero-Zubiri C. (2007): Biology and Conservation of Wild Canids. Oxford University Press.

Füchsisch für Anfänger

1 Newton-Fisher N. E., Harris S., White P., Jones G. J. F. (1993): Structure and Function of Red Fox *Vulpes vulpes* Vocalisations. Bioacoustics 5(1/2): 1–31
2 Jones L. (2016): Foxes Unearthed. Elliott & Thompson, London.
3 Macdonald D. (1987): Running with the Fox. Unwin Hyman, London/Sydney.
4 Macdonald D. (1993): Unter Füchsen. Eine Verhaltensstudie. Knesebeck, München.
5 Labhardt F. (1990): Der Rotfuchs. Paul Parey, Hamburg/Berlin.
6 Tierstimmenarchiv, Museum für Naturkunde Berlin, https://www.tierstimmenarchiv.de/ (abgerufen am 6.4.2022)
7 Labhardt F. (1990): Der Rotfuchs. Paul Parey, Hamburg/Berlin.
8 Owen J. (2018): These animals' screams will chill your blood, National Geographic. https://www.nationalgeographic.com/news/2015/10/151030-owl-red-fox-animals-scary-screams-halloween-science/ (abgerufen am 6.4.2022)
9 Oakes O. (2012): Don't call 999 if you hear a horny fox, firefighters warn. Sutton & Croydon Guardian, https://www.yourlocalguardian.co.uk/news/9488453.dont-call-999-if-you-hear-a-horny-fox-firefighters-warn/ (abgerufen am 6.4.2022)
10 Harris S., Baker P. (2001): Urban Foxes (new edition). Whittet Books, Hill Farm, Stonham Rd, Cotton, Stowmarket, Suffolk.
11 Labhardt F. (1990): Der Rotfuchs. Paul Parey, Hamburg/Berlin.
12 Macdonald D. (1993): Unter Füchsen. Eine Verhaltensstudie. Knesebeck, München.
13 Labhardt F. (1990): Der Rotfuchs. Paul Parey, Hamburg/Berlin.
14 Owen J. (2018): These animals' screams will chill your blood, National Geographic.
15 Macdonald D. (1987): Running with the Fox. Unwin Hyman, London/Sydney.
16 Williams T., Bryant J. (2012): Unearthing the Urban Fox – A Householder's Guide to Fox Deterrence. Foxolutions, Beckenham.
17 McLean S., Nichols D. S., Davies N. W. (2021): Volatile scent chemicals in the urine of the red fox, *Vulpes vulpes*. PLoS ONE 16(3): e0248961
18 Labhardt F. (1990): Der Rotfuchs. Paul Parey, Hamburg/Berlin.

19 Labhardt F. (1990): Der Rotfuchs. Paul Parey, Hamburg/Berlin.
20 Brand A. (2019): The Hidden World of the Fox. HarperCollins, London.
21 Macdonald D. (1987): Running with the Fox. Unwin Hyman, London/Sydney.
22 Labhardt F. (1990): Der Rotfuchs. Paul Parey, Hamburg/Berlin.
23 Meyer P., Wilkens H. (1971): Die »Viole« des Rotfuchses (*Vulpes vulpes* L.). Zbl. Vet. Med. A 18(4): 353–364
24 Labhardt F. (1990): Der Rotfuchs. Paul Parey, Hamburg/Berlin.
25 Brand A. (2019): The Hidden World of the Fox. HarperCollins, London.
26 Henry J. D. (1977): The use of urine marking in the scavenging behaviour of the red fox (*Vulpes vulpes*). Behaviour 61(1/2): 82–106
27 Labhardt F. (1980): Zur Feindvermeidung freilebender Rotfüchse. In: Zimen E. (Editor): The red fox (Biogeographica; v.18), Symposium on Behaviour and Ecology. Springer-Science+Business Media, Dordrecht.
28 Labhardt F. (1990): Der Rotfuchs. Paul Parey, Hamburg/Berlin.
29 Hemmington M. (2014): Fox Watching – In the shadow of the fox (second edition). Whittet Books, Hill Farm, Stonham Rd, Cotton, Stowmarket, Suffolk.
30 Macdonald D. (1987): Running with the Fox. Unwin Hyman, London/Sydney.
31 Lohrmann J. (2020): Körpersprache Kopfschütteln. Planet Wissen, https://www.planet-wissen.de/gesellschaft/kommunikation/koerpersprache/pwiewissensfrage156.html (abgerufen am 26.4.2022)
32 Dorscheid K.: Kultur mal anders: Gesten aus aller Welt. GEOlino, https://www.geo.de/geolino/mensch/6703-rtkl-gestik-kultur-mal-anders-gesten-aus-aller-welt (abgerufen am 6.4.2022)
33 Towler M. (2015): My Friends the Foxes. Vulpine Publishing, Kent.
34 Jones L. (2016): Foxes Unearthed. Elliott & Thompson, London.
35 Stiftung für das Tier im Recht (2010): Die Baujagd unter dem Aspekt des Tierschutz- und Jagdrechts. Gutachten.
36 SWILD – Stadtökologie, Wildtierforschung, Kommunikation (2009): Eine Beurteilung der Baujagd aus wildtierbiologischer und verhaltensbiologischer Sicht.

37 Schumann G. (2006): Wilde Füchse – ganz vertraut. J. Neumann-Neudamm, Melsungen.
38 Echle K., Rummel A. (2013): Fuchs ganz nah – Die Geschichte einer Freundschaft. BLV, München.
39 Towler M. (2015): My Friends the Foxes – The engaging story of a man's quest to find out what makes foxes tick. Vulpine Publishing, Kent.
40 Berge T., Helberg B. (2014): Tinni & Sniffer – Eine abenteuerliche Freundschaft. Unimedica, Kadern.
41 Die Axiome von Paul Watzlawick, https://www.paulwatzlawick.de/axiome.html (abgerufen am 6.4.2022)

Alles fließt

1 Chandler M. (2016): Fox boards London bus and gets off at Imperial War Museum. Evening Standard, https://www.standard.co.uk/news/london/fox-boards-london-bus-and-gets-off-at-imperial-war-museum-a3227556.html (abgerufen am 6.4.2022)
2 Nauhaus C. (2017): Füchse im BVG-Bus: Könn' wa ooch mit? Der Tagesspiegel, https://www.tagesspiegel.de/berlin/wildtiere-in-berlin-fuechse-im-bvg-bus-koenn-wa-ooch-mit/20481750.html (abgerufen am 10.4.2022)
3 Kommentar von Suzi (31.10.2013) in: Tolhurst B.: Urban Foxes. BBC Two, 30.10.2013, https://www.bbc.co.uk/blogs/natureuk/entries/cb7dc818-39e1-3558-ac1c-50d522241c48 (abgerufen am 6.4.2022)
4 Saltscapes: Lessons from an adaptable trickster. https://www.saltscapes.com/people-culture-section/2173-clever-fox.html (abgerufen am 9.4.2022)
5 Börner, K. (2014): Untersuchungen zur Raumnutzung des Rotfuchses, *Vulpes vulpes* (L.,1758), in verschiedenen anthropogen beeinflussten Lebensräumen Berlins und Brandenburgs. Dissertation, Humboldt-Universität zu Berlin.
6 Börner, K. (2014): Untersuchungen zur Raumnutzung des Rotfuchses, *Vulpes vulpes* (L.,1758), in verschiedenen anthropogen beeinflussten Lebensräumen Berlins und Brandenburgs. Dissertation, Humboldt-Universität zu Berlin.

7 Börner, K. (2014): Untersuchungen zur Raumnutzung des Rotfuchses, *Vulpes vulpes* (L., 1758), in verschiedenen anthropogen beeinflussten Lebensräumen Berlins und Brandenburgs. Dissertation, Humboldt-Universität zu Berlin.
8 @OttawaBusFox, Twitter
9 CTV News (2014): Sleepy fox takes a nap on Ottawa city bus. https://www.ctvnews.ca/canada/sleepy-fox-takes-a-nap-on-ottawa-city-bus-1.1927940 (abgerufen am 23.4.2022)
10 Reichholf J. H. (2022): Stadt, Land, Fuchs. Aufbau, Berlin.
11 Koch R., Gockel R. (2019): Stadt, Land, Fuchs. Dokumentation. nona naturedocx.
12 Harris S., Baker P. (2001): Urban Foxes (new edition). Whittet Books, Hill Farm, Stonham Rd, Cotton, Stowmarket, Suffolk.
13 Börner, K. (2014): Untersuchungen zur Raumnutzung des Rotfuchses, *Vulpes vulpes* (L., 1758), in verschiedenen anthropogen beeinflussten Lebensräumen Berlins und Brandenburgs. Dissertation, Humboldt-Universität zu Berlin.
14 Scott D. et al. (2014): Changes in the Distribution of Red Foxes (*Vulpes vulpes*) in Urban Areas in Great Britain: Findings and Limitations of a Media-Driven Nationwide Survey. PLoS ONE. 9(6). 10.1371/journal.pone.0099059
15 Kimmig S. E. (2021): The ecology of red foxes (*Vulpes vulpes*) in urban environments. Dissertation, Freie Universität Berlin.
16 DER SPIEGEL (2009): ›Imelda‹ Strikes again – Thieving Fox Amasses 120 Shoes. https://www.spiegel.de/international/zeitgeist/imelda-strikes-again-thieving-fox-amasses-120-shoes-a-629778.html (abgerufen am 6.4.2022)
17 Macdonald D. (1987): Running with the Fox. Unwin Hyman, London/Sydney.
18 Scott D. (2019): Adaptations of Mammals to Urban Living. Vortrag, Linnean Society, https://youtu.be/jaDBzT_2388?t=779 (abgerufen am 6.4.2022)
19 Macdonald D. (1987): Running with the Fox. Unwin Hyman, London/Sydney.
20 Labhardt F. (1990): Der Rotfuchs. Paul Parey, Hamburg/Berlin.
21 Bibelriether H. (1986): Die Angst des Wildes vor dem jagenden Menschen. Nationalpark, Nummer 51 Ausgabe 2/1986, S. 32 ff.

22 Macdonald D. (1987): Running with the Fox. Unwin Hyman, London/Sydney.
23 Kimmig S. E. (2021): The ecology of red foxes (*Vulpes vulpes*) in urban environments. Dissertation, Freie Universität Berlin.
24 Kimmig S. E., Beninde J., Brandt M., Schleimer A., Kramer-Schadt S., Hofer H., et al. (2020): Beyond the landscape: Resistance modelling infers physical and behavioural gene flow barriers to a mobile carnivore across a metropolitan area. Molecular Ecology 29(3): 466–484. https://onlinelibrary.wiley.com/doi/epdf/10.1111/mec.15345 (abgerufen am 27.4.2022)
25 Kimmig S. E., Beninde J., Brandt M., Schleimer A., Kramer-Schadt S., Hofer H., et al. (2020): Beyond the landscape: Resistance modelling infers physical and behavioural gene flow barriers to a mobile carnivore across a metropolitan area. Molecular Ecology 29(3): 466–484. https://onlinelibrary.wiley.com/doi/epdf/10.1111/mec.15345 (abgerufen am 27.4.2022)
26 Pilz M. (2020): Tiere sind die neuen Hipster. WELT, https://www.welt.de/kultur/article194995675/Fuechse-Waschbaeren-Wildschweine-Tiere-sind-die-neuen-Hipster.html (abgerufen am 6.4.2022)
27 Kimmig S. E., Beninde J., Brandt M., Schleimer A., Kramer-Schadt S., Hofer H., et al. (2020). Beyond the landscape: Resistance modelling infers physical and behavioural gene flow barriers to a mobile carnivore across a metropolitan area. Molecular Ecology, 29(3): 466–484
28 Parsons K. J., Rigg A., Conith A. J., Kitchener A. C., Harris S., Zhu H. (2020): Skull morphology diverges between urban and rural populations of red foxes mirroring patterns of domestication and macroevolution. Proc. R. Soc. B. 287: 20200763, https://royalsocietypublishing.org/doi/epdf/10.1098/rspb.2020.0763 (abgerufen am 28.4.2022)
29 Die urbane Evolution – wie sich Füchse in der Stadt Haustieren anpassen. YouTube, https://youtu.be/UTVVbAOIIhg (abgerufen am 22.4.2022)
30 Pilz M. (2020): Tiere sind die neuen Hipster. WELT, https://www.welt.de/kultur/article194995675/Fuechse-Waschbaeren-Wildschweine-Tiere-sind-die-neuen-Hipster.html (abgerufen am 6.4.2022)

31 Pilz M. (2020): Tiere sind die neuen Hipster. WELT, https://www.welt.de/kultur/article194995675/Fuechse-Waschbaeren-Wildschweine-Tiere-sind-die-neuen-Hipster.html (abgerufen am 6.4.2022)
32 Scott D. (2019): Adaptations of Mammals to Urban Living. Vortrag, Linnean Society, https://youtu.be/jaDBzT_2388?t=199 (abgerufen am 6.4.2022)
33 Langille B.L., O'Leary K.E., Whitney H.G., Marshall H.D. (2014): Mitochondrial DNA diversity and phylogeography of insular Newfoundland red foxes (*Vulpes vulpes deletrix*). Journal of Mammalogy 95(4): 772–780, https://academic.oup.com/jmammal/article/95/4/772/884690 (abgerufen am 6.4.2022)
34 NATURE – Fantastic Mrs. Fox Inc (2017): The Secret Life of Fox – Wildlife Wars (Nat Geo). https://youtu.be/utvVUNrn5X8?t=186 (abgerufen am 6.4.2022)
35 Hamilton G. (2008): Arctic Fox – life at the top of the world. A&C Black, London.
36 Staubach S. (2017): Woher wissen wir, wie alt die Erde ist? Vom Schöpfungsmythos zur modernen radiometrischen Datierung. Forschung Frankfurt 1.2017: 15–18, https://www.forschung-frankfurt.uni-frankfurt.de/66791096/FoFra_2017_01_Messbare_Zeit_Woher_wissen_wir_wie_alt_die_Erde_ist.pdf (abgerufen am 25.4.2022)
37 Richter D., Grün R., Joannes-Boyau R. et al. (2017): The age of the hominin fossils from Jebel Irhoud, Morocco, and the origins of the Middle Stone Age. Nature 546: 293–296. https://doi.org/10.1038/nature22335 (abgerufen am 5.7.2022)
38 tagesschau (2021): Weltbevölkerung wächst langsamer, https://www.tagesschau.de/ausland/europa/weltbevoelkerung-wachstum-101.html (abgerufen am 6.4.2022)
39 Schwägerl C. (2019): Eine Million Arten vom Aussterben bedroht. DER SPIEGEL, https://www.spiegel.de/wissenschaft/natur/artensterben-uno-bericht-beschreibt-dramatischen-verlust-der-artenvielfalt-a-1265482.html (abgerufen am 6.4.2022)
40 Germanwatch: FAQ zum globalen und deutschen Erdüberlastungstag. https://www.germanwatch.org/de/15501#A.%20Deutscher%20und%20globaler%20Erd%C3%BCberlastungstag (abgerufen am 6.4.2022)

1 Louvrier J. L., Planillo A., Stillfried M., Hagen R., Börner K., Kimmig S., Ortmann S., Schumann A., Brandt M., Kramer-Schadt S. (2022): Spatiotemporal interactions of a novel mesocarnivore community in an urban environment before and during SARS-CoV-2 lockdown. Journal of Animal Ecology 91(2): 367–380
2 Wedderburn P. (2013): Urban foxes – could your pet cat be the next victim? https://vethelpdirect.com/vetblog/2013/02/14/urban-foxes-attacks-on-cat/ (abgerufen am 19.3.2022)
3 Fox steals cat's food. https://www.youtube.com/watch?v=cu2I5FohYMg (abgerufen am 6.3.2022)
4 Towler M. (2015): My Friends the Foxes. Vulpine Publishing, Kent.
5 Becker C. (2011): Seltsame Wohngemeinschaft. Berliner Morgenpost, 18.9.
6 For Fox Sake Wildlife Rescue (2020): https://www.facebook.com/forfoxsakewildlife/posts/2352046125092137 (abgerufen am 6.3.2022)
7 Kossak S. (1989): Multiple Hunting by Lynx and Red Fox and Utilization of Prey by Some Carnivores, Acta Theriologica 34: 505–512
8 Towler M. (2015): My Friends the Foxes. Vulpine Publishing, Kent.
9 Henry J. D. (1996): Red Fox – The Catlike Canine. Smithsonian Institution Press, Washington D. C./London.
10 Alvarez-Betancourt S. (2016): Juvenile behavioural development and intra-litter hierarchy establishment in captive red fox cubs (*Vulpes vulpes*). University of Bristol.
11 Macdonald D. (1987): Running with the Fox. HarperCollins.
12 Labhardt F. (1990): Der Rotfuchs. Paul Parey, Hamburg/Berlin.
13 Macdonald D. (1987): Running with the Fox. HarperCollins.
14 Brand A. (2019): The Hidden World of the Fox. HarperCollins, New York.
15 Mech L. D., Barber-Meyer S. M. (2017): Seasonality of intraspecific mortality by gray wolves. Journal of Mammalogy 98(6): 1538–1546

16 von Westphalen A. (2019): Die Wiederentdeckung des Menschen: Warum Egoismus, Gier und Konkurrenz nicht unserer Natur entsprechen. Westend Verlag.
17 Mostofsky E., Penner E.A., Mittleman A.M. (2013): Outbursts of anger as a trigger of acute cardiovascular events: a systematic review and meta-analysis. European Heart Journal 35(21): 1404–1410
18 Berrin K. & Museo Larco (1997): The Spirit of Ancient Peru: Treasures from the Museo Arqueológico Rafael Larco Herrera. Thames and Hudson, New York.
19 Fisher M. (2017): Quick as a Fox, Powerful as a Demon: Legendary Foxes and Their Trickster/Temptress Ways. https://www.ancient-origins.net/myths-legends/quick-fox-powerful-demon-legendary-foxes-and-their-trickstertemptress-ways-008112 (abgerufen am 6.3.2022)

Licht und Schatten

1 Sachser N. (2021): Der Mensch im Tier – Warum Tiere uns im Denken, Fühlen und Verhalten oft so ähnlich sind. Rowohlt, Hamburg.
2 Harris S. (1978): Injuries to foxes (*Vulpes vulpes*) living in suburban London, Journal of Zoology 186: 567–572
3 Jagdstatistik des DJV (2022): Jahresstrecke Füchse, https://www.jagdverband.de/sites/default/files/2022-02/2022-01_Infografik_Jahresjagdstrecke_F%C3%BCchse_2020_2021.jpg (abgerufen am 7.4.2022)
4 Fox N. C., Blay N., Greenwood A., Wise D., Potapov E. (2005): Wounding Rates in Shooting Foxes (*Vulpes vulpes*), Animal Welfare 14(2): 93–102
5 Macdonald D. (1987): Running with the Fox. Unwin Hyman, London/Sydney.
6 Roth A. (2018): How animals thrive with three legs. National Geographic, https://www.nationalgeographic.co.uk/animals/2018/10/how-animals-thrive-three-legs (abgerufen am 7.4.2022)
7 Towler M. (2014): Mending the Irreparable. Vulpine Publishing, Kent.

8 For Fox Sake Wildlife Rescue, Facebook-Betrag, https://www.facebook.com/forfoxsakewildlife/posts/2750148025281943 (abgerufen am 17.4.2022)
9 Bekoff M. (2007): The Emotional Lives of Animals – A Leading Scientist Explores Animal Joy, Sorrow, and Empathy – and Why They Matter. New World Library, Novato, Ca.
10 Bekoff M. (2009): A fox, a cougar, and a funeral – Foxes and other animals grieve the loss of others. Psychology Today, https://www.psychologytoday.com/us/blog/animal-emotions/200907/fox-cougar-and-funeral (abgerufen am 7.4.2022)
11 Macdonald D. (1987): Running with the Fox. Unwin Hyman, London/Sydney.
12 Macdonald D. (1987): Running with the Fox. Unwin Hyman, London/Sydney.
13 Macdonald D. (1987): Running with the Fox. Unwin Hyman, London/Sydney.
14 Macdonald D. (1993): Unter Füchsen. Eine Verhaltensstudie. Knesebeck, München.
15 Labhardt F. (1990): Der Rotfuchs. Paul Parey, Hamburg/Berlin.
16 Macdonald D. (1987): Running with the Fox. Unwin Hyman, London/Sydney.
17 Macdonald D. (1987): Running with the Fox. Unwin Hyman, London/Sydney.
18 Macdonald D. (1987): Running with the Fox. Unwin Hyman, London/Sydney.
19 Roth A. (2018): How animals thrive with three legs. National Geographic, https://www.nationalgeographic.co.uk/animals/2018/10/how-animals-thrive-three-legs (abgerufen am 7.4.2022)
20 Wildpark Schwarze Berge (2020): Schlauer Fuchs mit Sozialkompetenz. https://www.wildpark-schwarze-berge.de/news/schlauer-fuchs/ (abgerufen am 7.4.2022)
21 Persönliche Korrespondenz zwischen Hana Tebelmann und Daniel Peller, 22.4.2022
22 Bekoff M., Pierce J. (2009): Wild Justice – The Moral Lives of Animals. The University of Chicago Press.
23 Bekoff M. (2007): The Emotional Lives of Animals – A Leading Scientist Explores Animal Joy, Sorrow, and Empathy – and Why They Matter. New World Library, Novata, Ca.

24 Bekoff M. (2007): The Emotional Lives of Animals – A Leading Scientist Explores Animal Joy, Sorrow, and Empathy – and Why They Matter. New World Library, Novata, Ca.
25 Sachser N. (2021): Der Mensch im Tier – Warum Tiere uns im Denken, Fühlen und Verhalten oft so ähnlich sind. Rowohlt, Hamburg.
26 Ware B. (2013): 5 Dinge, die Sterbende am meisten bereuen – Einsichten, die Ihr Leben verändern werden. Arkana, München.

Wider den tierischen Ernst

1 Labhardt F. (1990): Der Rotfuchs. Paul Parey, Hamburg/Berlin.
2 Sütsch H. (2015): Fuchs »sammelt« Mäuse; weniger Schnee – mehr Jagderfolg. Red fox »picked up« mice., Fuchsfilm, YouTube, https://www.youtube.com/watch?v=_5Y5XLaoKlw (abgerufen am 9.4.2022)
3 Macdonald D. (1987): Running with the Fox. Unwin Hyman, London/Sydney.
4 Fischer V. (2016): Betrunkene Tiere: Anwohner in Lispenhausen sehen torkelnde Füchse. Hessische/Niedersächsische Allgemeine (HNA), https://www.hna.de/lokales/rotenburg-bebra/anwohner-lispenshausen-berichten-torkelnden-fuechsen-6992613.html (abgerufen am 20.4.2022)
5 Kotler S. (2010): Animals on Psychedelics: Survival of the Trippiest, Psychology Today, https://www.psychologytoday.com/us/blog/the-playing-field/201012/animals-psychedelics-survival-the-trippiest (abgerufen am 9.4.2022)
6 Pachniewska A. (2015): The Animals that Love Doing Drugs. Animal Cognition, http://www.animalcognition.org/2015/05/16/animal-drug-use/ (abgerufen am 9.4.2022)
7 Pekonen N. (2016): Red fox (*Vulpes vulpes*) feeding on amanita mushroom. Finland. Instagram, https://www.instagram.com/p/BKvADEZASBp/ (abgerufen am 9.4.2022)
8 Macdonald D. (1987): Running with the Fox. Unwin Hyman, London/Sydney.
9 Brand A. (2019): The Hidden World of the Fox. HarperCollins, London.

10 Labhardt F. (1990): Der Rotfuchs. Paul Parey, Hamburg/Berlin.
11 Macdonald D. (1987): Running with the Fox. Unwin Hyman, London/Sydney.
12 Macdonald D. (1987): Running with the Fox. Unwin Hyman, London/Sydney.
13 Facebook-Video von Mr Fox's Foxes, 25. Juni 2020, https://www.facebook.com/watch/?v=281334676445602 (abgerufen am 9.4.2022)
14 Facebook-Video von Mr Fox's Foxes, 24. Dezember 2018, https://www.facebook.com/watch/?v=350644722394946 (abgerufen am 9.4.2022)
15 Macdonald D. (1987): Running with the Fox. Unwin Hyman, London/Sydney.
16 Macdonald D. (1987): Running with the Fox. Unwin Hyman, London/Sydney.
17 Macdonald D. (1987): Running with the Fox. Unwin Hyman, London/Sydney.
18 Berge T., Helberg B. (2014): Tinni & Sniffer – Eine abenteuerliche Freundschaft. Unimedica, Kadern.
19 Towler M. (2015): My Friends the Foxes. Vulpine Publishing, Kent.
20 Macdonald D. (1987): Running with the Fox. Unwin Hyman, London/Sydney.
21 BBC Wildlife Magazine (May 2007), Beiheft »FOX UK«, Steve Harris – Professor of Environmental Sciences, University of Bristol: Playing with prey, S.15, Kommentar von Rosemary Eustace Malvern, Worcestershire
22 Henry J. D. (1996): Red Fox – The Catlike Canine. Smithsonian Institution Press, Washington D. C./London.
23 Permuted (2006): Even Foxes Play with Sticks. YouTube, https://www.youtube.com/watch?v=8kt6_zicTJM (abgerufen am 9.4.2022)
24 BBC Wildlife Magazine (May 2007), Beiheft »FOX UK«, Steve Harris – Professor of Environmental Sciences, University of Bristol: Games in the garden, S.9, Kommentar von Jacqueline Bain Paisley, Renfrewshire
25 Facebook-Video von Mr Fox's Foxes, 6. Oktober 2020, https://www.facebook.com/watch/?v=656816011634988 (abgerufen am 9.4.2022)

26 Brave Wilderness (2020): Can Coyote Outfox a Fox?! YouTube, https://www.youtube.com/watch?v=BOkDxTuzQu0 (abgerufen am 9.4.2022)
27 Butler S. (2016): John Lewis unveils Christmas ad starring a dog on a trampoline. The Guardian, https://www.theguardian.com/media/2016/nov/10/john-lewis-christmas-ad-2016-dog-trampoline (abgerufen am 27.4.2022)
28 Pazzani (2016): Foxes Playing on Lawn Furniture at Night. YouTube, https://www.youtube.com/watch?v=nlwhT1nDQQ0 (abgerufen am 9.4.2022)
29 Muchalls123 (2012): Foxes playing on our trampoline! YouTube, https://www.youtube.com/watch?v=2_zS599oBe8 (abgerufen am 9.4.2022)
30 Trampolinwildlife (2009): Four baby foxes playing on trampoline. YouTube, https://www.youtube.com/watch?v=rS38ddD1trk (abgerufen am 9.4.2022)
31 Samron (2008): Foxes Jumping on my Trampoline. YouTube, https://www.youtube.com/watch?v=c8xJtH6UcQY (abgerufen am 9.4.2022)
32 Mark Mason Gardner/BBC Springwatch (2020): Red Foxes. Twitter, https://twitter.com/BBCSpringwatch/status/1267108577333981185 (abgerufen am 9.4.2022)
33 @f1ac5 (2019): playing with our local foxes. Twitter, https://twitter.com/f1ac5/status/1187870675886891008 (abgerufen am 9.4.2022)
34 GEO: Fotoprojekt »Zen Foxes« – 15 Füchse, die ihre innere Mitte gefunden haben. https://www.geo.de/natur/tierwelt/16909-bstr-15-fuechse-die-ihre-innere-mitte-gefunden-haben (abgerufen am 9.4.2022)
35 Roeselien Raimond Photography: Zen Foxes. http://www.roeselienraimond.com/zen-foxes/ (abgerufen am 9.4.2022)

Foxy Lady

1 Rolling Stone (2004): The 500 Greatest Songs of All Time. Nr. 963.
2 Shadwick K. (2003): Jimi Hendrix: Musician. Backbeat Books.
3 Campion C. (2015): Lithofayne Pridgon: Jimi Hendrix's original ›foxy lady‹. Interview. The Guardian, 22.3.

4 Street A. P. (2014): Jimi & me: why Hendrix's ex-lover is taking on Hollywood. Evening Standard, 7.8.
5 Kornicki P. F. & McMullen I. J. (1996): Religion in Japan: Arrows to Heaven and Earth. Cambridge University Press.
6 Monschein Y. (1988): Der Zauber der Fuchsfee. Entstehung und Wandel eines »Femme-fatale«-Motivs in der chinesischen Literatur. Dissertation, Universität Heidelberg.
7 Mailahn K. (2006): Der Fuchs in Glaube und Mythos. LIT.
8 Huntington R. (2004): Alien Kind – Foxes and Late Imperial Chinese Narrative. Harvard East Asian Monographs. Harvard University Press.
9 Mailahn K. (2006): Der Fuchs in Glaube und Mythos. LIT.
10 Smyers K. A. (1998): The Fox and the Jewel: Shared and Private Meanings in Contemporary Japanese Inari Worship. University of Hawaii Press.
11 Smyers K. A. (1998): The Fox and the Jewel: Shared and Private Meanings in Contemporary Japanese Inari Worship. University of Hawaii Press.
12 Monschein Y. (1988): Der Zauber der Fuchsfee. Entstehung und Wandel eines »Femme-fatale«-Motivs in der chinesischen Literatur. Dissertation, Universität Heidelberg.
13 Smyers K. A. (1998): The Fox and the Jewel: Shared and Private Meanings in Contemporary Japanese Inari Worship. University of Hawaii Press.
14 Mailahn K. (2006): Der Fuchs in Glaube und Mythos. LIT.
15 Mailahn K. (2006): Der Fuchs in Glaube und Mythos. LIT.
16 Prohl I. & Nelson J. K. (Hrsg.) (2012): Handbook of Contemporary Japanese Religions. Brill.
17 Smyers K. A. (1998): The Fox and the Jewel: Shared and Private Meanings in Contemporary Japanese Inari Worship. University of Hawaii Press.
18 Komai T. & Fukuoka G. (1933): Die Häufigkeit von Mehrlingsgeburten in Japan, Zeitschrift für Morphologie und Anthropologie 31(2):167–172
19 Smyers K. A. (1998): The Fox and the Jewel: Shared and Private Meanings in Contemporary Japanese Inari Worship. University of Hawaii Press.
20 Monschein Y. (1988): Der Zauber der Fuchsfee. Entstehung und

Wandel eines »Femme-fatale«-Motivs in der chinesischen Literatur. Dissertation, Universität Heidelberg.
21 Kang X. (2006): The Cult of the Fox: Power, Gender, and Popular Religion in Late Imperial and Modern China. Columbia University Press.
22 Smyers K. A. (1998): The Fox and the Jewel: Shared and Private Meanings in Contemporary Japanese Inari Worship. University of Hawaii Press.
23 Mailahn K. (2014): Der Fuchs und die Göttin: Erkenntnisse über ein heiliges Tier der Großen Mutter. disserta Verlag.
24 von Wlislocki H. (1892): Aus dem inneren Leben der Zigeuner. Felber.
25 Monschein Y. (1988): Der Zauber der Fuchsfee. Entstehung und Wandel eines »Femme-fatale«-Motivs in der chinesischen Literatur. Dissertation, Universität Heidelberg.
26 Zander-Seidel J. (2009): Nicht nur tierisch warm: Pelz in Kleidung und Mode. In: Germanisches Nationalmuseum (Hrsg.): Vom Ansehen der Tiere.
27 Kornicki P. F. & McMullen I. J. (1996): Religion in Japan: Arrows to Heaven and Earth. Cambridge University Press.
28 Janko C. & Börner K. (2018): Fuchsjagd – Erfolgreich jagen mit Büchse, Flinte und Falle. Franckh Kosmos Verlag.
29 Diekmann P. (2021): Bundesweite Fuchsjagdwoche. Deutsche Jagdzeitung, 3.12.; https://djz.de/bundesweite-fuchsjagdwoche/ (abgerufen am 19.2.2022)
30 Zabel C. J., Taggart S. J. (1989): Shift in red fox, *Vulpes vulpes*, mating system associated with El Niño in the Bering Sea. Animal Behavior 38(5): 830–838
31 Iossa G., Soulsbury C. D., Baker P. J., Edwards K. J., Harris S. (2008): Behavioral changes associated with a population density decline in the facultatively social red fox. Behavioral Ecology 20(2): 385–395
32 Zimen E., Vorwort zu Schumann G. (1992): Mein Jahr mit den Füchsen. Wartberg, Gudenberg-Gleichen.
33 Baker P. J., Funk S. M., Bruford M. W., Harris P. (2004): Polygynandry in a red fox population: implications for the evolution of group living in canids? Behavioral Ecology 15(5): 766–778
34 Henry C. (2004): Organisation socio-spatiale d'une population de

renards roux (*Vulpes vulpes*) en milieu rurale: Nature des relations et degrés d parente entre individus de memes groupes spatiaux. Dissertation, Université Louis Pasteur Strasbourg I.
35 Mailahn K. (2006): Der Fuchs in Glaube und Mythos. LIT.
36 Grambo R. L. (1995): The Nature of Foxes: Hunters of the Shadows. Greystone Books.
37 Henry J. D. (1996): Red Fox – The Catlike Canine. Smithsonian Institution Press, Washington D. C./London.
38 Ruffle B. & Shtudiner Z. (2011): Are Good-Looking People More Employable? Management Science 61(8): 1760–1776

Der Fuchs als Sündenbock

1 Macdonald D. (1993): Unter Füchsen. Eine Verhaltensstudie. Knesebeck, München.
2 Macdonald D. (1993): Unter Füchsen. Eine Verhaltensstudie. Knesebeck, München.
3 Müller T., Bätza H. J., Freuling C., Kliemt A., Kliemt J., Heuser R., Schlüter H., Selhorst T., Vos A., Mettenleiter T. C. (2012): Tilgung der Fuchstollwut in Deutschland mithilfe der oralen Immunisierung. Berliner und Münchener Tierärztliche Wochenschrift 125 (5/6): 178–190
4 Eckerskorn W. (1966): Die Wildtollwut als Problem der staatlichen Tierseuchenbekämpfung. Deutsche Tierärztliche Wochenschrift 73: 150–155
5 Elliger A., Arnold J., Lindenroth P. (2020): Jagdbericht Baden-Württemberg für das Jagdjahr 2018/2019. Landwirtschaftliches Zentrum Baden-Württemberg – Wildforschungsstelle des Landes Baden-Württemberg, Aulendorf.
6 DER SPIEGEL (1980): Quittung für die Qual: Deutsche Tierschützer wollen Landwirtschaftsminister Ertls Wiederwahl verhindern. Ausg. 29
7 Hamann M. (2004): Zur Geschichte der Prophylaxe unter besonderer Berücksichtigung des Hundes. Veterinärmed. Dissertation, FU Berlin.
8 Schneider L. G. (1991): Einfluß der oralen Immunisierung der Füchse auf die Epidemiologie der Tollwut. Fuchs-Symposium

Koblenz, 2.–3. März 1990. Heft 20 d. Schriften des Arbeitskreises Wildbiologie an der Justus-Liebig-Universität Gießen e. V., Melsungen.

9 Kauker E. (1975): Die Verbreitung der Tollwut in Europa. In: Vorkommen und Verbreitung der Tollwut in Europa von 1966 bis 1974. Sitzungsberichte der Heidelberger Akademie der Wissenschaften 1975(2)

10 Elliger A., Arnold J., Lindenroth P. (2020): Jagdbericht Baden-Württemberg für das Jagdjahr 2018/2019. Landwirtschaftliches Zentrum Baden-Württemberg – Wildforschungsstelle des Landes Baden-Württemberg, Aulendorf.

11 Kauker E. (1975): Die Verbreitung der Tollwut in Europa. In: Vorkommen und Verbreitung der Tollwut in Europa von 1966 bis 1974. Sitzungsberichte der Heidelberger Akademie der Wissenschaften 1975(2)

12 Schweizerische Tollwutzentrale, zit. in: Dröscher V. B. (1992): Wiedergeburt. Leben und Zukunft bedrohter Tiere. dtv, München.

13 Janko C., Trappmann D., Schröder W., Linke S., König A. (2013): Populationsdichten des Rotfuchses (*Vulpes vulpes*) im Stadt-Land-Gradienten und deren Determinanten. Beiträge zur Jagd- und Wildforschung 38: 89–94

14 Meia J. S. (1994): Organisation sociale d'une population de renards (*Vulpes vulpes*) en milieu montagnard. Dissertation, Université de Neuchâtel.

15 Nationalparkverwaltung Bayerischer Wald (Hrsg.) (2009): Rotfuchs und Dachs – Raumnutzungsverhalten und Habitatwahl. Wissenschaftliche Schriftenreihe Heft 18

16 Van der Vliet F., Baeyens G. (1995): Voedsel van vossen in de duinen: Variatie in ruimte en Tijd. Atelier Rijksbouwmeester, Amsterdam.

17 Macdonald D. (1993): Unter Füchsen. Eine Verhaltensstudie. Knesebeck, München.

18 Hartley F. G., Follett B. K., Harris S., Hirst D., McNeilly A. S. (1994): The endocrinology of gestation failure in foxes (*Vulpes vulpes*), J Reprod Fertil 100(2): 341–346

19 Meia J. S. (1994): Organisation sociale d'une population de renards (*Vulpes vulpes*) en milieu montagnard Dissertation, Université de Neuchâtel.

20 Heydon M. J., Reynolds J. C. (2000): Demography of rural foxes (*Vulpes vulpes*) in relation to cull intensity in three contrasting regions of Britain. Journal of Zoology 251(2): 265–276
21 Macdonald D. W. (1979): ›Helpers‹ in fox society. Nature 282: 69–71
22 Brand A. (2019): The Hidden World of the Fox. HarperCollins, London.
23 Zimen E., Vorwort zu Schumann G. (1992): Mein Jahr mit den Füchsen. Wartberg, Gudenberg-Gleichen.
24 Pagh S., Chriél M., Madsen A. B., Jensen T.-L. W., Elmeros M., Asferg T., Hansen M. S. (2018): Increased reproductive output of Danish red fox females following an outbreak of canine distemper. Canid Biology & Conservation 21(3): 12–20
25 Heydon M. J., Reynolds J. C. (2000): Demography of rural foxes (*Vulpes vulpes*) in relation to cull intensity in three contrasting regions of Britain. Journal of Zoology 251(2): 265–276
26 Nationalparkverwaltung Bayerischer Wald (Hrsg.) (2009): Rotfuchs und Dachs – Raumnutzungsverhalten und Habitatwahl. Wissenschaftliche Schriftenreihe Heft 18
27 Ruette S., Albaret M. (2011): Reproduction of the red fox *Vulpes vulpes* in western France: Does staining improve estimation of litter size from placental scar counts? Eur J Wildl Res 57(3): 555–564
28 Baker P., Harris S. (2006): Does culling reduce fox (*Vulpes vulpes*) density in commercial forests in Wales, UK? Eur J Wildl Res 52(2): 99–108
29 Debbie J. (1991): Rabies control of terrestrial wildlife by population reduction. In: Baer, G. M. (Ed.), The natural History of Rabies. CRC Press, Boca Raton.
30 Macdonald D. (1993): Unter Füchsen. Eine Verhaltensstudie. Knesebeck, München.
31 Müller T., Freuling C. M., Gschwendner P., Holzhofer E., Mürke H., Rüdiger H., Schuster P., Klöss D., Staubach C., Teske K., Vos A. (2012): SURVIS: a fully-automated aerial baiting system for the distribution of vaccine baits for wildlife. Berliner und Münchener Tierärztliche Wochenschrift 125(5/6): 197–202
32 Schneider L. G. (1991): Einfluß der oralen Immunisierung der Füchse auf die Epidemiologie der Tollwut. Fuchs-Symposium Koblenz, 2.–3. März 1990. Heft 20 d. Schriften des Arbeits-

kreises Wildbiologie an der Justus-Liebig-Universität Gießen e. V., Melsungen.
33 WHO (2011): Fact Sheet No 99: Rabies.
34 Burrows R., Matzen K. (1972): Der Fuchs. BLV, München.
35 Aebischer N. J., Davey P. D., Kingdon N. G. (2011): National Gamebag Census: Mammal Trends to 2009. Game & Wildlife Conservation Trust, Fordingbridge.
36 Wikenros C., Aronsson M., Liberg O., Jarnemo A. (2017): Fear or food – abundance of red fox in relation to occurrence of lynx and wolf. Scientific Reports 7(1): 9059
37 Macdonald D. (1993): Unter Füchsen. Eine Verhaltensstudie. Knesebeck, München.
38 Deutscher Jagdverband (2020): DJV-Handbuch 2020.
39 Grauer A., Greiser G., Keuling O., Klein R., Strauß E., Wenzelides L., Winter A. (2008): Wildtier-Informationssystem der Länder Deutschlands. Status und Entwicklung ausgewählter Wildtierarten in Deutschland, Jahresbericht 2008. Deutscher Jagdschutz-Verband e. V. (Hrsg.). Bonn.
40 Spittler H. (2004): Viele Füchse sind … des Hasen Tod. Wild und Hund, Dezember. https://wildundhund.de/wild-und-hund-wild-2982/ (abgerufen am 19.2.2022)
41 Robert Koch Institut (Hrsg.) (2020): Infektionsepidemiologisches Jahrbuch meldepflichtiger Krankheiten für 2019. Berlin.
42 Hinkelbein J., Spelten O. & Wetsch W. (2013): Blitzschlag und Blitzunfälle in der präklinischen Notfallmedizin. Unfallchirurg 116: 74–79
43 Die Geschädigten werden zwar in keiner separaten Statistik erfasst, aber https://www.abschaffung-der-jagd.de/menschenalsjaegeropfer/jagdunfaelle---straftaten-2020/index.html listet für 2020 allein rund 45 in der Presse dokumentierte Fälle auf (abgerufen am 19.2.2022)
44 Brehm K., zit. in: Lauer J. (2019): Fuchsbandwurm – blinder Passagier. FAZ, 8.4.2019
45 Kern P., Ammon A., Kron M., Sinn G., Sander S., Petersen L. R., Gaus W., Kern P. (2004): Risk factors for alveolar echinococcosis in humans. Emerg Infect Dis. 10(12): 2088–2093
46 Conraths F. J., Probst C., Possenti A., Boufana B., Saulle R., La Torre G., Busani L., Casulli A. (2017): Potential risk factors

associated with human alveolar echinococcosis: Systematic review and meta-analysis. PLoS Negl Trop Dis 11(7)
47 Kreidl P., Allerberger F., Judmaier G., Auer H., Aspöck H., Hall A. J. (1998): Domestic Pets as Risk Factors for Alveolar Hydatid Disease in Austria. American Journal of Epidemiology 147(10): 978–981
48 Geisel O. (2009): Gefahren durch den Kleinen Fuchsbandwurm. 8. Auflage. Herausgegeben von den Jagdzeitschriften »PIRSCH«, »unsere Jagd« und »Niedersächsischer Jäger«. Deutscher Landwirtschaftsverlag, München.
49 Ewald D., Eckert J. (1993): Verbreitung und Häufigkeit von *Echinococcus multilocularis* bei Rotfüchsen in der Nord-, Süd-, und Ostschweiz sowie im Fürstenturm Liechtenstein. Zeitschrift für Jagdwissenschaften 39: 171–180
50 Deplazes P., Hegglin D., Gloor S., Romig T. (2004): Wilderness in the city: the urbanization of *Echinococcus multilocularis*. Trends in Parasitology 20(2): 77–84
51 Comte S. et al. (2017): *Echinococcus multilocularis* management by fox culling: An inappropriate paradigm, Preventive Veterinary Medicine 147: 178–185
52 König A., Romig T. (2007): Bericht an die Gemeinden des Landkreises Starnberg sowie die Gemeinden Neuried und Planegg über das Projekt Kleiner Fuchsbandwurm im Bereich der Gemeinden im Landkreis Starnberg sowie den Gemeinden Neuried und Planegg im Landkreis München
53 König A., Romig T., Janko C., Hildenbrand R., Holzhofer E. A., Kotulski Y. (2008): Integrated-baiting concept against *E. multilocularis* in foxes is successful in Southern Bavaria, Germany. European Journal of Wildlife Research 54(3): 439–447
54 Comte S., Raton V., Raoul F., Hegglin D., Giraudoux P., Deplazes P., Favier S., Gottschek D., Umhang G., Boué F., Combes B. (2013): Fox baiting against *Echinococcus multilocularis*: contrasted achievements among two medium size cities. Prev Vet Med. 111(1–2): 147-55
55 Hegglin D., Ward P. I., Deplazes P. (2003): Anthelmintic Baiting of Foxes against Urban Contamination with *Echinococcus multilocularis*. Emerg Infect Dis. 9(10): 1266–1272
56 Takahashi K., Uraguchi K., Hatakeyama H., Giraudoux P.,

Romig T. (2013): Efficacy of anthelmintic baiting of foxes against *Echinococcus multilocularis* in northern Japan. Vet Parasitol. 198(1–2): 122–126

57 Antolová D., Miterpáková M., Reiterová K., Dubinsky P. (2006): Influence of anthelmintic baits on the occurrence of causative agents of helminthozoonoses in red foxes (*Vulpes vulpes*). Helminthologia 43(4): 226–231

58 Craig P. S., Hegglin D., Lightowlers M. W., Torgerson P. R., Wang Q. (2017): Echinococcosis: Control and Prevention. Advances in Parasitology 96: 55–158

59 https://www.jagd-fakten.de/sites/default/files/Jagd_Fakten_Plakat_DINA2_Rebhuhn_X3.pdf (abgerufen am 19.3.2022)

60 Kolbe C. (2015): Rebhuhn – Aussterbendes Jagdtier. https://www.vogelundnatur.de/vogelarten-rebhuhn/ (abgerufen am 19.3.2022)

61 Seymour A. S., Harris S., Ralston C., White P. C. L. (2003): Factors influencing the nesting success of Lapwings *Vanellus vanellus* and behaviour of Red Fox *Vulpes vulpes* in Lapwing nesting sites. Bird Study 50: 39–46

62 Schneider E., zit. in Koch E. (1995): Ein Feldherr auf dem Rückzug. GEO Nr. 4

63 Mooij J. H. (1998): Zum Einfluß von Biotopeignung und Prädatoren auf die Bestände einiger Niederwildarten. Beiträge zur Jagd- und Wildforschung 23: 161–178

64 Hallmann C. A., Sorg M., Jongejans E., Siepel H., Hofland N., Schwan H., de Kroon H. (2017): More than 75 percent decline over 27 years in total flying insect biomass in protected areas. PLoS ONE 12(10): e0185809

65 Habel J. C., Segerer A., Ulrich W., Torchyk O., Weisser W. W., Schmitt T. (2016): Butterfly community shifts over two centuries. Conservation Biology 30(4): 754–762

66 Seibold S., Gossner M. M., Simons N. K., Blüthgen N., Müller J., Ambarlı D., Weisser W. W. (2019): Arthropod decline in grasslands and forests is associated with landscape-level drivers. Nature 574(7780): 671–674

67 Schneider E. (1997): Müssen wir den Fuchs bejagen? In: Hilfe (für die) Beutegreifer, Tagungsbericht des ÖJV Unterfranken.

68 Baines D. (1996): The implications of grazing and predator

management on the habitats and breeding success of black grouse (*Tetrao tetrix*). Journal of Applied Ecology 33: 54–62
69 Schekkerman H., Teunissen W., Oosterveld E. (2009): Mortality of Black-tailed Godwit *Limosa limosa* and Northern Lapwing *Vanellus vanellus* chicks in wet grasslands: influence of predation and agriculture. J Ornithol 150: 133–145
70 Panek M. (2009): Factors affecting predation of red foxes *Vulpes vulpes* on brown hares *Lepus europaeus* during the breeding season in Poland. Wildlife Biology 15(3): 345–349
71 MacDonald M. A., Bolton M. (2008): Predation of Lapwing *Vanellus vanellus* nests on lowland wet grassland in England and Wales: Effects of nest density, habitat and predator abundance. J Ornithol 149: 555–563
72 Gibbons D. W., Amar A., Anderson G. Q. A. et al. (2007): The predation of wild birds in the UK: a review of its conservation impact and management. RSPB Research Report no 23. RSPB, Sandy.
73 Götmark F. (1992): The effects of investigator disturbance on nesting birds. Current Ornithology 9: 63–104
74 Bêty J., Gauthier G. (2001): Effects of Nest Visits on Predator Activity and Predation Rate in a Greater Snow Goose Colony. Journal of Field Ornithology 72(4): 573–586
75 Whelan C. J., Dilger M. L., Robson D., Hallyn N., Dilger S. (1994): Effects of Olfactory Cues on Artificial-Nest Experiments. The Auk 111(4): 945–952
76 Gibbons D. W., Amar A., Anderson G. Q. A. et al. (2007): The predation of wild birds in the UK: a review of its conservation impact and management. RSPB Research Report no 23. RSPB, Sandy.
77 Summers R. W., Proctor R., Thornton M., Avey G. (2004): Habitat selection and diet of the capercaillie (*Tetrao urogallus*) in Abernethy Forest, Strathspey, Scotland. Bird Study 51: 58–68
78 Junker S., Düttmann H., Ehrnsberger R. (2011): Nachhaltige Sicherung der Biodiversität in bewirtschafteten Grünlandgebieten Norddeutschlands am Beispiel der Wiesenvögel in der Stollhammer Wisch, Studie der Hochschule Vechta, Deutsche Bundesstiftung Umwelt.
79 Kämmerle J. L., Niekrenz S. (2019): No evidence for spatial variation in predation risk following restricted-area fox culling. BMC Ecology 19(1)
80 La Haye M., van Kats R., Müskens G. J. D. M., Hallman C. (2020):

Predation and survival in reintroduced populations of the Common hamster *Cricetus cricetus* in the Netherlands. Mammalian Biology – Zeitschrift fur Säugetierkunde 100(6): 1–11

81 Bolton M., Tyler G., Smith K. & Bamford R. (2007): The impact of predator control on lapwing *Vanellus vanellus* breeding success on wet grassland nature reserves. Journal of Applied Ecology 44: 534–544

82 Remonti L., Balestrieri A., Ruiz-González A., Gómez-Moliner B. J., Capelli E., Prigioni C. (2012): Intraguild dietary overlap and its possible relationship to the coexistence of mesocarnivores in intensive agricultural habitats. Popul Ecol 54(4): 521–532

83 Padial J. M., Ávila E., Gil-Sánchez J. M. (2002): Feeding habits and overlap among red fox (*Vulpes vulpes*) and stone marten (*Martes foina*) in two Mediterranean mountain habitats. Mamm. Biol. 67: 137–146

84 Gibbons D. W., Amar A., Anderson G. Q. A. et al. (2007): The predation of wild birds in the UK: a review of its conservation impact and management. RSPB Research Report no 23. RSPB, Sandy.

85 Macdonald D. W., Baker S. E. (2004): Non-lethal control of fox predation: the potential of generalised aversion. Animal Welfare 13: 77–85

86 Stubbe H. (1989): Buch der Hege – 1: Haarwild. DLV, Berlin.

87 Honisch M. (2013): Mäuse im Grünland erfolgreich bekämpfen, Amt für Ernährung, Landwirtschaft und Forsten Kempten (Allgäu).

88 Baker P., Furlong M., Southern S., Harris S. (2006): The potential impact of red fox *Vulpes vulpes* predation in agricultural landscapes in lowland Britain. Wildlife Biology 12: 39–50

89 McDonald R., Baker P., Harris S. (1997): Is the fox a pest? The ecological and economic impact of foxes in Britain. Electra Publishing, London.

90 Feoktistova N. Y., Naidenko S. V., Voznesenskaya A., Krivomazov G. J. (2003): The Influence of Predator Odors and Overcrowded Mouse Odors on Regulation of Oestrous Cycles in House Mouse (*Mus musculus*). In: Singleton G. R., Hinds L. A., Krebs C. J., Spratt D. M. (Hrsg.): Rats, Mice and People: Rodent Biology and Management. Australian Centre for Agricultural Research, Canberra, Australia.

91 Macdonald D.W., Tattersall F.H., Johnson P.J. et al. (2013): Management and Control of Populations of Foxes, Deer, Hares, and Mink in England and Wales, and the Impact of Hunting with Dogs. A Report to the Committee of Inquiry into Hunting with Dogs.
92 Honisch M. (2013): Mäuse im Grünland erfolgreich bekämpfen, Amt für Ernährung, Landwirtschaft und Forsten Kempten (Allgäu).
93 dpa (2021): Fuchs und Eule statt Gift: Mäuseplage im Wald bleibt aus. Meldung vom 26.3. https://www.zeit.de/news/2021-03/26/fuchs-und-eule-statt-gift-maeuseplage-im-wald-bleibt-aus (abgerufen am 19.3.2022)
94 Lindgren E., Jaenson T.G.T (2006): Lyme borreliosis in Europe: Influences of climate and climate change, epidemiology, ecology and adaptation measures. WHO Europe, Copenhagen.
95 Nau R., Christian H.-J., Eiffert H. (2009): Lyme-Borreliose – aktueller Kenntnisstand. Dtsch Arztebl Int 106(5): 72–81
96 Levi T., Kilpatrick A.M., Mangel M., Wilmers C.C. (2012): Deer, predators, and the emergence of Lyme disease. Proc. Natl Acad. Sci. USA 109(27): 10942–10947
97 Hofmeester T.R., Jansen P.A., Hendrikus J.W. et al. (2017): Cascading effects of predator activity on tick-borne disease risk. Proc. R. Soc. B. 284(1859): 20170453
98 RKI (2019): Lyme-Borreliose. RKI-Ratgeber. Aktualisierte Fassung vom April 2019. https://www.rki.de/DE/Content/Infekt/EpidBull/Merkblaetter/Ratgeber_LymeBorreliose.html (abgerufen am 19.3.2022)
99 Naturschutzbund Deutschland e.V. (2019): Studie zu Verflechtungen und Interessen des Deutschen Bauernverbandes (DBV). Berlin/Bremen.
100 Deutscher Jagdverband (2020): DJV-Handbuch Jagd 2020.
101 Lübecker Nachrichten (2015): Jäger klagen gegen Habecks Verordnung.
102 taz (2014): Umkämpfte Schonzeit. https://taz.de/Umkaempfte-Schonzeit/!289741/ (abgerufen am 19.3.2022)
103 Bellebaum J. (2002): Prädation als Gefährdung bodenbrütender Vögel in Deutschland – eine Übersicht. Berichte zum Vogelschutz 39: 95–117

104 Lohse E., Wehner M. (2018): Jäger im Bundestag: Generation Wolf. Frankfurter Allgemeine Zeitung, 5.9. https://www.faz.net/aktuell/politik/inland/jaeger-sind-ueberproportional-im-bundestag-vertreten-15771513.html (abgerufen am 19.3.2022)

105 Reichen P. (2018): Füchse und Rehe als Volkstherapie. Tagesanzeiger, 13.9. https://www.tagesanzeiger.ch/zuerich/region/fuechse-und-rehe-als-volkstherapie/story/16130176 (abgerufen am 19.3.2022)

106 Dandliker G. (2021), Stellungnahme in: https://www.ardmediathek.de/video/engel-fragt/wolf-waschbaer-wildschwein-tolerieren-oder-toeten/hr-fernsehen/Y3JpZDovL2hyLW9ubGluZS8xNTU3NDE/ (abgerufen am 19.3.2022)

107 Jäggi S. (2013): »Für die Jäger war es eine Katastrophe«. Tageswoche, 15.10. https://tageswoche.ch/politik/fuer-die-jaeger-war-es-eine-katastrophe/ (abgerufen am 19.3.2022)

108 Luxemburger Wort (2015): Befristetes Jagdverbot: Auch Füchse haben Gefühle. Luxemburger Wort, 22.1. https://www.wort.lu/de/politik/auch-fuechse-haben-gefuehle-54c0fc8b0c88b46a8ce51f62 (abgerufen am 19.3.2022)

109 Söfjer J. (2015): Die Angst der Jäger vor dem Fuchs. Luxemburger Wort, 9.3. https://www.wort.lu/de/lokales/die-angst-der-jaeger-vor-dem-fuchs-54fd90c10c88b46a8ce5506e (abgerufen am 19.3.2022)

110 Ganser J. (2020): Fuchsjagd bleibt verboten. Luxemburger Wort, 16.7. https://www.wort.lu/de/lokales/fuchsjagd-bleibt-verboten-5f104fa3da2cc1784e361c08 (abgerufen am 19.3.2022)

111 Reich A. (2021): Israel bans sale of fur to fashion industry, first country to do so. Jerusalem Post, 10.6. https://www.jpost.com/israel-news/israel-bans-the-fur-trade-to-fashion-industry-first-country-to-do-so-670538 (abgerufen am 19.3.2022)

112 Umeda K., Furukawa R., Matsunaga R., Oshima M., Ototake M. (2020): Cultural differences seen in the German and Japanese version of the folk song »Kogitsune«. https://kozu-osaka.jp/cms/wp-content/uploads/2020/11/e6a13c632f02d4336b4b2378ef7dd1a5.pdf (abgerufen am 19.3.2022)

113 Kimmig S. E., Flemming D., Kimmerle J., Cress U., Brandt M. (2020): Elucidating the socio-demographics of wildlife tolerance using the example of the red fox (*Vulpes vulpes*) in Germany. Conservation Science and Practice 2(7): 1–10

Füchsen helfen

1 Serieys L. E. K. et al. (2018): Urbanization and anticoagulant poisons promote immune dysfunction in bobcats. Proc. R. Soc. B. 285: 20172533

2 Riley S. P. D., Bromley C., Poppenga R. H., Uzal F. A., Whited L., Sauvajot R. M. (2007): Anticoagulant Exposure and Notoedric Mange in Bobcats and Mountain Lions in Urban Southern California. Journal of Wildlife Management 71(6): 1874–1884

3 Wildtierschutz Deutschland e. V. (2020): Strafanzeige: Jäger erschlägt Fuchswelpen. https://www.wildtierschutz-deutschland.de/single-post/Fuchswelpe-erschlagen (abgerufen am 9.4.2022)

4 Aktionsbündnis Fuchs Blog (2018): Finderin entsetzt: »Schliefenmeisterin« will geretteten Fuchswelpen für die Jagdhundeabrichtung missbrauchen, https://www.aktionsbuendnis-fuchs.de/post/_foxi (abgerufen am 9.4.2022)

5 Aktionsbündnis Fuchs (2018): Freiheit für Foxi – Gegen Jagdhundeausbildung an lebenden Füchsen. Petition, change.org, https://www.change.org/p/foxi-ist-gerettet-wir-k%C3%A4mpfen-weiter-gegen-eine-jagdhundeausbildung-an-f%C3%BCchsen (abgerufen am 9.4.2022)

6 Wir sind Tierarzt, Dr. Henrik Hofmann (2015): Helfender Tierarzt verstößt nicht gegen Jagdrecht. https://www.wir-sind-tierarzt.de/2015/10/helfender-tierarzt-verstoesst-nicht-gegen-jagdrecht/ (abgerufen am 9.4.2022)

7 BMEL Gutachten zur Haltung von Säugetieren: https://www.bmel.de/DE/themen/tiere/tierschutz/haltung-saeugetiere.html (abgerufen am 9.4.2022)

8 Sachser N. (2021): Der Mensch im Tier – Warum Tiere uns im Denken, Fühlen und Verhalten oft so ähnlich sind. Rowohlt, Hamburg.

9 Fromm E. (1976): Haben oder Sein. Die seelischen Grundlagen einer neuen Gesellschaft. Deutsche Verlags-Anstalt, Stuttgart.

Füchse als Nachbarn

1 inFranken.de (21.8.2020): Kulmbacher Friedhof: Was macht der Fuchs im Grab? https://www.infranken.de/lk/kulmbach/kulmbacher-friedhof-was-macht-der-fuchs-im-grab-art-5056546 (abgerufen am 9.4.2022)

2 Harris S., Baker P. (2001): Urban Foxes (new edition). Whittet Books, Hill Farm, Stonham Rd, Cotton, Stowmarket, Suffolk.

3 Foxolutions/The Fox Shop: https://www.thefoxshop.co.uk/ (abgerufen am 9.4.2022)

4 Fox Repellent Expert: https://foxrepellentexpert.com/ (abgerufen am 9.4.2022)

5 Bryant J. (2002): Living with urban wildlife. Centaur Press.

6 Williams T., Bryant J. (2012): Unearthing the Urban Fox – A Householder's Guide to Fox Deterrence. Foxolutions, Beckenham.

7 Vergrämungsmittel »Get Off My Garden« der Marke »Kerbl«, Informationen und Bezugsquelle: https://www.thefoxshop.co.uk/product-page/get-off-my-garden-1 (abgerufen am 9.4.2022), https://foxrepellentexpert.com/get-off-my-garden-fox-repellent-review/ (abgerufen am 9.4.2022)

8 Vergrämungsmittel »Scoot« der Marke »Foxolutions«, Informationen und Bezugsquelle: https://www.thefoxshop.co.uk/product-page/scoot (abgerufen am 9.4.2022), https://foxrepellentexpert.com/scoot/ (abgerufen am 9.4.2022)

9 Bundesjagdgesetz, BJagdG § 19a (Beunruhigen von Wild), https://www.gesetze-im-internet.de/bjagdg/__19a.html (abgerufen am 9.4.2022)

10 Verordnung zum Schutz landwirtschaftlicher Nutztiere und anderer zur Erzeugung tierischer Produkte gehaltener Tiere bei ihrer Haltung (Tierschutz-Nutztierhaltungsverordnung), TierSchNutztV § 3 (Allgemeine Anforderungen an Haltungseinrichtungen) Abs. 2 Nr. 3, https://www.gesetze-im-internet.de/tierschnutztv/__3.html (abgerufen am 9.4.2022)

11 Wilkes A. (2008): Wildlife Rescue. Broadcast Books, Bristol.

12 Behrend K., Labhardt F. (1992): Der Fuchs – Den schlauen Fuchs kennenlernen, erleben und verstehen. GU, München.

13 Koch R., Gockel R. (2019): Stadt, Land, Fuchs. Dokumentation. nona naturedocx.

14 Kimmig S. E., Flemming D., Kimmerle J., Cress U., Brandt M. (2020): Elucidating the socio-demographics of wildlife tolerance using the example of the red fox (*Vulpes vulpes*) in Germany. Conservation Science and Practice 2(7): 1–10

15 Harris S., Baker P. (2001): Urban Foxes (new edition). Whittet Books, Hill Farm, Stonham Rd, Cotton, Stowmarket, Suffolk.

16 Soulsbury C. D., Iossa G., Baker P. J., Cole N. C., Funk S. M., Harris S. (2007): The impact of sarcoptic mange *Sarcoptes scabiei* on the British fox *Vulpes vulpes* population. Mammal Review 37(4): 278–296

17 Harris S., Baker P. (2001): Urban Foxes (new edition). Whittet Books, Hill Farm, Stonham Rd, Cotton, Stowmarket, Suffolk.

18 Saltscapes: Lessons from an adaptable trickster. https://www.saltscapes.com/people-culture-section/2173-clever-fox.html (abgerufen am 9.4.2022)

19 The Secret Life of Fox – Wildlife Wars (Nat Geo), Dokumentation, https://youtu.be/utvVUNrn5X8?t=2424 (abgerufen am 9.4.2022)

20 Tolhurst B. (2013): Urban Foxes. BBC Two Springwatch Blog, https://www.bbc.co.uk/blogs/natureuk/entries/cb7dc818-39e1-3558-ac1c-50d522241c48 (abgerufen am 9.4.2022)

21 Soulsbury C. D., White P. C. L. (2015): Human-wildlife interactions in urban areas: a review of conflicts, benefits and opportunities. Wildlife Research 42(7): 541–553, https://doi.org/10.1071/WR14229 (abgerufen am 29.4.2022)

22 Pilz M. (2020): Tiere sind die neuen Hipster. WELT, https://www.welt.de/kultur/article194995675/Fuechse-Waschbaeren-Wildschweine-Tiere-sind-die-neuen-Hipster.html (abgerufen am 6.4.2022)

24 Pilz M. (2020): Tiere sind die neuen Hipster. WELT, https://www.welt.de/kultur/article194995675/Fuechse-Waschbaeren-Wildschweine-Tiere-sind-die-neuen-Hipster.html (abgerufen am 6.4.2022)

24 Binder E. (2021): Der Schlossfuchs von Bellevue hat nun einen Namen. Tagesspiegel, https://www.tagesspiegel.de/berlin/nach-instagram-aufruf-des-bundespraesidenten-der-schlossfuchs-von-bellevue-hat-nun-einen-namen/26862580.html (abgerufen am 9.4.2022)